U0305414

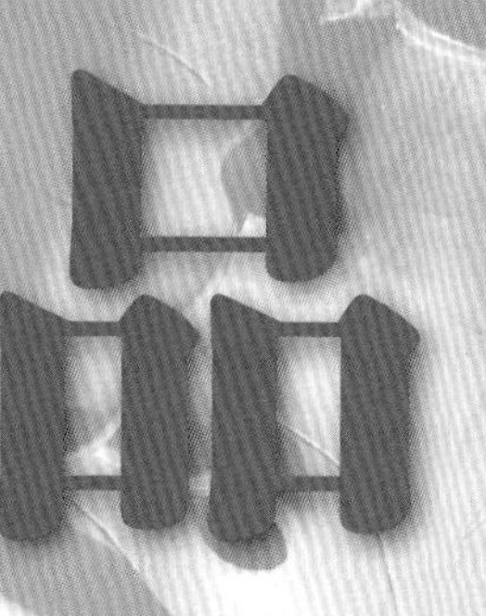

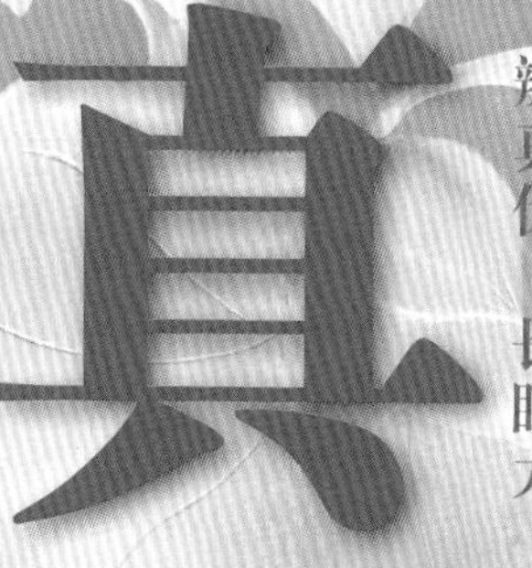

品精品 扩眼界

辨真伪 长眼力

【金丝楠研究】

曹荻明 著

文化发展出版社
Cultural Development Press

图书在版编目(CIP)数据

品真：金丝楠研究／曹荻明著．—北京：文化发展出版社有限公司，2018.5

ISBN 978-7-5142-2159-6

Ⅰ．①品…　Ⅱ．①曹…　Ⅲ．①楠木－研究　Ⅳ．①S792.24

中国版本图书馆CIP数据核字(2018)第011119号

品真：金丝楠研究

曹荻明　著

出 版 人：武　赫
策划编辑：周　蕾
责任编辑：周　蕾
责任校对：岳智勇
责任印制：杨　骏
特约编辑：王　晶
摄 影 师：纪鸿燕
封面设计：辰征·文化
排版设计：辰征·文化

出版发行：文化发展出版社（北京市翠微路2号　邮编：100036）
网　　址：www.wenhuafazhan.com
经　　销：各地新华书店
印　　刷：北京印匠彩色印刷有限公司
开　　本：889mm×1194mm　1/16
字　　数：320千字
印　　张：30
版　　次：2021年1月第1版　2021年1月第1次印刷
定　　价：498.00元
ISBN：978-7-5142-2159-6

作者简介

曹荻明

元懋翔 传承人/总裁

著名木器杂项鉴定专家
CCTV-2、BTV-财经专家组成员
GIA美国宝石学院、G.G研究宝石学家
北京大学PKUC珠宝鉴定师
中国红木产业青年领袖联盟主席
北京市收藏品行业商会副会长
中华民间藏品鉴定委员会专家委员
中国宫廷家具研究会研究员
联合国教科文组织民间艺术国际组织会员

曹荻明出生在北京一个艺术世家。自幼受艺术熏陶，对各类艺术品产生了浓厚的兴趣。祖父王桐尧是我国金石篆刻泰斗级人物，曾为多位中央领导人、国际名流、国外元首等设计篆刻图章，并著有《王桐尧印蜕集》等印谱若干，启功先生为其题序。曹荻明曾就职于故宫博物院，主要研究古家具和博物馆陈设。为北京大学 PKUC 珠宝鉴定师，在 GIA 美国宝石学院获得"G.G 研究宝石学家"等 10 张证书，具备世界级的专业珠宝玉石鉴定能力。曹荻明传承家业，继承了老字号元懋翔，担任总裁及首席设计师。

曹荻明也是中央电视台、北京电视台特聘专家组成员，参加《理财》《大家收藏》《天下收藏》《中国财经报道》《经济半小时》《第一时间》等上百期栏目的录制，知识渊博，谦虚谨慎，常亲赴一线产地淘宝，已经走过 40 多个国家，对市场非常了解，录制的节目常让观众耳目一新。目前曹荻明已出版《品真：三大贡木》《品真：木中之香》《品真：凝脂美玉》《华堂集瑞 – 元懋翔年鉴》系列等多本著作，拥有多项国家级专利技术，其专业性和学术地位获得社会和国家认可，具有较高的知名度和影响力，是一位年轻有为的鉴定专家和研究学者。

序

弥补学术空缺
以严谨的态度研究金丝楠

缘起

上学的时候跟父亲去参观家具厂，要离开的时候大家要合影留念，因为我属龙，就选了雕龙的大柜子当背景。回家一洗照片，闪光灯下的大柜子好像变成了黄金一样，金光闪闪，再加上镏金的铜活，眼前的画面和在工厂看到的东西完全两样！工厂里看到的柜子沉闷而老旧，灰头土脸的，但是照片中的它却是金碧辉煌，贵气逼人。后来父亲告诉我，乾隆爷的龙椅就是这种材料做的，这叫金丝楠。

细节图近照，金光闪闪。

清乾隆・金丝楠鎏金水龙纹顶箱柜

这就是我第一眼看见的金丝楠大柜，现在已放在我家的中堂中。

那时的我，懵懂之中就对这种木材有着独特的好感，就觉得其特别惊艳。它出身高贵，血统直逼皇亲国戚；它有着华丽的颜值，让男女老少看过一次就都爱不释手；它又有着儒雅的气质，文质彬彬，书香满屋却从不招摇过市，嚣张跋扈；它曾是历代帝王之最爱，达官显贵也都无不为之倾倒；它承之礼学，伦理道德无不蕴含其中，内涵之深邃，文化之广无不令人惊叹。逆之缓发，顺之久蓄。金丝楠的哲学意味也令我非常着迷，而且受益匪浅。

初学者也许不会爱金丝楠，因为黄花梨、紫檀名气更大。而一旦入门，金丝楠的文化深度就完全让人沉醉其中。我撰写了两本书《品真——三大贡木》《品真——木中之香》，写完了总觉得意犹未尽，因为在《三大贡木》之中，金丝楠内容的比例只有大约三分之一。我便想整理搜集更多的金丝楠知识，也是想更加丰富自己，充实自己。在整理资料的过程中，走访学者，实地考察，也能学到更多的东西。

两把金丝楠做的古琴和一副唐代古画四连屏。

决心

近十年来，古典家具市场的迅速发展，准入门槛过低的状态导致了市场规模庞大，但良莠不齐。截至2015年，艺术品市场中满彻金丝楠的成品数量不多，且市场价格实际并不高，甚至低于老挝红酸枝的市价。主要原因就是没有行业质量标准，尽管人们都非常向往，但消费者不知道到底什么是真正的金丝楠。

金丝楠市场整体行情在2010年个别人“天价金丝楠”的市场炒作中，非但没有占到便宜，反而吃了亏。个别企业宣传金丝楠单件商品动辄上千万元的价格，一下子使原本健康有序发展的金丝楠市场仿佛冻结了。因为销售者已经无法弄清，金丝楠到底是应该几千万元一件还是几万元一件。从此金丝楠被披上了一层神秘朦胧的面纱。从2010年开始，我便决定一定要写一本权威的金丝楠的著作，捅破这层窗户纸，用科学严谨的方法，利用客观的数据，落实到点的资料，让公众了解真实的金丝楠。

从2010年下定决心开始，我便四处走访古迹，采集资料，对故宫、北海、太庙等地的金丝楠大殿进行实物勘测，收集数据；去产地沿途了解相关从业者的信息、市场情况；又积极向林科院及木材学的专家请教，试图从科学的角度去了解和学习。另外，在故宫的工作经历，让我对馆藏文物也略有接触，一些非常隐秘的金丝楠文物也收录在此书之中。此书中图录部分的金丝楠作品是我亲自设计，由老字号元懋翔加工制作，这些家具和艺术品的收录，补充了很多其他书籍里没有的流通范畴的知识和图片。我想写一本集科学、学术、市场、文博为一体的金丝楠百科全书。虽然难，但日积跬步，终究能完成。

这几年我经常去国外游学考察，2012年我代表北京故宫文化传播公司出访乌克兰时，和时任乌克兰文化部部长切贝金先生闲聊，称金丝楠为golden wood，就是金色的木头，当时我还赠送了一条金丝楠念珠给他作为纪念。2016年年初我在多伦多大学举办讲座，其中就涉及几种木材，翻译它们着实难住了我，根本不知道怎么翻译。文化的互通最重要的就是了解彼此的交流内容，而这又是一次公开的讲座，是很严谨的学术交流，全程录像，过程中我只能尴尬应对。通过这件事情，回国之后我就潜心学习，到底金丝楠的专业学术名称是什么，经过研究和逐一比对排查这个课题终被解决，金丝楠的拉丁文为Phoebe sheareri，中文名为桢楠属紫楠。

随着越来越多的国际交流，我深深地意识到，中国传统文化要走出国门，需要和国际接轨，需要标准化的规范。现在金丝楠专业领域缺乏著作，文化模糊，概念不清，市场中鱼龙混杂，成品价格高低不等，价格悬殊。市场不兴是因为没有标准，而第三方机构又缺乏公信力，老百姓想买又不敢买，整体行业发展停滞不前，很多人打着金丝楠的招牌以假乱真。这也让我下定决心，彻底解决这个难题，弥补专业上的空缺。

● 金丝楠书房不动如山

品性

金丝楠是栋梁之才，在它的品性中，我最为欣赏的就是一个“韧”字，如李时珍在《本草纲目》中所写，“气甚芬芳，为梁栋器物皆佳，盖良材也”。栋梁力扛万斤，不是强，而是韧。雪压青松腰不弯，雪压屋顶更需栋梁之才。而金丝楠之品性，也正如做人的道理一样，需要我们遇事有担当，临危不乱，韧性十足。金丝楠不仅具有“韧性”，同时还有“芬芳”，其清雅的香气有别于其他树种，于人来讲就好比举止气质、谈吐修养，正如诗中所写：“腹有诗书气自华。”金丝楠的品性，总结以下词句足以概括：外带恭顺，内具坚韧；宽以待人，严以律己；光华内敛，不彰不显。

金丝楠木是国人引以为豪的瑰宝，其品性更为人们所尊崇，用这种高贵的木材作为载体的建筑，有着浓厚的中国风味，它的拥有者亦应有能够读懂前贤的修养之德，所谓同气相求。金丝在木内，来生世人心。一件家具也好，一杆毛笔也罢，金丝楠不仅仅是一种传统材料，更承载着悠久的历史和文化。自古木以养人，人必敬木、尊木，人与木的亲密接触，使得华夏子孙的心灵得到润养，灵犀之物，退让合度，恍如云锦，游走其间。

● 元懋翔店内金丝楠中堂、元懋翔藏头诗、米芾的拓片四连屏

期待

● 金丝楠卧室天赐鸿福

如今古朴典雅的金丝楠木制品在市面上悄然走俏，逐渐崭露头角。金丝楠木的纹理平素，既柔软又坚韧，温温淡淡，气质优雅。既没有做作妩媚之姿，也没有火星四溅的燎人嚣张，它只是素颜清晰亮丽，不施粉黛，不美艳，却明媚动人，淡雅文静。现代人的衣食住行各个方面都开始注重质量，讲究多元的生活体验，而金丝楠强烈的复古之风着实引人注目。目前市场上珍贵的木材都有着无法替代的稀缺性，能很好地抵御通货膨胀，紫檀酸枝在印度和老挝等东南亚国家都有源源不断的供给，而金丝楠却没有，从这个角度来看金丝楠这几年涨势明显也就不足为奇了。重点在于：供不应求。

在2012年时红木家具市场走俏，黄花梨、紫檀、红酸枝逐渐进入天价阶段，消费者望尘莫及，由于高价值，低价格，处于价值洼地的金丝楠终于苏醒。在整体行业中，经营金丝楠的企业占比增加，市场销售额和占有率也越来越高。金丝楠这些年的崛起之势，必然会挤压同行业其他木材品种的市场份额，在这些年中，更屡屡发生竞争对手对金丝楠诋毁侮损的闹剧，实在是令人痛心疾首。看待任何事物都要客观，要辩证地看，所以我要用事实和数据来鸣不平，把正确的信息传递给大家。

著书立说，传道授业解惑，让爱好者更加深爱，让从业者律己守己，多出精品不要浪费稀有良木，于友于商，于他于己都是好事。我把古人的东西拿回来，把现在市场的情况讲明白，这要感谢家庭和故宫给我的知识和底蕴，感谢元懋翔给我能够不断实践的机会。专家的前提得是行家，没有过硬的基本功和充足的实战经验那只能是纸上谈兵，要有一流的眼力和踏实肯学的态度，还需要更加谦虚谨慎的治学观念。

我希望用自己微薄的力量去做点切实有意义的事儿，把过眼之物展示给大家，把心得分享给大家，因为每一张照片，每一句措辞，都是情感和心血。对于书中的内容，不到位的地方，希望大家指正，也望多海涵。最后衷心地希望中华传统文化繁荣昌盛，荣耀千古，金丝楠木的光芒闪耀在每一个中华儿女的心中。

弥补学术空缺以严谨的态度研究金丝楠 II

缘起 II
决心 IV
品性 VI
期待 VII

概论篇

一、金丝楠概述 002

什么是金丝楠 002
金丝楠的产地分布 008
金丝楠的生长条件 015
金丝楠的生长速度 018
金丝楠木材的分类 020
金丝楠木材的优异性能 029

二、金丝楠历史文化溯源 038

金丝楠的哲学意味 038
金丝楠明清采木史 053
金丝楠逐渐消失的原因 060

三、金丝楠的木质属性 067

金丝楠的纹理 067
金丝楠的材色及气味 089
金丝楠的稳定性 091

四、金丝楠鉴别 100

金丝楠的宏观鉴别 100

目录

金丝楠的纹理鉴别 105
金丝楠的色泽鉴别 108
金丝楠的气味鉴别 111
金丝楠的微观鉴定 112
金丝楠的常见替代品 119

五、金丝楠用途 131

金丝楠在古代家具中的应用 131
金丝楠备受皇家钟爱 137
金丝楠用作建筑装修 138
金丝楠的药用及养生功效 143
金丝楠软硬之辩 149

六、金丝楠家具概述 155

中国家具发展简史 155
明式家具概述 158
明式家具崛起的历史条件 164
明式家具的特点 166
清式家具概述 173
清式家具特点 177
明清两代家具特点比较 190

七、金丝楠古建 195

金丝楠的宫殿架构 195
金丝楠宫廷建筑贡木采办史 196
金丝楠的历史遗迹 200

八、金丝楠的价值和行情 203

金丝楠市场近况 203
金丝楠的收藏价值 207
金丝楠的等值趣算 210

九、金丝楠的保存及保养..214

金丝楠家具的保养..214

金丝楠原料的保存..217

防止金丝楠变色..219

金丝楠防止开裂的原理..219

十、金丝楠的保护政策..222

考察篇

一、探访金丝楠古迹之北京北海大慈真如宝殿..230

二、探访金丝楠古迹之北京太庙享殿..237

三、探访金丝楠古迹之北京故宫宁寿宫古华轩..243

四、探访金丝楠古迹之四川峨眉山纯阳殿..248

五、探访金丝楠古迹之四川峨眉山报国寺..252

六、探访金丝楠古迹之四川雅安开善寺..256

寻寺..256

地理环境..257

开善寺现状..257

历史价值及学术意义..259

既往维修情况..260

环境勘察..261

残损原因分析..261

感受..262

小典故..264

九思山房..265

七、探访金丝楠古迹之四川雅安云峰寺......266

云峰寺历史文化......266

寺庙园林学的典范......270

八、探访金丝楠古迹之承德避暑山庄澹泊敬诚殿......278

九、探访金丝楠古迹之北京明十三陵长陵祾恩殿......285

十、探访金丝楠古迹之杭州胡雪岩旧居......290

十一、探访金丝楠古迹之北海公园快雪堂......301

十二、探访金丝楠集散地四川雅安芦山县......311

图版篇

一、柜架类

金丝楠独板卧游山水顶箱柜......318

金丝楠独板凤尾纹面条柜......321

金丝楠独板虎皮纹圆角柜......323

金丝楠明韵大衣架......324

金丝楠龙鳞纹书柜......326

金丝楠满雕云龙纹圆角柜......328

金丝楠蝠纹书柜......331

金丝楠锴金龙纹顶箱大柜......332

金丝楠组合电视柜......335

金丝楠虎皮纹五斗柜......336

金丝楠独板水波纹顶箱柜......339

金丝楠雕云龙纹顶箱柜......341

金丝楠独板雨滴纹顶箱柜......343

目录

金丝楠雕云龙纹顶箱柜 344

二、床榻类 348

金丝楠雕龙架子床 348
金丝楠雕狮子床 350
金丝楠独板罗汉床 352
金丝楠荷花榻 354
金丝楠莲花罗汉床 356
金丝楠月洞门架子床 358
金丝楠满工雕龙罗汉床 361
金丝楠鸳鸯双人床带双床头柜 362

三、桌案类 368

明代金丝楠独板双牙板券口八仙桌 368
民国时期金丝楠独板写字台 370
老金丝楠圆对桌角桌 373
满彻瘿木独板画桌 374
金丝楠嵌瘿木百灵台 377
金丝楠带暗锁梳妆台 378
金丝楠雕荷花画案 381
金丝楠雕灵芝中堂四件套 383
金丝楠雕龙炕桌 385
金丝楠独板大茶几 386
金丝楠独板水波纹连三橱 388
金丝楠虎皮纹写字台 390
明代金丝楠云头翘头案 393
金丝楠连二橱 394
金丝楠满水波纹小平头 396
金丝楠嵌珐琅平头案 398
金丝楠嵌乌木雕龙画案 400
金丝楠嵌阴沉木对桌 403

目录

金丝楠狮子滚绣球圆桌带鼓凳……404
瘿木独板架几案……406
瘿木方桌五件套……408
花梨框嵌金丝楠独板琴桌……410
金丝楠海水龙纹画案……412
金丝楠成对水波纹半月桌……414
清代·金丝楠喜事盈门架几案……416
清代·金丝楠虎皮纹圆包圆架几案……418
金丝楠水波纹圆桌配凳……420
金丝楠嵌瘿木独板茶桌……423
金丝楠宋式茶桌配梳背椅……424

四、椅凳类……432

金丝楠荷花宝座……432
金丝楠灵芝纹鹿角宝座……434
瘿木三拼圈椅一对带几……436
金丝楠嵌乌木雕龙屏风宝座……439
金丝楠沙发十件套……441
金丝楠沙发十四件套……443
金丝楠花鸟纹沙发套装……444
金丝楠嵌乌木鹿角宝座……446

五、其他类……452

金丝楠嵌瘿木画箱……453
老金丝楠佛龛……454
阴沉龙胆纹雕龙茶海……456
金丝楠蚕丝纹风水柱……459

致谢……460

元懋翔简介……461

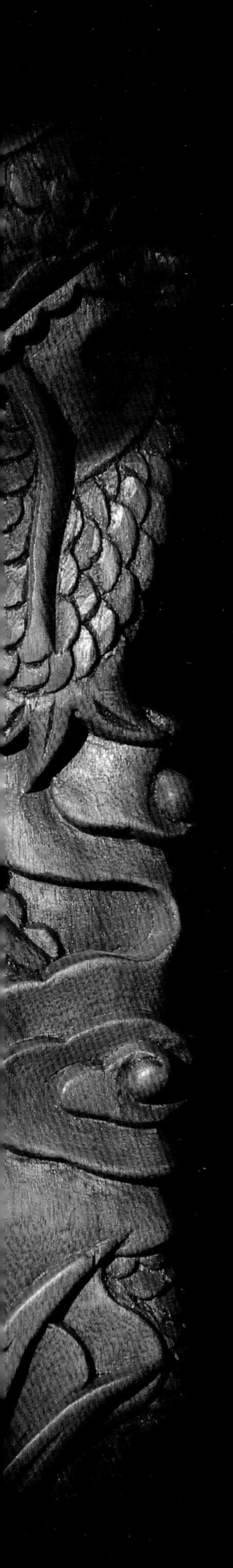

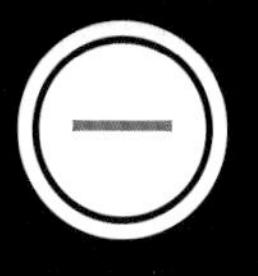

概论篇

金丝楠木性稳定，木质温润，自古为皇室贵族看重，可见其具有极高的历史价值及文化价值。近年来，其独有的光泽和质感获得了众多木器文玩爱好者的关注，但是目前市场上也存在良莠不齐、泥沙俱下的情况。由于广大消费者大多对于楠木及金丝楠木的专业知识较为陌生，不少爱好者难免“吃药”“打眼”。

本篇中，笔者将对金丝楠的历史传承、产地、分类、木质特性、鉴定技巧及保养方法等做逐一的讲解，此外本书中还包含金丝楠家具及著名的金丝楠古建的相关介绍。相信随着此书的出版，金丝楠所代表的传统文化将得到弘扬，金丝楠往日的荣光将得以复兴，金丝楠的分级分价会得以明确，市场的乱象会得以改善并重归繁荣。

一 金丝楠概述

什么是金丝楠

金丝楠（桢楠）是我国独有的名贵树种，列入国家二级保护植物名录。楠木要达到生长旺盛的黄金阶段，至少需要60年到90年，生长十分缓慢，成材更是要上百年的时间，是名副其实的大器晚成。这个速度相对于黄花梨和紫檀算是快的，但在世界木材学的平均标准里面，属于慢的。不过，正是由于楠木生长得慢，所以木质比较致密、坚硬、耐腐蚀，自古即被誉为“水不能浸，蚁不能穴”。

● 四川峨眉山野生桢楠林

对于金丝楠的概念，古今有不同的定义方式，古代所谓的金丝楠是广义概念的金丝楠，而现代意义上的金丝楠相对狭义，但是更为科学。

1. 现代狭义概念的“金丝楠”

国标 GB/T 16734-1997《中国主要木材名称》中有明确的楠木相关规定，楠木（一般俗称为金丝楠）主要指樟科 Lauraceae 的楠木属 Phoebe sp.。Phoebe 在西方特指楠木，来源于拉丁语，也念作女子的名字“菲比”，国标规定金丝楠指的是楠木属的这一类木材的统称。目前我国的楠木属树木主要分布于长江以南，细分下来大致有 34 种，从木材特征上很难将金丝楠与其他楠木树种区分开来。

我国著名林业家、树木分类学家及奠基者陈嵘先生，在其著作《中国树木分类学》中，一直沿用紫楠的别名也就是金丝楠。在这本书中俗称金丝楠的就是紫楠 Phoebe sheareri，隶属于楠木属，楠木归为雅楠属，而在《中国植物志》中则将其归入楠（木）属树种。根据近十几年来木材学研究的相关报道显示，金丝楠指的是楠木属中的桢楠（Phoebe zhennan），而笔者也为此查阅了大量的资料，再加上自己这十年在市场中的摸爬滚打，基本认同前辈们的研究结论，对比古今用材的研究，笔者希望制定出更加严格、分类清晰的标准用以鉴定金丝楠木。

在现代意义上的楠木，主要是指楠木属和润楠属树种，包括楠木、雅楠、香港楠、光叶楠、紫楠、红毛楠、猪脚楠、楠柴、巴楠、细叶楠、小叶楠、桢楠、华润楠、润楠及红楠等。而国标 GB/T 16734-1997《中国主要木材名称》中更明确细致地规定，楠木归类名称为楠木本类，其中包含有闽楠、细叶楠、乌心楠、滇楠、白楠、紫楠等树种；润楠主要包括短序润楠、华润楠、红毛山楠、刨花楠、广西润楠、广东润楠、薄叶润楠、润楠、尖峰润楠、红楠、绒楠等树种。

显然随着科学技术的一步步发展，随着科学家和学者的孜孜不倦的研究和追求，一辈又一辈的爱楠之人薪火相传，金丝楠的概念势必越来越清晰。从最初三国时期的简单描述，“ 叶三四丛，赤者坚，白者脆”，到明代的“栋梁之材”，再到现代的木材分类学，纲目科族、属组系种都越来越科学，越来越规范。从感性的金丝楠到理性的桢楠紫楠，不得不说是个巨大的飞跃。

四川峨眉山野生桢楠林，树皮及树木特征。

在古代，楠木分类很简单，就是香楠、水楠、金丝楠，金丝楠是一个类别的概念。而现代的定义则更加具化，有了规则和标准，更科学也更严谨，同时也体现了中西的文化交融。我们传承了祖辈1800年前的传统，如今运用西方木材分类学的方法，这是对前辈的敬意和传承，也是此辈对金丝楠科学分类、认真研究的严谨态度。

还有一个例证就是大名鼎鼎的恭王府，其是公认的运用金丝楠木建造的古建筑，是清代乾隆朝权臣和珅的宅第和嘉庆皇帝的弟弟永璘的府邸，其中锡晋斋更是名声大噪。恭王府管理处的工作人员曾在2016年把金丝楠送到林科院木研所做检测，检测的结果就是紫楠。虽然这次抽样送检的结果不能概括证明总体，但也不容忽视。运用显微切片分析观察木材细胞类型和细胞排列特征判定树种，是木材鉴定的撒手锏，误差最小，虽然是有损鉴定，也是尤为难得。

中国林业科学研究院几位比较著名的木材分类学专家，如研究员杨家驹先生、研究员张立非女士，都是我的老师也是好友，我也曾经多次送检过样本，都为古建拆除的门窗格栅，均为明清遗存的残件，检测结果均为桢楠。由此可见，国标所述和我本人各地所考证的结果是基本符合的。

曹荻明与杨家驹先生合影，摄于2009年。

2. 古代广义概念的“金丝”楠木

古今对比来看，古代判断金丝楠的标准是感性的，所谓楠木分三种：香楠、水楠、金丝楠。但是现代社会判断金丝楠是理性的，所用植物分类学的知识，科属目来分级分类，木材的各种特性要在量化的基础上，分析数据，得出结论。

研究方式不同，也就有了广义和狭义之分。古代的三类楠木分类方式是广义的，现代科学分类是狭义的，更加准确。科学是在进步的，没有先贤的智慧和归纳，总结出金丝楠这三个字，自然没有现在的承袭和发展。没有几百年前金丝楠的昵称，也不会有现代的系统研究和整理。

就现代社会而言，学术界认可的广义的“金丝”楠，是一些材质中有金丝纹理和类似绸缎光泽现象的楠木（主要以桢楠为主）。主要是基于一些古代文献在记载金丝楠时，还没有出现西方的木材分类学。所以相对范围比较宽，包括楠木属的桢楠、闽楠、紫楠、利川楠、浙江楠及润楠属的滇润楠、基脉润楠和粗状润楠。因为都有金丝展现，但是味道都各有不同。所以，广义的应该叫“金丝”楠木，即为观感有金丝的楠木，而不是真正的“金丝楠”。

● 四川峨眉山纯阳殿大柱

● 四川峨眉山报国寺桢楠

中国历朝历代都将金丝楠木视为一种高级建筑材料，专门用在皇家宫殿、少数寺庙的建造和家具制作中。《博物要览》第十五卷《各种异木》中就有过楠木的记载，“楠木产豫章及湖广云贵诸郡，至高大，有长至数十丈，大至数十围者，锯开甚香”。对楠木的分类也有涉及，“亦有数种，一曰香楠；一曰含丝楠，木色黄，灿如金丝最佳；一曰水楠，色微绿性柔为下”。这里的第二种含丝楠就是金丝楠。金丝楠木家具温润如玉，色彩璀璨如金，摄人心魄，具有极高的审美价值和艺术震撼力，“今内宫及殿宇多选楠材坚大者为柱梁，亦可制各种器具，质理细腻可爱，为群木之长”。由于金丝楠木资源本就稀缺，加之需求量大，所以金丝楠在明末时期已砍伐殆尽。历史动荡变迁，大多数金丝楠木家具及工艺品都已经消失在历史的尘烟中，有幸留存至今的古代金丝楠木家具及工艺品绝对是寥若晨星，更显得弥足珍贵。作为中国古代帝王御用之木，金丝楠木为皇家所垄断，民间不得擅用，加之能够流传下来存世的少之又少，所以让人们对金丝楠木的认识如雾里看花，如此种种造就了金丝楠独特的地位和罕为人知的神秘感。

金丝楠，楠有时作“柟”和“枏”，木性优良，其纹理、色泽和气味都极具特色，是我国独有的珍稀树种，自古以来就被广泛用于高级建筑材料、宫廷家具和文房雅赏中，各朝代的一些文献记载所定义的金丝楠的概念也有所不同。

三国时期，吴国陆机写了《毛诗草木鸟兽虫鱼疏·有条有梅》一书，云："叶大可三四叶一丛，木理细致于豫章，子赤者材坚，子白者材脆。"清代时期，被称为"清代文苑第一人"的谷应泰著有《博古要览》，内书："楠木有三种：一曰香楠，二曰金丝楠，三曰水楠""金丝者出川涧中，木纹有金丝，向明视之，闪烁可爱""楠木之至美者，向阳处或结成人物，山水之纹"。这三段文字说明当时的人们对楠木已有大致的分类，更认识到金丝楠木花纹的审美价值。

而明朝的爱国诗人王佐，著有《新增格古要论·骰柏楠》一书，其中写到了楠木瘿，"骰柏楠木出西蜀马湖府，纹理纵横不直，中有山水人物等花者价高，四川亦难得"。这段文字中的"骰柏楠木"在古时也称为"斗柏楠"，而"斗柏楠"就是我们现在说的楠木影子，或者叫楠木瘿，上面有各种花团锦簇的纹理，十分可人。另外由李时珍所著的《本草纲目》，书中描写到，"楠木生南方，而黔蜀诸山尤多，其树直上，童童若幢盖之状"，同时还有对楠木特征的详细描述，"干甚端伟，高者十余丈，巨者数十围，气甚芬芳，为梁栋器物皆佳，盖良材也"，而"骰柏楠"这一名称也有提及："其近根年深向阳者，结成草木山水之状，俗称骰柏楠，宜作器。"

金丝楠的产地分布

1. 古代金丝楠的分布

历史已经成为过去，文献记载就成了我们分析历史上楠木分布变迁的重要参考依据。

目前发现的关于楠木生长分布的记载，出现在战国后期《山海经》中，这是有关楠木的最早、较全面的记载，《山海经》是我国的一部奇书，记载了最多的神话故事，也是关于古代地理、历史和民俗知识的百科全书，书中的大多数内容也是翔实可考证的。根据《山海经》中涉及楠木分布的《五藏山经》记载，再考据一些涉及当时楠木分布的出土文物，特别是近年出土于四川等地的楠木船棺、棺椁以及悬棺的葬具，可知楠木在先秦时期分布的北界和东界大致框在北纬28°至35°和东经103°至121°的范围内，分布的范围远比现在宽广，而且要偏北一些，其北界大约可以达到秦岭北坡地区和河南南部地区，分布重心是在中国南方，中心位置应该在现今的四川省境内。这种分布界线和趋势也得到了晚于《山海经》的有关文献的进一步佐证，大体上是一致的。

到了汉晋时期，已经有较多的史籍出现了对南方楠木的记载，特别是长江以南地区。比如在《史记·货殖列传》中就讲到江南地区多产楠木，不过缺少对西南夷地也出产楠木的记载；《潜夫论·浮侈》上记载了当时北方京城贵戚，必欲江南櫺梓、豫章掖楠；《盐铁论·散不足》中也同样有"富者梓棺楠"的记述。总体来看，从先秦到汉晋时期，江南地区因为开发较早，因此楠木资源也就最先得到了开发和利用，史籍中所记载的楠木也多为本地土产。

唐宋时期，四川等地种植舍田、梯田的盛况史不绝书，全国的经济重心也随之逐渐南移，并得到进一步开发，使江南成为当时全国的首富地区。与经济发展同时发生的是楠木资源的破坏，加之唐代以来气候转寒，楠木生长区开始不断缩小。对照《元和郡县志》《舆地广记》《舆地纪胜》《太平寰宇记》《方舆胜览》等历史古籍中记载，并分析同时期的其他考古资料，此时楠木分布的北界，大概已消退到九顶山、大巴山和大别山一线，也就是今天四川、重庆、云贵、湖南、湖北、江浙、福建、广西、广东等地区。尽管面积相对之前而言在缩小，但相对明清来说，唐宋时期的楠木分布区域还算十分广阔的。

对楠木分布的记载，明清时期已经很系统了，以当时主要历史文献《古今图书集成》为例进行分析，可以看出明代及清代初期的楠木分布区域主要是在当时的汉中、遵义、铜仁、嘉定、渔人、泸、温州、泉州、平茶洞长官司、九江、辰州、马湖、台州、郴州、惠州、高州、廉州、雷州、南宁、南昌、南雄、韶州、潮州等州府。归纳为现在的地理划分，也就是陕西、

此物是彝族中的黑彝，相当于以前的地主或奴隶主用于供桌之上，盛放食物所用，以四川地区所产金丝楠木所制，有500年以上的历史。其颜色深邃沉稳，纹理清晰可辨，韵味十足。

川贵、湖南、福建、江浙、云南、两广地区。经过唐宋两朝的开采利用，江南、中南地区的楠木成树已开发殆尽。

明代开始，在成都平原区楠木得到较广泛的种植，在《蜀都杂抄》中就有相应的记述，“楠木巨材而良，其枝叶亦森秀可玩，成都人家庭院多植之”，可见当时在人们的日常生活中楠木十分普遍。在明清时期采办皇木主要就是指楠木，采办地区集中在四川越西、都江堰、雅安、古蔺、叙永、涪陵、奉节、西昌、天全、纳溪、重庆、成都、崇庆、眉州、马湖、汶川、广元、洪雅、犍为、丹棱、井研、宜宾、太平厅，云南的永善、乌蒙和镇雄，贵州遵义、镇安、绥阳、仁怀以及桐梓等地，这在当时都是大面积的楠木成树区。不过，官府加上商人对楠木的不断开采，导致清代时西南和中南等原产区的楠木已接近枯竭，如雍正帝在位时，南川县已没有楠木成林，到了乾隆时，贵州铜仁府的楠木也几乎被砍伐用尽，遵义、屏山一带楠木已很难见到，道光时辰州府的楠木也很少见到了。

经过上述的研究发现，金丝楠是中国土生土长的特别接地气的名贵木材，从先秦时期开始河南地区就有大量的楠木林，到了明代，江南地区就已经没有了，慢慢退到了人烟稀少的蜀地，云贵川一带的原始密林中，到现代再看，基本有人口的地方都看不到金丝楠天然林了，就像很多宝石玉石一样，稀缺资源会越来越少，我们必须充分重视才能让中华民族这个活的历史保存下去。

2. 现代金丝楠的分布

桢楠是主要的常绿阔叶林树种，分布区主要是亚热带常绿阔叶林区的西部。桢楠因其优良的材质和广泛的用途，在楠木属树种中是经济价值较高的。经过历朝历代的砍伐利用，原本丰富的原始森林资源已接近枯竭。在我国现有的桢楠自然保护区中，只存在少量天然林，其余是人工半自然林和风景保护林，虽然在一些古代庙宇、边远的村舍等处生存着少量的古桢楠树，但是遭遇较严重的病虫害，正在相继衰亡。

我国的桢楠目前主要集中在西南地区，具体来说是在湖北西部、贵州西北部及四川省、重庆市。特别是四川天全、宝兴、成都、巴县、南川、古蔺、筠连、雷波、灌县、新都、广汉、峨眉、洪雅、荥经、珙县、宜宾等；贵州省主要生长在沿河、印江、绥阳、松桃、桐梓；湖北恩施、宜昌、秭归、利川、鹤峰；湖南龙山地区。湖南其他地区和河南的自然保护区科考报告中也称有桢楠分布。

现在川、贵、云、湘、鄂、皖、苏、浙、赣、闽、粤、桂以及台湾地区，甚至陕南、陇南和中原南部都长有楠木，看似分布很广，其实我国楠木分布区正在不断缩小，真正楠木成林的地区只有一个狭长的弯月形地带，涵盖滇东南和龙门山、乌蒙山、邛崃山、小凉山、大娄山。在我国四大盆地之一的四川盆地，只有峨眉、云南东南西畴县和麻栗坡一带有少量的原始楠木成林，其他则多为半自然林和风景保护林。因为楠木成林的面积狭小，达不到表现面积，所以不再作森林描述。如今，我国已经把樟科楠木属的浙楠、桂楠、大果楠、大萼楠、桢楠五种以及赛楠属和润楠属的九种楠木都列入濒危物种名录，属于受到生存威胁的高等植物。

楠木在中国的分布要比桢楠（金丝楠）更加宽泛一些，但这两者之间存在着很大的关联。我们以华东地区的楠木考察为例，为大家说明一下几种楠木之间的混生关系。

根据楠木属树种在华东地区的地理分布，主要集中在江浙、安徽、福建及台湾地区。各省分布种类中安徽省最多，有 5 种；浙江和江西都有 4 种，福建有 3 种，江苏省和台湾地区最少，都只有 1 种。在华东地区，分布地区最广泛的应数紫楠，除江西没有记录外，其余各省份都分布有野生紫楠；台楠的分布仅在安徽和台湾地区。下面笔者详细说明一下楠木属各树种的具体分布状况：

（1）紫楠（P. sheareri），是楠木属中的一种，也被定义成最标准的金丝楠，也就是狭义金丝楠。该树种集中分布在江苏宜溧低山的丘陵地区，特别是南京、宜兴、溧阳等地；安徽皖南山地，黄山、九华山脉附近的祁门、太平、休宁、泾县、绩溪、贵池等地都包括在内，以及大别山的舒城、霍山、六安、金寨等地区，可以延伸到鄂东南；福建武夷山脉、戴云山脉等。浙江天目山附近的杭州、临安、淳安、建德等地，浙江沿海山地的宁波、镇海，浙南及西南山地的开化、江山、遂昌、丽水、龙泉等都有分布。

对浙江杭州市郊黄梅坞林区的天然紫楠林进行实地调研，发现宜溧低山丘陵区紫楠分布区，具有亚热带特征，海拔 1000 米以下垂直分布，最低分布地的海拔在 50 米到 100 米，属于亚热带

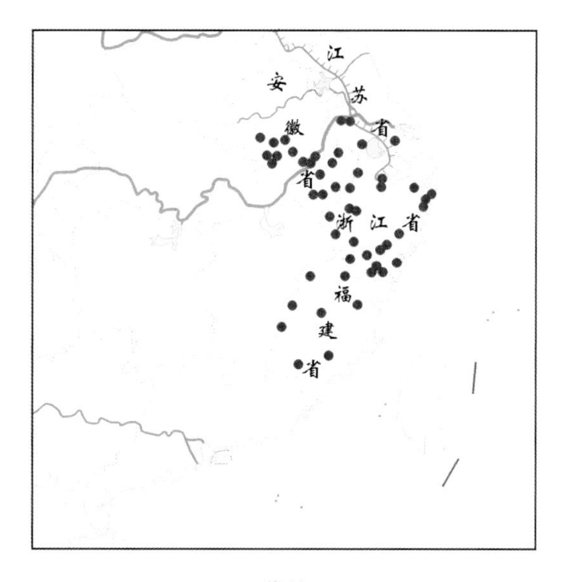

紫楠

季风气候区，终年湿润，多雨，夏季酷暑，冬季较短，主要伴生物种是壳斗科（Fagaceae）的青冈（Cyclobalanopsisglauca）、白栎（Quercus fabri）、石栎（Lithoearpusglaber）。

（2）浙江楠（P.chekiangensis），属于桢楠属，也属狭义金丝楠之一，由于野外树种数量较少，被列为国家二级重点保护植物。由于浙江楠与紫楠的形态较接近，所以造成现存的数据库中，存在一定数量的错误标本，要依据其叶片较小，种子具多胚性等独特的特征再加以甄别。不过这些特征又很容易与小叶桢楠相混淆，不能区分小叶，而是要对种子的情况进行区分。浙江楠最先的发现地是在杭州云栖，在闽、赣、皖等地也有过分布，浙江分布区主要集中在临安、宁波、龙泉、寿昌、平阳、奉化、仙居、泰顺、松阳、庆元、鄞县等地；江西分布区主要集中在罗霄山及武夷山附近的崇义、贵溪、瑞金、上饶、黎川等地；在安徽则仅皖南黄山附近的太平和祁门有相关记录。总体来说，浙江楠没有紫楠的分布那样集中，较为零散，种群数少，这和该树种对光照、土壤以及水分等条件的较高要求有关。在浙江，其分布主要是海拔 500 米到 900 米的低山和中山区，且以中下坡为主；伴生杉木（Cunninghamialanceolata）、青冈栎、木荷（Schim a superba）等亚热带优势树种。

（3）闽楠（P.burnei），属于楠木属，是一种狭义的金丝楠，也被列为国家二级重点保护植物。由于闽楠与桢楠（P.zhen-nan）、滇楠（P.nanmu）在形态上接近，所以在之前很长一段时间内被许多学者混淆。闽楠在华东地区只有福建、江西和浙江有分布，而其中福建地区集中在沿武夷山脉的南平、三明、沙县、顺昌、南靖、建阳、邵武、永安、清流、松溪等地；江西主要分布在九岭山及与岭南接壤的罗霄山脉地区，包括安远、大余、铜鼓、寻乌、黎川、龙南、宁冈、会昌、靖安、上栗、宜丰等地；浙江分布区主要是在浙西南及浙东南山地的丽水、温州及衢州一带。可见，闽楠一般垂直分布在海拔 50 米到 1200 米的山地沟谷和阴坡区，主要的伴生树种有沉水樟（Cinnam omum mircranthum）、红楠（Machilus thunbergii）、黑壳楠（Lindera megaphylla）、青冈（Cyclobalanopsis glauca）、猴欢喜（Sloanea sinensis）、

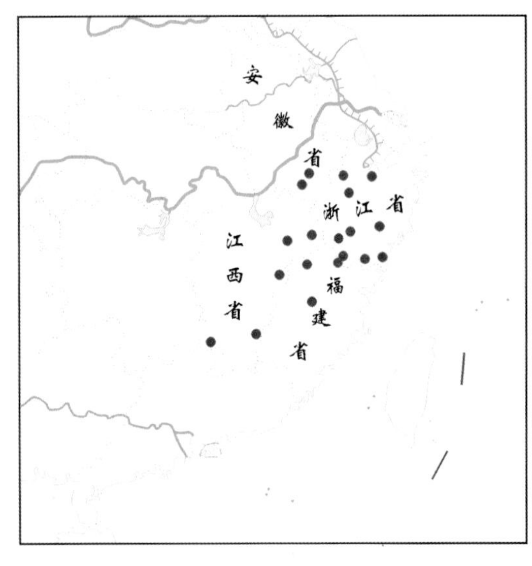

浙江楠

闽楠

枫香（Liquidam barformosana），符合亚热带森林的特征。

(4) 白楠（P.neurantha），属于楠木属，但是不属于广义或者狭义的金丝楠。在华东地区，白楠垂直分布主要是在海拔 700 米到 1500 米的沟谷或山坡中下部的阔叶林中或灌木丛中，产量极少，常被误认为是桢楠。在野外调查中看到的白楠均树干通直、生长良好，而且木材结构细腻，纹理美观。白楠的分布在江西较集中，连续分布在北部的九岭山至南部的罗霄山脉区域，包括安福、崇义、大余、奉新、九江、靖安、井冈山、芦溪、南康、宁冈、萍乡、瑞昌、遂川、泰和、铜鼓、兴国、修水、宜丰等地；在安徽集中分布于大别山区的霍山和金寨；此外，浙江地区的龙泉、开化、庆元等地也有零散分布。

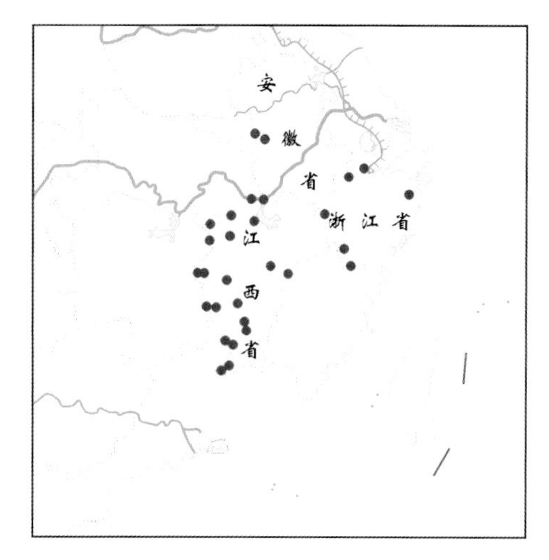

白楠

(5) 湘楠（P.hunanensisi），楠木属，不归入金丝楠范畴。湘楠主要垂直分布在海拔 800m 以下的内陆山地地区，不像闽楠和紫楠那样能够形成大片的群落，而是呈现零星分散布局。具体位置就不赘述了。

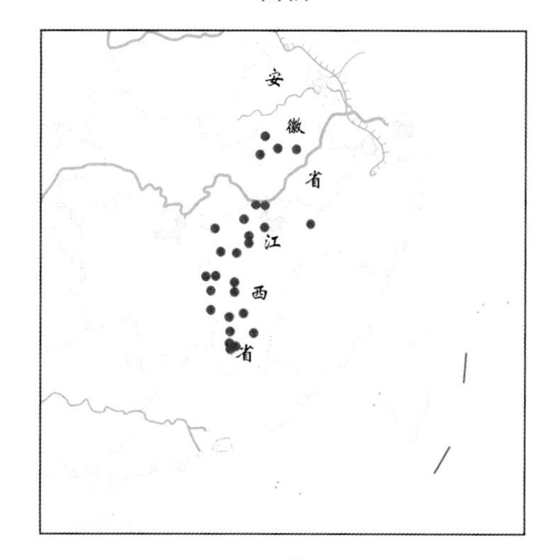

湘楠

(6) 台楠（P.formosana），楠木属，不列入金丝楠范围。台楠呈现典型的间断分布特点，海拔在 1800m 的山地阔叶林中，极容易与紫楠混淆。主要是台湾地区和安徽，台湾地区较常见，安徽罕见。具体位置不再赘述。

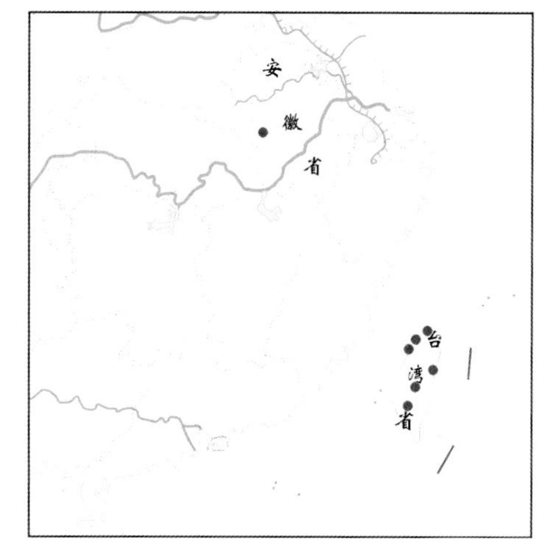

台楠

通过上述对华东地区楠木属植物的地理分布及资源状况的分析得出，目前该区共有 6 种楠木属植物，多分布于武夷山脉、大别山脉、罗霄山脉、黄山山脉、天目山脉等地的沟谷或阴湿的中低坡地区。其中紫楠和闽楠相比其他树种分布较广泛，因为适生性强，极具开发价值。不过，由于闽楠、浙江楠和紫楠的生长环境遭到破坏或过度开发，这三个树种呈濒危状况，已被列入国家二级重点保护植物。此外，台楠的分布呈现间断性特征，只有台湾地区及安徽两地有分布，这也是后续植物学和地理学非常值得探讨的一个问题。

我国现发现的楠木属植物大约有 34 种 3 变种，分布在长江流域及以南地区，其中以西南与华南最为集中，不过华东地区的资源量也不容小觑。楠木属植物作为优良的亚热带树种，不论在木材材质、抗性、环境适应性等各方面均具有较好的特性，在经济利益的驱动下，我国华东地区的楠木资源遭到疯狂的非法掠夺，致使其面临濒危。对楠木资源进行必要而强有力的保护措施显得至关重要和紧迫，要实现楠木属优质林木资源的可持续开发和发展，培育有价值的名贵树种，比注重短期效益的速生林要重要得多。对此，国家、省、市等各级的林业部门也都有所意识，在今后很长的一段时间，选育优良楠木树种，如闽楠、桢楠、紫楠、浙江楠等，建立起树种资源库等，成为后续研究实践工作的重中之重。

综上所述，紫楠属于狭义的金丝楠，闵楠和浙江楠也是楠木属，也属于狭义的金丝楠。台楠和闽楠都非常容易和紫楠混淆，但台楠不是金丝楠，闽楠是狭义的金丝楠。另外还有白楠，即我们俗称的水楠，它们的天然林分布中有很多产地重叠的情况，我们称之为混生。但是有些省份肯定没有金丝楠，如台湾地区。严谨的木材学研究要比普通的收藏爱好者想象的要复杂得多，而且科学研究必须严谨，不能想当然，也不能说某地产的就一定为金丝楠。例如，认为四川的楠木就一定是金丝楠，这就非常离谱，同时也打破了金丝楠只在四川出产的固有思维。

四川雅安荥经县云峰寺野生桢楠林，非常高大，高度可达20—30米。

金丝楠的生长条件

金丝楠对生长环境的温度、湿度、土质的酸碱度、光照等主要因素都有着一定的要求。下面我们对金丝楠（楠木属）的生长条件进行详细的分析。

1. 温湿度要求

金丝楠木耐热抗寒，但是金丝楠树最适宜温暖湿润的生长环境。金丝楠的分布地大多是阴湿山谷、山洼和河沟，平均温度大约 17℃，年总降雨量在 1400—1600 毫米，间歇性的短期水淹不会影响树木的生长。金丝楠经常生长在一些山沟里，因为这些地方有小溪，笔者在峨眉山考察的时候，经常可以见到天然林，而且四川地处盆地，温度不高不低，常年多雨，又有山谷丘陵，非常适宜金丝楠的生长。

图为金丝楠木料上的苔藓，这也印证了金丝楠木生长环境温暖湿润，金丝楠喜水的植物特性。

2. 土质要求

金丝楠生长的最好土壤环境是中性或微酸性冲积土或壤质土，土层比较深厚，排水良好，干旱瘠薄或排水不良的土质不适合其生长。金丝楠属于大乔木，根系庞大，树木长得高，对于土壤的排水和透气都有比较高的要求。如果土壤透气不好，甚至变成了泥，那么树木很快就死亡了。这和我们平时种植花草是一个道理，必须得透气。土壤要湿润，而且还比较怕碱性的土地，盐碱地上肯定长不了金丝楠。

3. 光照要求

楠木树种属中性，偏阴，因为幼年期需要荫蔽，全光照射会导致生长不良。笔者去深山老林里考察的时候，发现很有趣的一点，金丝楠很直，也很高大，但一般不会是最高的那一棵，旁边常伴有一些杉木，比楠木要高。金丝楠在幼年时获取的阳光很少，虽然长势较慢，但挺拔稳健，长期荫蔽的能力比较强，一旦暴晒反而容易死亡。

基于以上对金丝楠生长条件的分析，可以看出金丝楠主要分布在四川、贵州、湖北和湖南，这些地方大多海拔在 1000 米到 1500 米，属于亚热带地区的阴湿山谷、山洼及河岸地区，气候温湿，年平均气温大都在 17℃左右，即便是一月，其平均气温也在 7℃左右，年降水量大致在 1400—1600 毫米。既不会像高纬度地区那样受到狂风暴雪的肆虐，也不会像热带雨林地区那般受到烈日的酷晒，而是典型的亚热带季风性气候适宜金丝楠的生长。

● 四川峨眉山桢楠林

金丝楠的生长速度

金丝楠的生长速度缓慢，颇有大器晚成的架势。

我亲身经历了一个实例，2008年在四川雅安地区考察期间，在一所废弃的小学中，我看到了碗口粗的树木，围着操场种植了一圈，而这些树上都钉着铁牌：国家二级保护植物，桢楠。据当地的管理人员介绍，这是新中国成立时期所种植的，迄今已经65年了。通过这个实例，我了解到在非野生的条件下，有人定期维护，但金丝楠的长势也依旧缓慢。所以耳听为虚、眼见为实，有些人认为金丝楠是软木，生长极为迅速，十年即可成材，绝对是信口开河。据此推测，如果木材直径达到30cm至少需要过百年的时间。而且桢楠的新料金丝并不明显，还需要陈放几十年，进一步地接触空气氧化，其金丝才会更加饱满、光彩照人。所以，一块好的金丝楠一般都是明清遗存的旧料再回收利用，属于老料新作，而新料因为国家保护是不允许砍伐的。明清留存下来的旧料如凤毛麟角，如果您有幸拥有真正的金丝楠，一定要珍藏保留，可代代相传。

一般来说，天然桢楠（野生林）在生长的初期阶段，长速较缓慢，一棵树龄20年的野生桢楠，其高度仅有5—6米，胸径的生长量也只有几厘米，树龄到60年至70年以后，才会进入生长的旺盛期。幼年期与旺盛期的不同之处是幼年期桢楠木的根系发育较好，主根不断深入土壤的下层，而侧根的数量增多。桢楠竖向生长速度最快的时期是树龄50年到60年，而横向胸径生长速度最快的时期是树龄70年到95年，整体材积生长最快的时间是树龄60年到95年，这段时期的生长量可以达到树干总材积的90%左右，单单只是树龄90年到95年的材积生长量，也可以占到树干总材积的25%左右。根据以上统计数据表明，楠木在后期会迅速生长，简单四个字总结即大器晚成。

这里有一个有趣的现象，就是在人工桢楠林中，其生长初期较天然林要迅速得多。比如树龄在13年的人工林对比树龄在20年的天然林，在胸径、树高和材积生长方面可以看出，人工林的年平均生长量比天然林生长要快，分别达到天然林的3倍、2.3倍和7.1倍。

四川雅安荥经县云峰寺野生桢楠林，树木直径普遍达到30—60厘米。

由于生长环境等条件的约束，桢楠的分布地区很小，再加上树木生长速度缓慢，所以天然资源不多。经过了历朝历代的大量砍伐和利用，如今的桢楠天然资源已经严重匮乏，只能在一些古代的寺庙或深山中，有幸找到桢楠古树，数量极少。为了桢楠不致灭绝，早在1984年即天然林保护工程实施之前，国务院环境保护委员会就发布了《珍稀濒危保护植物名录》和《重点保护植物名录》(1998年版)，将楠木属的桢楠、闽楠、浙楠以及滇楠都收入名录，并加以保护。

当然可喜的是，由于人工林的生长速度要比自然林快很多，金丝楠的保护和再造工作已卓有成效地展开，天然林200年才能长成的参天大树，人工林只要50年左右就可长成。不过人工金丝楠生长得相对快速，也会导致成材的质量有所降低，和海南黄花梨、小叶紫檀一样，人工林的品质和天然林是无法相提并论的。树木有人施肥浇水，虽然长势较快，但密度就会降低，这是必然的结果。这也从侧面解释了，为什么收藏领域，天然木材的价值普遍高于人工木材。

此图拍摄于2010年秋，地址是四川省雅安地区的一所废弃的学校，这棵树据说是建校的时候种植的，树龄已有将近60年，直径只有不到20厘米，并没有传闻中的生长快速。金丝楠属于大叶乔木，树冠长得很高，但是直径并不大，想要成才至少也需要一两百年。金丝楠属于国家二级保护野生植物，活树严禁私自砍伐，世界范围内只有中国出产，是我国当之无愧的国宝。

金丝楠木材的分类

目前市场上的金丝楠木材主要有三类，新料、老料、阴沉料。

1. 新料

金丝楠的新料，指的是由活树直接砍伐得到的。由于桢楠和紫楠属于国家二级保护植物，国家禁止砍伐且数量极为稀少，所以这种料在市场中流通得比较少。有一些商家打着新料的旗号，用其他材料代替真正的桢楠和紫楠。比如现今我们在市场上见到的所谓的大叶楠和小叶楠，其实完全是两种木材。这有点像大叶紫檀和小叶紫檀的关系，都说是“紫檀”，一个大叶子一个小叶子，其实是完全两种不同的材料，所以消费者不要贪小便宜，吃了大亏。

金丝楠新料的特点是颜色发白，刚刚砍伐下来的原料，没有时间充分氧化，金丝楠活体的树脂需要时间分泌、硬化、氧化发黄，才会有耀眼的金丝展现。而且和所有新材一样，新材需要有烘干处理，或者阴干，如果木材没有干透，含水率超标，就一定会发生开裂的现象，裂纹宽度能达到 1 厘米以上。

2008 年国家森林公安成立金丝楠盗砍盗伐专案组，历经几年的时间，严厉打击了犯罪人员，金丝楠木得以保护。

笔者上文已经提到，金丝楠的生长速度在 60 年到 95 年达到高峰，这 35 年生长的总材积占到了 90%，如果在资源绝对充足的情况下，人工种植 100 年的金丝楠是砍伐的最合理时间，但是现实中，或是小树苗刚长成就被砍，或是参天大树被砍，实在令人可惜。树木吸收日月之灵气，汇集天地之精华，浩瀚几百年才得以长成参天大树，所以无论是人工林的合理种植，还是对古木的保护工

亲入木材基地，实地考察金丝楠原木，这些原木陈放时间达15年以上。

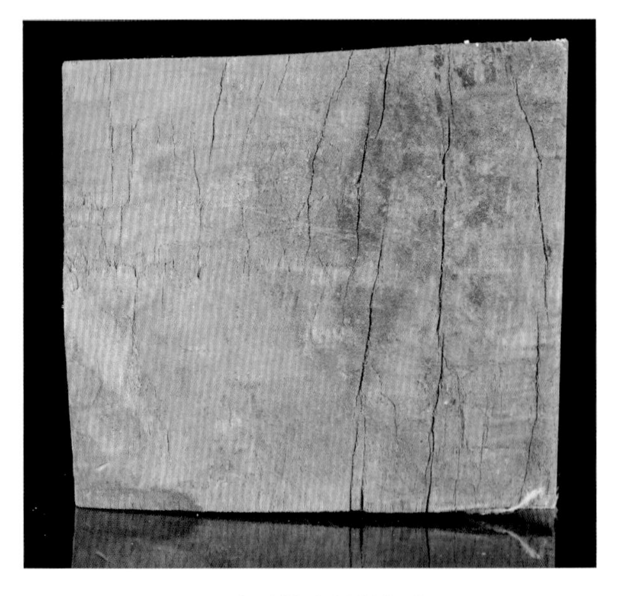

● 金丝楠木新料标本

四川金丝楠新料，存放了不足10年。

作，我们依然任重而道远。

所以，金丝楠木材是个不能“着急”的木材种类，特别是在收藏领域，重视的是木材的品质，从这个角度来说新料就很难算得上优质，不过没有新料也就不会有陈料、老料、阴沉料，因为新料是老料及阴沉料的基础。

2. 老料和陈料

金丝楠老料，多为百年以上的古代建筑、庙宇维修拆除所得，一般在明清时期所建的建筑最多，尤其是明代建筑，主要地点为三峡沿岸，四川、福建等地。在建三峡水库之时，因为水位上升强制拆除了一大批古建，其中有民宅、宗祠、寺庙等，这些都是中华文明几百年积累下来的精神和物质财富。虽然可惜，但不拆除有可能变成浮木，对来往的船只构成潜在威胁。而这一批三峡老料基本构成了金丝楠木原料来源的七八成。

还有一批老料是因为四川汶川大地震，震塌了不少木质建筑，逃过一劫的木建筑、木房子也都被划成危房拆除了，改建成钢筋水泥、砖混的新式房屋，减少了安全隐患。这种源头得到的老料占到金丝楠老料的 20% 到 30%。

金丝楠的陈料（旧料）就是距离砍伐时间大概几十年的材料，有的是陈放过，但一直没有使用，因为含水率、金丝成色、质地都和新料有明显不同，但又接近老料，所以分成一类。

图为从建筑上拆下来的老料，其中各种木材都会有，要经过进一步的筛选和鉴别。但由于金丝楠的原产地在四川，所以当地老房拆的旧料里面有可能含有金丝楠木。

按照贮存时间长度划分，陈料介于新料和老料之间。金丝楠木在刚砍下来时会有一层透明的黏性树脂，随着接触空气开始慢慢地氧化，其会迅速附着在木材的纤维上形成结晶，而结晶能够多角度地反射光线。老料经过了时间的淬炼，也就是自然的氧化，才显现出沉稳的质感和绚丽的金丝。

氧化主要分为几个阶段，第一阶段，是木材所分泌的汁液迅速包裹住纤维；第二阶段，树脂汁液硬化，并沁入木头中，逐渐融为一体；第三阶段，白色的木材开始氧化，缓慢地变黄。如百年左右的木材会基本变为浅黄色，而200年左右的清代老料最为漂亮，会氧化成金黄色，400年以上的木材，其黄色的底色在阳光下会呈现淡淡的墨绿色或黄绿色。但奇妙的是，一旦在阳光下暴晒的时候，或者打闪光灯的时候，又显现出金黄色。超过明代的建筑很少见，笔者也没有系统研究过，600年以上有一种料叫“紫金料”，其颜色从绿色调已经慢慢氧化发深，颜色发绛紫色，这种原料的金丝特别美，有着丝绒般的质感，金丝可以拉得很长，纤维都好似晶体化了，此种原料存世量甚少。

总结一下，金丝楠的氧化时间越长，金丝的结晶度就越高，金丝也拉得越长。但凡事都要有一个度，如果时间超过600年，甚至达到千年的级别，就不是氧化而是炭化了，那么炭化的金丝楠叫什么呢？这就是我们所说的阴沉金丝楠。

金丝楠木无裂老料，非常完整，表面有一层白霜。一般老料在陈化干燥的过程中都会产生一定的裂纹，这种无裂的概率很低。

图中可以看出，新料经过较长时间的陈放，树木本身的水分阴干，金丝楠的皮层会自然脱落，从一端用手轻轻一揭，就可以将整张树皮揭下来。这表示木材已经干透，水分挥发了。

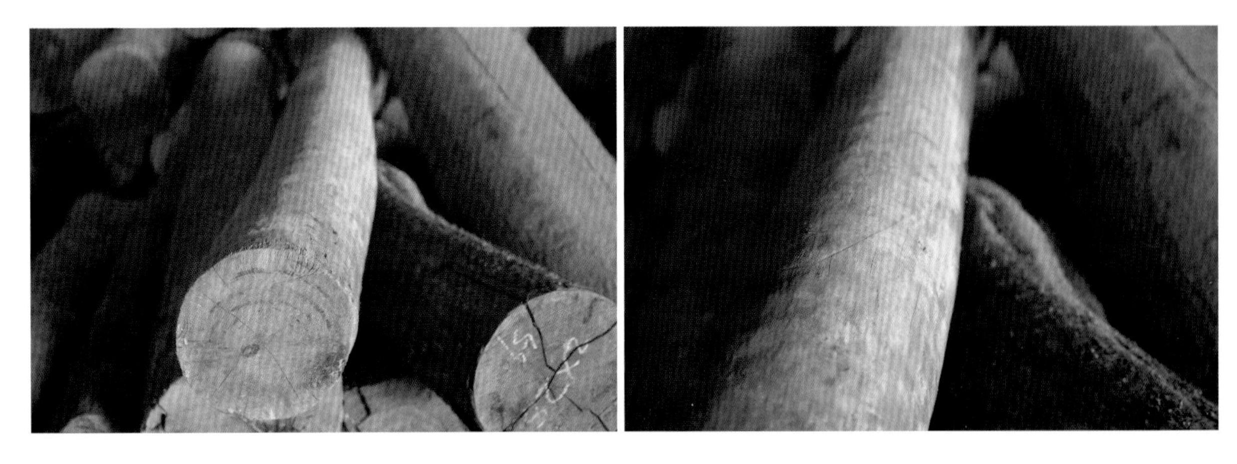

图为金丝楠木新料经过一段时间的陈放，发生的起霜现象。这就是由于树脂汁液不断氧化结晶，渗出木材表面所形成的。发生起霜现象，证明木材内的水分已经蒸发干净了。当然有些也是潮湿木材表面产生的菌群和霉斑。

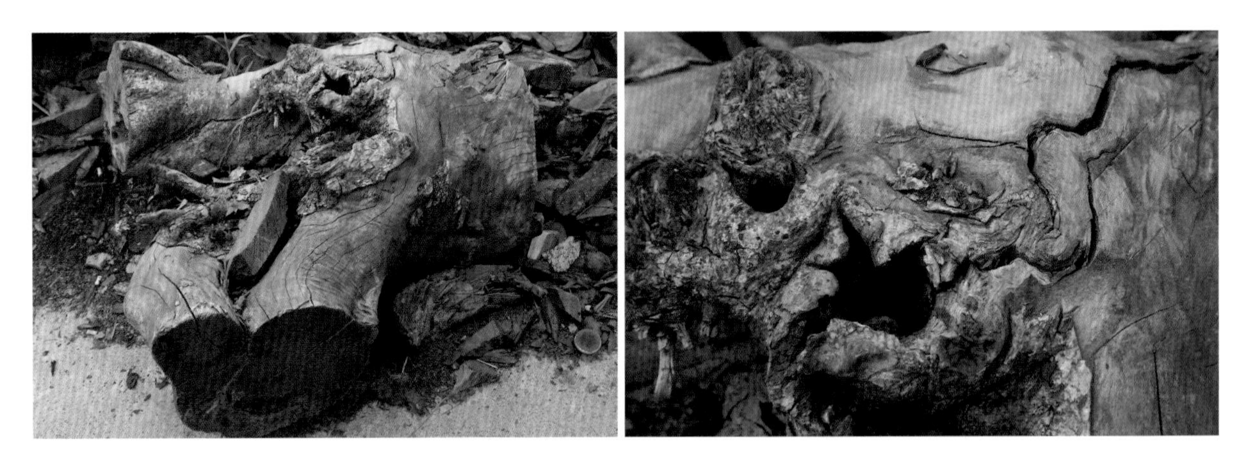

四川峨眉山金丝楠原木老料，陈放氧化过程长达30—50年，表面的木材颜色已经变成了灰色。陈化时间越长，金丝的结晶度越高，成色也越好。

金丝楠拆房老料中很大一部分是建筑构件，这些就是房柁和檩条，都打着各种各样的榫子。

3. 阴沉料

阴沉木，学名炭化木，也叫乌木，材质介于木材与煤炭之间，是由于地质灾害，如地震、泥石流、山洪等，造成山区林地中树木从高处冲刷到了低洼地，并且被掩埋在地下，在长时间的高温、高压下，一般从几百年到上万年时间不等，使得木材充分氧化，严重的为炭化，木材外表变成黝黑，甚至糟朽。另外，阴沉木遇水之后颜色会变深，随着水分的挥发又恢复本色；在木材表面涂少许油，木料会乌黑铿亮，并且不会褪色。一般木头燃烧后，会变成白色的灰烬，但是阴沉木燃烧后的灰烬却是黄色的，比较特别。笔者的理解是纤维氧化，和一般我们研究的香学文化中香灰的炼制是一个道理，不同的材料炼制出的香灰颜色和质地会有很大差异。

从阴沉木的定义可以看出，其实各种木材都有可能形成为阴沉木，不过比较常见的就只有麻柳、樟木、铁力木、红椿、楠木、青冈木这几种，最为名贵的属金丝楠木，它们的木性决定了它们能够不完全腐烂并得以留存下来。而楠木属中有三十多种树木，桢楠是其中的一种，也就是我们俗称的金丝楠。所以，不是阴沉的楠木都为金丝楠阴沉料，这得看具体是哪个品种。那么问题出来了，面对各种阴沉木，我们该如何辨别出金丝楠阴沉料呢？现在市场中有一大批阴沉楠木并非金丝楠，主要特征有纹理粗大，密度低，质地不紧实，如铁梨阴沉木、红椿阴沉木等。最为重要的是，在其他的阴沉木料中是没有金丝存在的，即便樟木隐约可以看见一些，但樟木的气味浓烈、刺鼻，这与金丝楠阴沉木明显不同，金丝楠气味相对清丽可人。

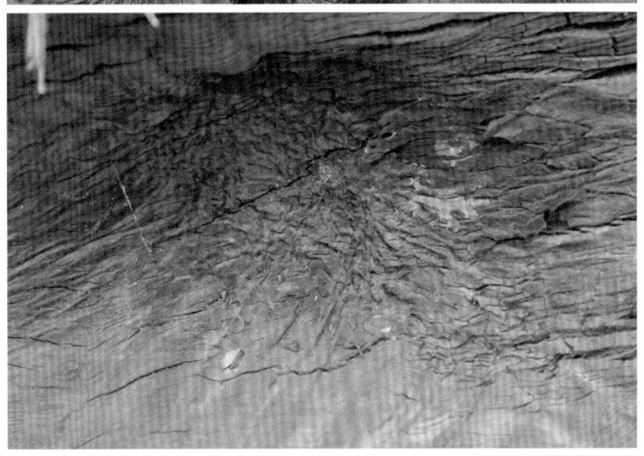

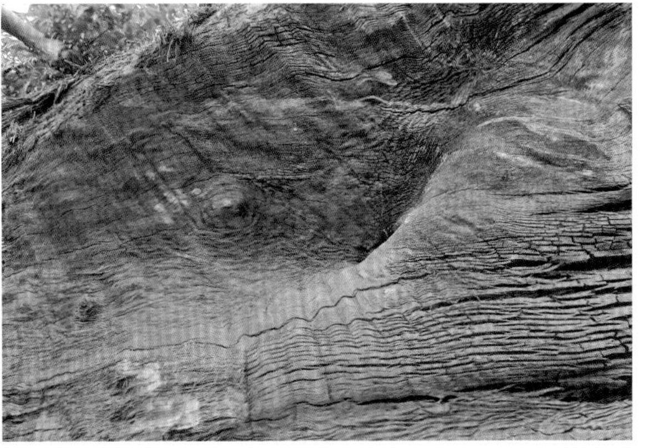

四川三星堆遗址附近开采出的金丝楠阴沉料，颜色已经发褐色和暗绿色。阴沉料的体积一般较大，但风化得过于严重。

在我国传统文化朴素世界观中，阴沉木深埋地下而千年不腐，所以它具有灵性，能够为人类辟邪纳福，所以经常可以看到古时金丝楠木制作的工艺品、佛像、护身符挂件等。物以稀为贵，说腐化上千年的阴沉木是稀世珍宝并不为过，因为在对人类有意义的时间概念内它不是可再生的。这和主产地当地的地方文化很有关系，家家户户家里放一根大木头，认为木头生长千百年，吸收日月精华，能够镇宅辟邪，各大寺院里也有当地百姓送给寺院供奉的金丝楠木，这都足以证明，金丝楠已经成了中国西南地区和东南地区的一种地方性的信仰或者崇拜，家里放一块古木，护佑庭院，心里踏实。

关于阴沉金丝楠木，在清代著名学者袁枚的《新齐谐》一书中就有记载："相传阴沉木为开辟以前之树，沉沙浪中，过天地翻覆劫数，重出世上，以故再入土中，万年不坏"，这是阴沉金丝楠的成因；"其色深绿，纹如织锦。置一片于地，百步以外，蝇纳不飞"，这是对阴沉金丝楠颜色和木性的描述。金丝楠阴沉料分水沉和土沉，顾名思义就是埋藏条件是在水中还是土中，土沉颜色发黄，水沉颜色发绿。很多阴沉料颜色以墨绿为多，土黄为少，颜色与出土的埋藏土壤条件有着极为密切的联系。阴沉木刚刚出土的时候含水率极高，自然晾晒很难彻底干透，需要切片放置，一旦烘干不得法，就会炸裂，需要慢慢地阴干。

当然，掩埋在地下或者水中的阴沉金丝楠木一旦氧化过头，木材的纤维就失去了弹性，变得非常松脆，时间再久就会变成煤炭。这和我们所说的高温无水使木材炭化变成炭火是两个意思。金丝楠阴沉木炭化指的是在地下淹埋之后，经过长时间的氧化，大概5000年至13000年，这个时间段的木材基本还没有粉化，还有木材的基本属性，如握钉力、强度等，一旦时间再长，就失去了木材的意义。比如刚从水里捞出来的金丝楠阴沉木，表面完全龟裂，用锥一杵瞬间深入木质肌理，这样就是过度炭化，反而失去了价值，所谓过犹不及正是如此，凡事都要恰到好处。

阴沉木在地下埋藏上千年甚至上万年，而古代没有先进的挖掘工具，一般无法获得掩埋在地下深处的大料，一旦出现此等稀有之物，会被认为是上天的恩赐，这也是现在时有大料被发现的原因。现代社会，我们发现并加以利用的金丝楠阴沉木大多是成材木，木材体量较大，其气味与金丝楠木的楠香略有不同，药香味较重。由于阴沉木的相对应力性较差，韧性比不上金丝楠老料，所以并不适合做建材。同时长时间的氧化，让木材的纤维连续性变弱，年头越长就越脆，其木质纤维较粗，管孔大也导致阴沉木的棕眼较大。

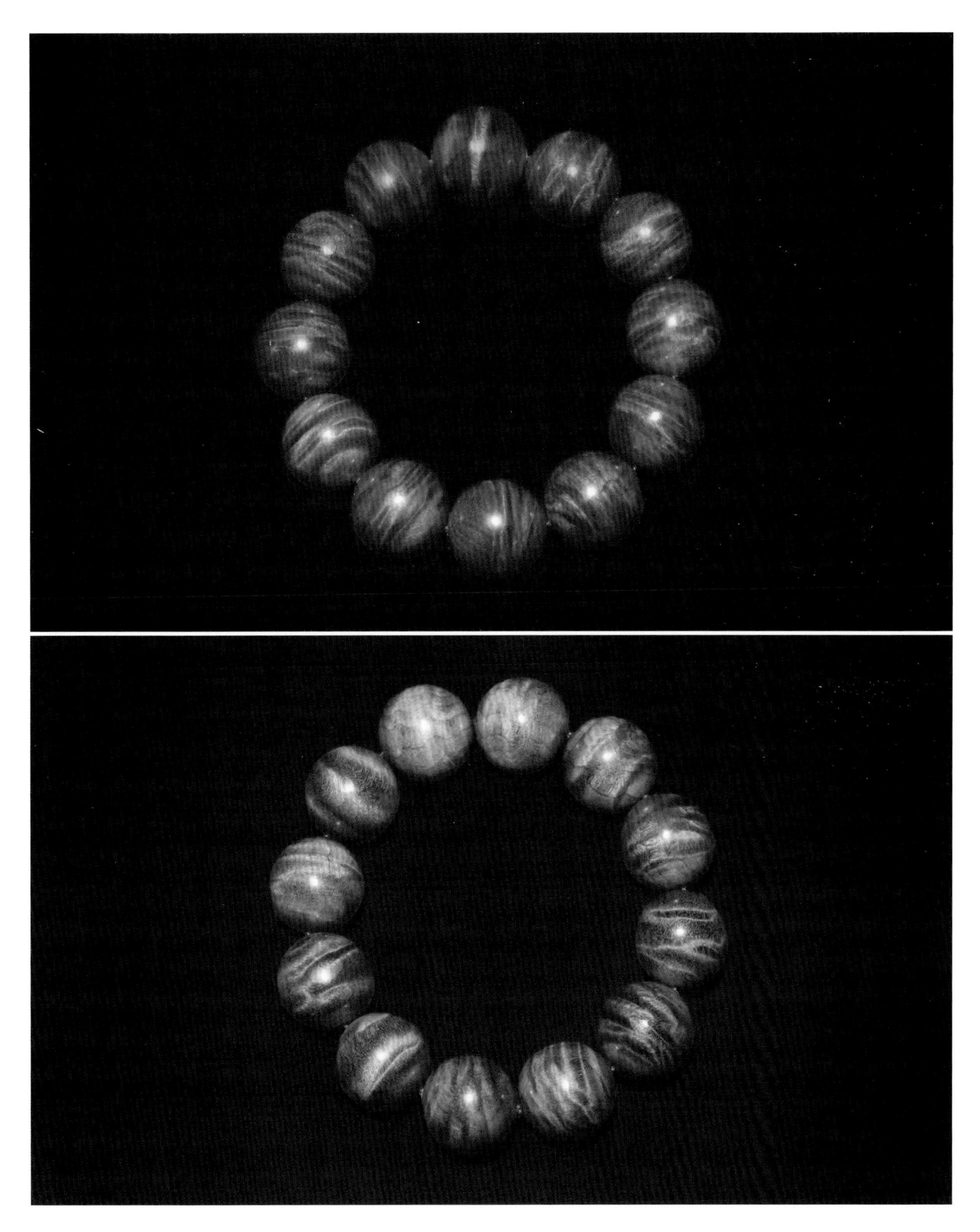

阴沉金丝楠土沉（上），水沉（下）。土沉发黄，水沉发绿。贮藏条件对于金丝楠阴沉料的颜色有着至关重要的影响。

既然阴沉木稀缺又有朴素的寓意，那么是不是所有的阴沉木都适合做工艺品和家具？这主要依沉积年代跨度而定，如三星堆遗址中出土阴沉木，经过现代历史学家鉴定，其年代大约为3200年，这样的木材打捞或挖掘出土后，放置在地面上进行干燥，直至其气干密度降低到15%以内，也就是说干透了，可以看到表面有非常明显的龟裂，筋骨尽断，表面的木质纤维已经完全粉碎呈绺状，硬度低，一碰就碎。所以，大部分阴沉木的时间跨度都很久远，出土时树心及表皮已腐朽，只有树头及树干中层可以利用，而严重炭化的木材也无法当作一般的材料加以使用，而是需要刨去外层只留下夹层木质。可见阴沉木出材率很低，更不要说惊世之作了。

当然，我们现在也发现了一些沉积年代较短的阴沉木，其木质仍较坚硬，并没有完全炭化。其木质和密度与紫檀近似，木质细腻，切开后表面较光滑，稍作打磨处理就可以看到如镜面一般的效果。这类坚实的木料可以因形巧雕成摆件或者用来制作家具。不过要警惕的是，现在有些不法商人利用注胶等手段，将原本已经糟朽的木料进行固化硬化处理，然后用在家具制作中，更有甚者会用双氧水等化学药剂漂白木料使之颜色变浅，以次充好，导致家具市场鱼龙混杂。情节较轻的，损害了家具中木材本身的收藏价值，情节严重者导致甲醛等有害物质挥发，对人体健康造成危害。

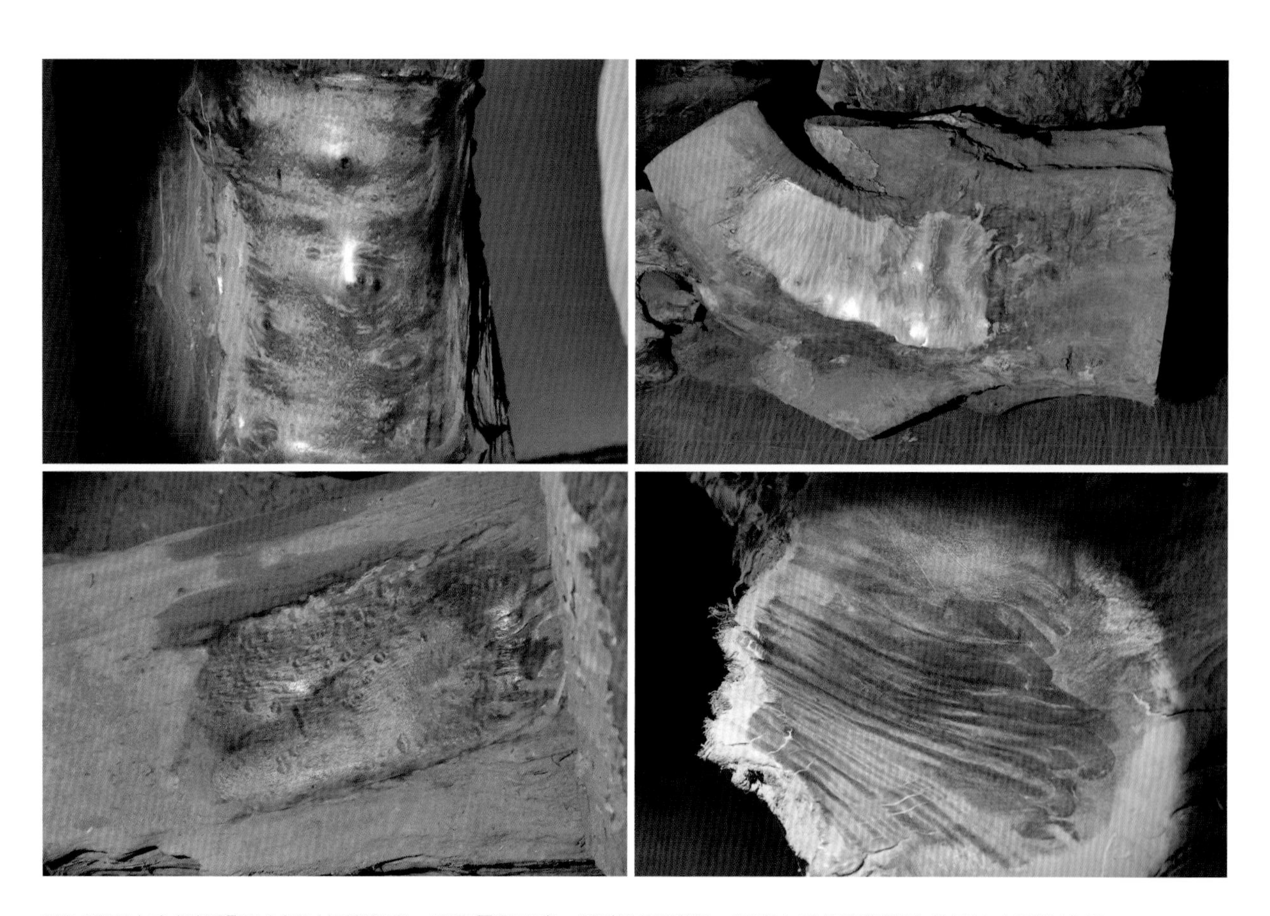

四川峨眉山金丝楠阴沉木经过打磨开窗，纹理显现出来。这类似于赌石，开窗之后的表现影响着该块木料的价值。

金丝楠木材的优异性能

金丝楠相比其他木材有诸多优点，具体如下：

1. 耐腐

自古便有楠木“水不能浸，蚁不能穴”的说法，其木质致密，坚硬耐腐，可以埋在地下历经千年而不腐烂，也不惧水泡、虫蚀等。这种天然的特质，在古代封建社会各种材料匮乏的时代，具有非常重要的实用价值。木质建筑会直接接触湿潮的土地，而且中国南方多生昆虫和白蚁，金丝楠的特性可以抵御各种侵蚀，简直是完美的建筑材料。这就是为什么中国历代皇家宫廷院宇都用金丝楠的原因，最根本的两个字：安全。建筑的安全直接关系到了室内居住的人员，皇帝更是九五之尊，所以一定会不惜工本，打造最安全的建筑。

另外，金丝楠木木质中含有天然油脂的挥发腺体，可分泌并挥发含有芳香成分的醇类、酮类和酯类物质，达到防腐的功效。强有力的证据就是明清两代紫禁城宫苑内流传下来的御膳房楠木食匣，用来存放生肉，可在一定时间内保持鲜度。金丝楠的这一特性非常神奇，我曾做过实验，将一颗新鲜苹果切开，一半放在金丝楠的盒子中，一半放在普通环境下，经过相同的时间之后放在盒中的苹果更不易氧化变色。在耐腐这一特性中，金丝楠挥发的芳香物质起到了至关重要的作用，可以起到保鲜、抗氧化的作用。

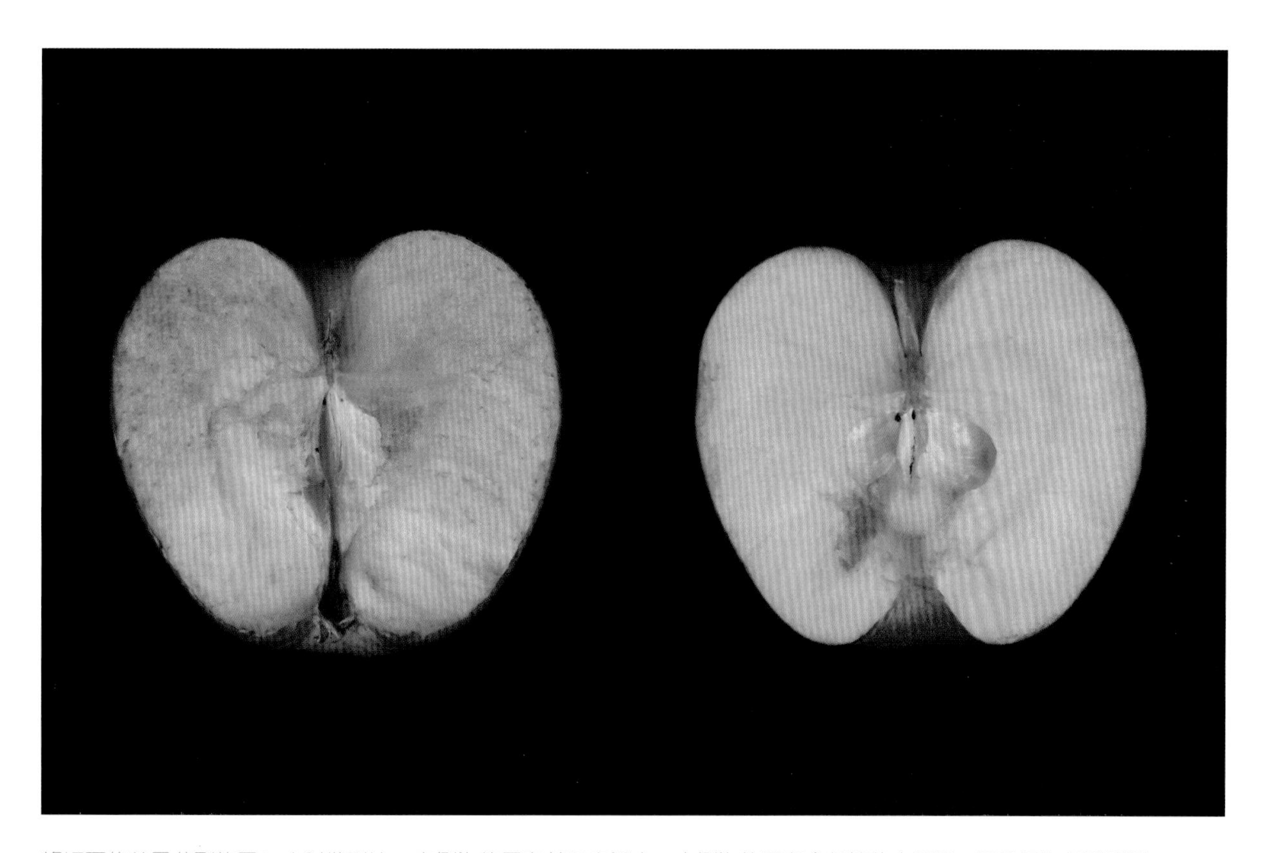

将切开的苹果分别放置24小时做对比，左侧为放置在普通空间中，右侧为放置在金丝楠的木匣里，可见氧化差异明显。

2. 防虫

金丝楠木散发一股淡淡的楠木香气，用金丝楠木做成的木箱、柜子来存放衣物、书籍、字画，可以防虫，所以在过去皇家所用的书箱书柜，选材指定是金丝楠木。

刚才提到的天然油脂挥发腺体所分泌的醇类、酮类、酯类物质，可以有效避免蚊虫和其他害虫的啃食，防治啃食木材的害虫。

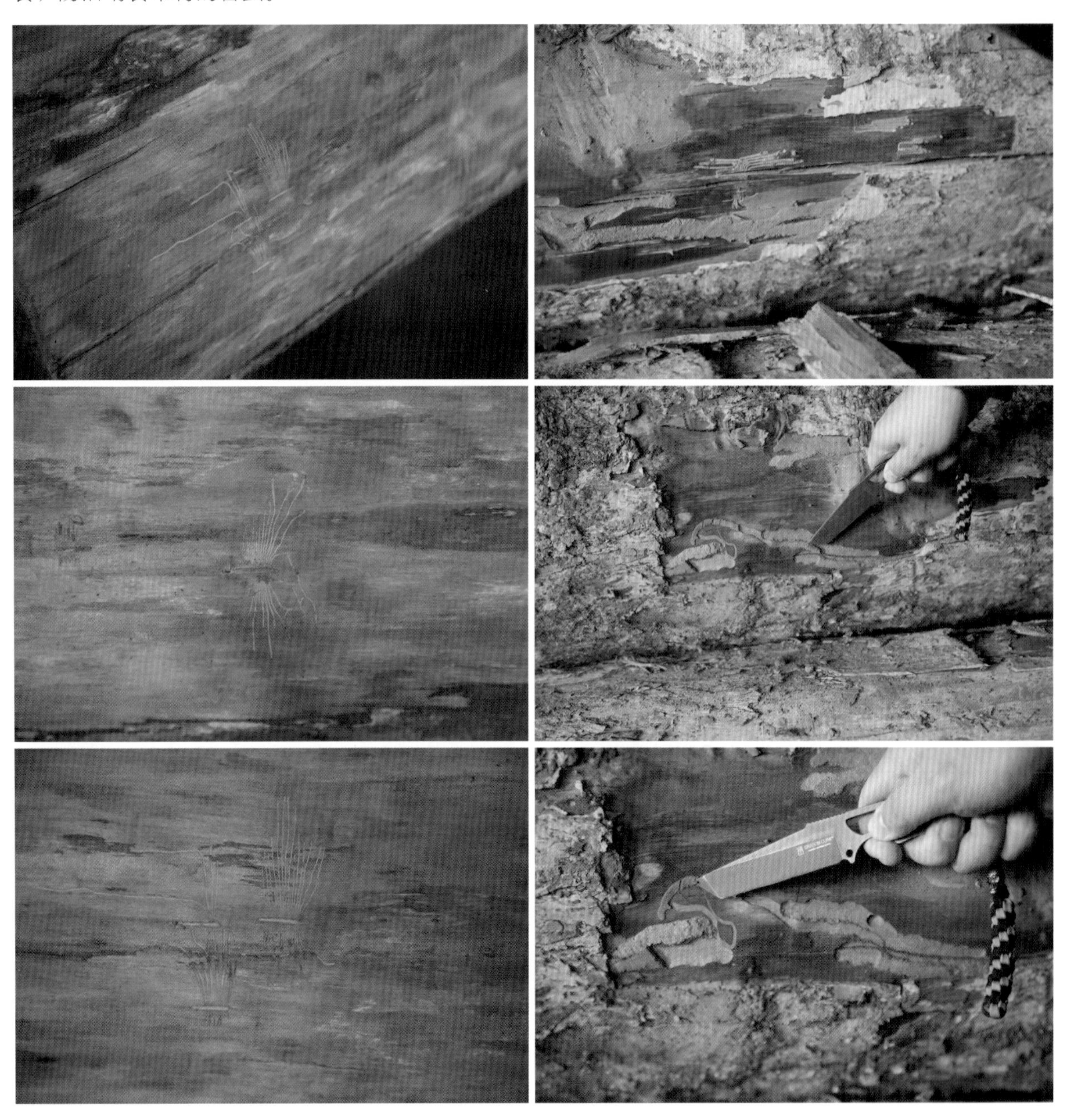

图片中是笔者在实地考察金丝楠原木中拍摄到的虫蚀痕迹。左边三张图是呈蝴蝶状的虫蚀痕迹，从图片中可以看出咬痕很浅，右侧三张图的咬痕则不同，较宽但依然很浅，只在树皮与木材的夹层中。由此可见金丝楠木的防虫特性。另外，很明显这是两种全然不同的虫子造成的咬痕，也可以作为判定金丝楠木产地的佐证。

在故宫博物院，就有不少金丝楠的书架子，用于存放一些常用的书籍。樟木、楠木都有防虫、芳香的特点，樟木味道冲，比较浓烈，而楠木相对比较清幽，较淡雅，肯定更易于接受。这正是金丝楠常被用于书房陈列的缘故，而且和“书香”有了联系，金丝楠一直被誉为谦谦君子，温和雅致，可能根本原因就在这里。

● **承德避暑山庄的澹泊敬诚殿**

承德避暑山庄的澹泊敬诚殿内，有着金丝楠的书架和天花板，这主要利用了金丝楠芳香的气味和独特的防虫特性。

● 故宫博物院乾清宫

乾清宫是后三殿的第一殿，是皇帝处理政务的主要场所，所用的宝座和屏风皆是由金丝楠木髹金漆所制，显示了金丝楠木高贵的品质。

3. 不凉

在古代皇宫中，制作床榻所用的材质常为楠木，这就是看中了楠木冬天不凉、夏天不热的特性，楠木卧具不伤身体，这超过了其他硬木；金丝楠质地温润柔和，细腻舒滑的优良特性，主要取决于金丝楠较低的密度，大约为每立方厘米0.55g至0.65g，由此可见真的是“尺有所短，寸有所长”。紫檀、黄花梨贵为硬木，但硬木确实因为密度大，导热性就会相对好一些，冬天制成的坐具就会很凉，楠木相对比较软，在木材学中属于中等密度，导热性差，所以自然觉得不凉，更加适合做床榻和椅凳类的家具。

4. 金丝效应

金丝楠的抛光面如果在同一点光源下，反光点下颜色发浅，两边颜色逐渐变深，有绸缎光泽，平面就是金丝效应，弧面会产生猫眼效应。

宝石学上一般通常都是弧面宝石才有猫眼效应，是由平行排列的管状包裹体形成的，而金丝楠的金丝效应也是同样的原理，金丝楠的平行木质纤维（木材学上称之为木射线）在同一光源下反光，就会有绸缎光泽，产生丝丝缕缕的金丝。

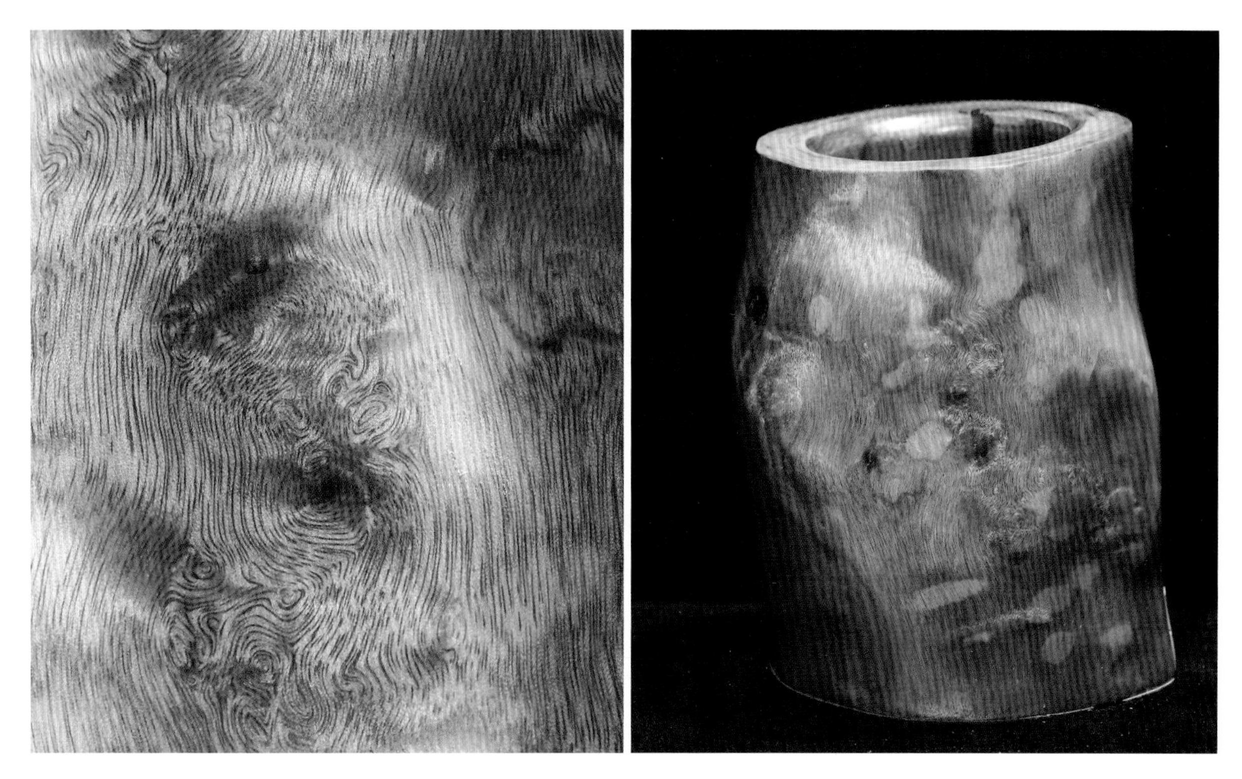

金丝楠在光线下，木质纤维会出现金丝效应，丝丝缕缕犹如丝绸一般。

金丝楠木的颜色主要有金黄色、黄绿色、墨绿色等，色泽明亮，色调比较明快。即使是墨绿色的材料。在强光照射下，颜色很快就变成了金黄色。

其实这个在宝石学中应用得更为广泛一些，如金绿猫眼，碧玉猫眼，金丝发晶等，在同一块料相同介质中，在同样的构成结构中，因为晶体内部平行管状或者针状包裹体的反光，就会显得中间有一条线比旁边的材料颜色浅，甚至呈现出透明的质感，这就叫猫眼效应，是一种特殊的光学效应，与此相似的还有蓝宝石、芙蓉石中的星光效应，会产生六芒星光的效果，如果双晶重合，还会有 12 道星光。金丝楠在光学的层面上，确实和其他木材有明显的区别，金丝楠的大部分纹理都和这种效应有关系。

比如海南黄花梨中的油梨老料或者小叶紫檀，密度高的，有时也会有荧光，这和金丝楠的原理一样，效果类似，但这种荧光不是宝石学中的自发光，而是反射光。换另一个角度来讲，金丝楠的密度一般在每平方厘米 0.5g 到 0.65g，而相对黄花梨和紫檀，其密度是在每平方厘米 0.9g 到 1.2g 左右，相差了快一半甚至一倍，这就说明这种金丝效应和密度之间并没有直接的关系，而是由于它的结构导致的。金丝楠的纤维长而且直，排列非常有序，可以给光线提供一个相对平整光滑的反射条件，再加之上面附着的树脂薄膜，就是砍伐初期分泌的那层黏液，干燥之后结晶在纤维表面，光的减损率就比较低，使表面非常光滑，降低了漫反射的比例，显得反光很强烈。在光的反射点向侧翼延伸，由于角度的问题，光反射回来的比例降低，减损率提高，金丝就显得没有那么亮了，金丝效应（平面）和猫眼效应（弧面）就产生了。

5. 纹理丰富

金丝楠木质细腻通达，纹理细密多变，常带有水波纹、山水纹、龙胆纹、蚕丝纹、虎皮纹、凤尾纹等纹理，在光照下变换角度，可以看到变幻耀眼的光泽，我们行话称之为“移步换景”；金丝楠木颜色浅，纹理就相对表达得清晰，纹理丰富是金丝楠受欢迎非常重要的一个原因。

这里用紫檀和黄花梨来做类比。反面教材是小叶紫檀，因为颜色过重，基本无人提及他的纹理，原因很简单，即使有很漂亮的纹理也看不清楚。

黄花梨，可以算正面教材，其纹理漂亮，有虎皮纹、水波纹、豹皮纹以及鬼脸等，就是因为底色浅，容易看出来，可以在一块木材上同时拥有多种颜色，也是非常之漂亮，纹理行云流水，花团锦簇，但基本都是平面纹理，没有立体感。

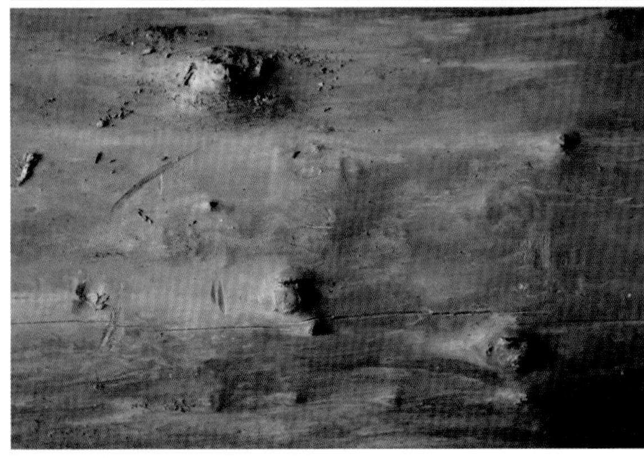

上图中掀开金丝楠表皮，可以看到树干上的树瘤，这是由于病变和芽包产生的。下方的细节图可见树瘤不均匀地分布，大小不一，这里的木质纹理发生了变化，如果切开，可以看到非常美丽的花纹。

金丝楠则截然不同，其纹理具有非常强烈的立体感，没有双色的现象，基本以黄色、绿色、褐色为主。除此之外，金丝楠的纹理还极富明暗变化，观赏之余尽显层次之感。这正是得益于金丝和反光等光学效应，与传统的红木和硬木相比有着本质的不同，可以说金丝楠的纹理有着独特的价值体系。在之后的章节中我会针对金丝楠的纹理进行更详细的介绍，在此先不展开。

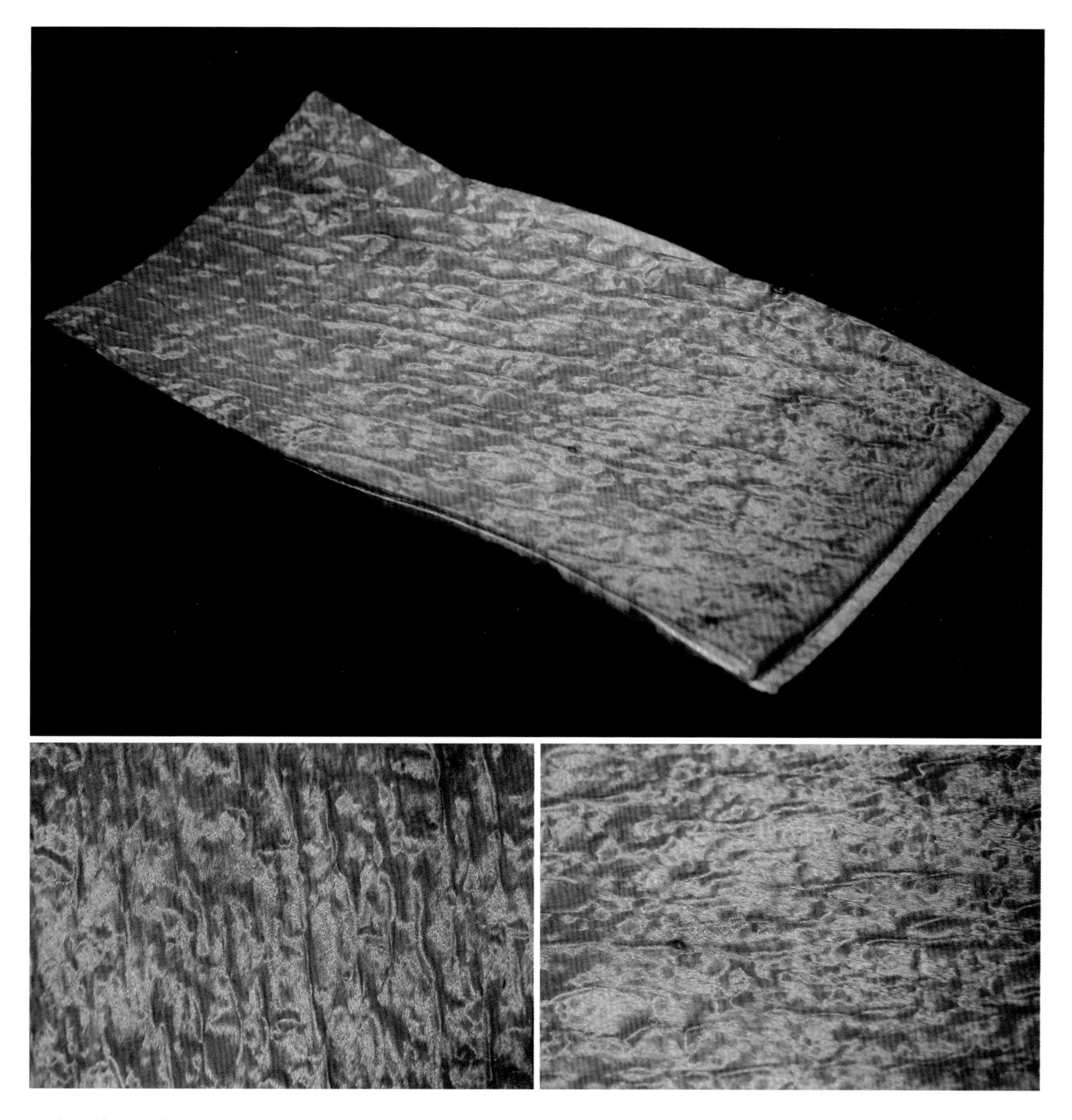

● 金丝楠阴沉木

图中为金丝楠阴沉木，整块布满水波纹，纹理流光溢彩、绚丽夺目，给人以晶莹剔透之感。

6. 稳定

金丝楠生长缓慢，所以成材后质地细密，不易变形，相比其他木材，木质非常稳定，不翘不裂。

根本原因有两个方面，一方面，金丝楠木在木材学中属于直孔材，相比而言，酸枝、紫檀等木材属于环孔材，所以金丝楠木材应力小，木性十分稳定。打个比方，就是一个纤维是直线状的，叫直孔材，一个纤维是螺旋状的或者卷曲状的，自然是后者更加容易变形。

另一方面，金丝楠木的原料绝大部分来自拆房老料，上文中我们已经提到了，老料陈放时间都非常长，这就意味着原料几乎干透，水分均衡，自然会减少变形和开裂的风险。最为明显的对比就是红酸枝，红酸枝老料的比例很少，新砍伐的原料，无论怎么烘干，变形和开裂几乎不可避免，因为树脂是有弹性的，烘干了水分反而增加了木材的应力，相当于蓄力反弹，使木材回到原有的形状。

综合以上两点，充分说明了金丝楠木稳定、不易变形的特点，而这也被充分利用在建筑学中，许多明清宫廷金丝楠木大殿就是实例。

北京北海大慈真如宝殿的金丝楠立柱，一方一圆。圆形较多见，方形鲜有。

7. 尖削度小，出材率高

金丝楠桢楠的尖削度很小，也就是一根树干相对比较匀，一头大一头小没有其他木材这么明显。那相对出材量和出材率就更大，中国古代建筑在要求超大宫殿的时候，就必须要用到超高超粗的柱子和超长超粗的横梁，而且要求要前后端相对比较均匀，不能相差太多，否则对力学的满足度会降低。尤其是横梁，必须得前后端粗细要接近。

尖削度，是量化树木生长单位长度的直径变化的参数。一般是从树根部向上进行测量，测量每米相应的直径缩小量（即Ka，代表绝对尖削度）及缩小量百分比（即Kr，表示相对尖削度）。绝对尖削度及相对尖削度越小，树木的出材率越高，这样的木材也非常适合作为大件的装修材料。

北京北海大慈真如宝殿，登上天花板，尘封了上百年的神秘空间。天花板上的金丝楠大梁，异常硕大，其尺寸令人震惊。如此大的大殿，所耗费的金丝楠木大料之多，令人叹为观止，不愧为皇家宫殿。

二 金丝楠历史文化溯源

金丝楠的哲学意味

1．“桢楠”解字

在古代五行中，木主仁，金主义，所谓“木为土中之物，土主信，木亦相续之”，金丝楠木五种要义都具备，即主“仁、义、礼、智、信”。在道义含义上，这是其他木材所不能比拟的。虽然这种说法有演义的成分，但是这可能确实是中国古代封建社会皇家礼学思想比较看重的部分。我们时常说做人要仁义，金木之意就代表着仁义，“礼”是人类社会的文明，也是中华传统文化的重要组成部分。

从这个角度来说，古人们所说的“木养人”，其实就是在救赎自己的灵魂，在人们和金丝楠的亲密接触中，最直接的作用就是入道安心。人与木的相互作用，木受到人的感知，盘玩和抚摸自然会形成包浆，变得莹润可人。人观察木的纹理脉络，也会觉得清新自然，有觉悟的人就会反思自己，我想王守仁以前观竹，格物致知，是否也为如此呢？

文以载道，是中国传统文化的精髓所在。金丝楠，学名桢楠，“桢”字是在木字旁加一个贞字，在树木含义的基础上，贞在五行中指代水，出自《易乾文言》“乾、元、亨、利、贞”，其中元是最大的善；亨是最大的美；利是最大的便利；贞是事物的主干。元、亨、利、贞，是古人意指四季以及相应的四种道德取向和价值取向。例如“贞元”二字，是中国古代哲学的术语，古人讲究的是贞下启元，也就是说严冬过后会有阳春，这与英国诗人雪莱在《西风颂》中的名句可谓异曲同工，“冬天来了，春天还会远吗？”。由此得知贞为冬属，代表水性和温润，指代智慧的价值取向和道德取向。简单的一个“桢”字，却承载着中国古代传统中温润启智的水性含义和道德内涵，这也与桢楠树种的生物习性相符。因为桢楠喜水，可做栋梁，颇具君子之风，更有严冬过去必逢春的深刻内涵，在逆境中勇往直前，这正是金丝楠的精髓所在。

“楠”字的组成是木和南。在古人较朴素的世界观中，“南”方是至尊的位置。因为南方在五行之中属火，火主礼敬，主神明，代表礼制和秩序。天是虚无的代表，为神明之界属，故古人与天的沟通，如祭祀、占卜等都是面南而作，比如北京天坛就是祭祀天神的地方，位于紫禁城的南方，在所有祭祀场所的最南面，宗祠祭奠供奉要在北墙，然后面向南方；古人认为，皇帝是上天的儿子，所以皇帝的宝座要面南而坐，这是延续了几千年的传统；北京的老宅子也基本都是坐北朝南的。

在祖先造字之时，木字和南字的结合就代表了君主之位的南方，楠木自然便为极尊之木，成为木中之礼器，参天之用物。不要说这是巧合，古人造字，基本是按照实际用途而造。从象形文字到甲骨文，山水人这些基本的元素都是一幅幅的抽象画，“楠”字最早应该和祭祀、占卜有一定的关系。楠木有着独特的特性，芳香、防虫、耐腐、坚韧、色彩明快等，其气味甚是美好，既光亮又很富丽堂皇，从高古时期，古人便发现了这种木头最原始的特性，于是产生了纯粹的好感，这也就不难理解了。

自周朝时期，中国朴素哲学思想就已经开始建立。随着《周易》中“天人合一”的哲学思想的发轫和深入，让人们在敬畏自然的同时，也在生活中“随心所欲而不逾矩”，积极主动地将这一思想与生活融合、活化。久而久之，它成为中华文化流传下来的一种坚守而不可动摇的信仰力量，影响深远，直到如今仍影响着我们的生活，比如在日常生活中大量使用木制品，最早的发端肇兴应该是周朝，延续了近两千多年，代代为胜。

古人喜欢使用木器，大概是和“天人合一”的传统理念有关，这在古代

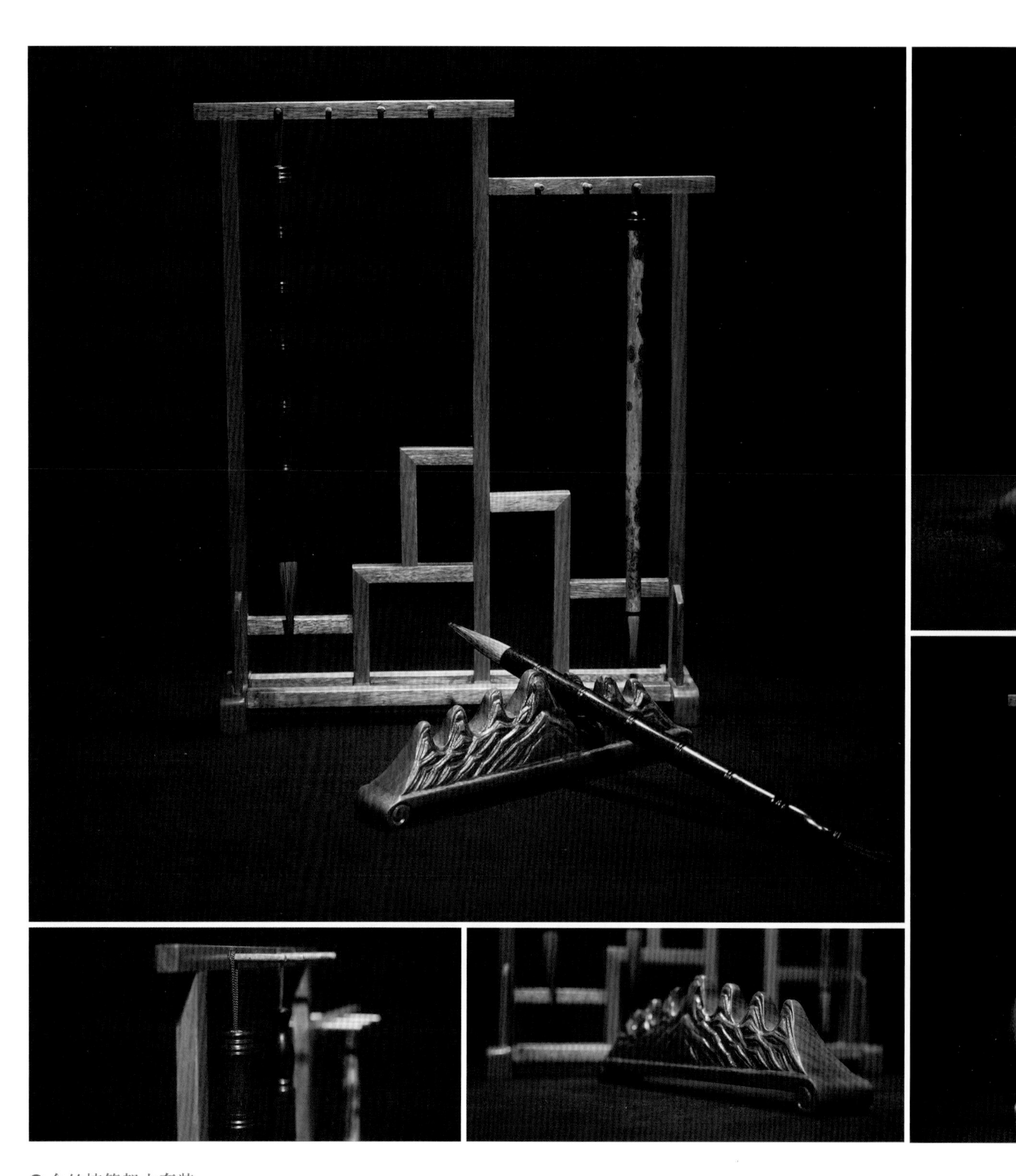

● 金丝楠笔架山套装

月明当空照，挥毫晓星沉，屏影灶风映书香。金丝楠用作文房材料，书香气息扑面而来。与传统的紫檀等红木材料相比，气质完全不同。

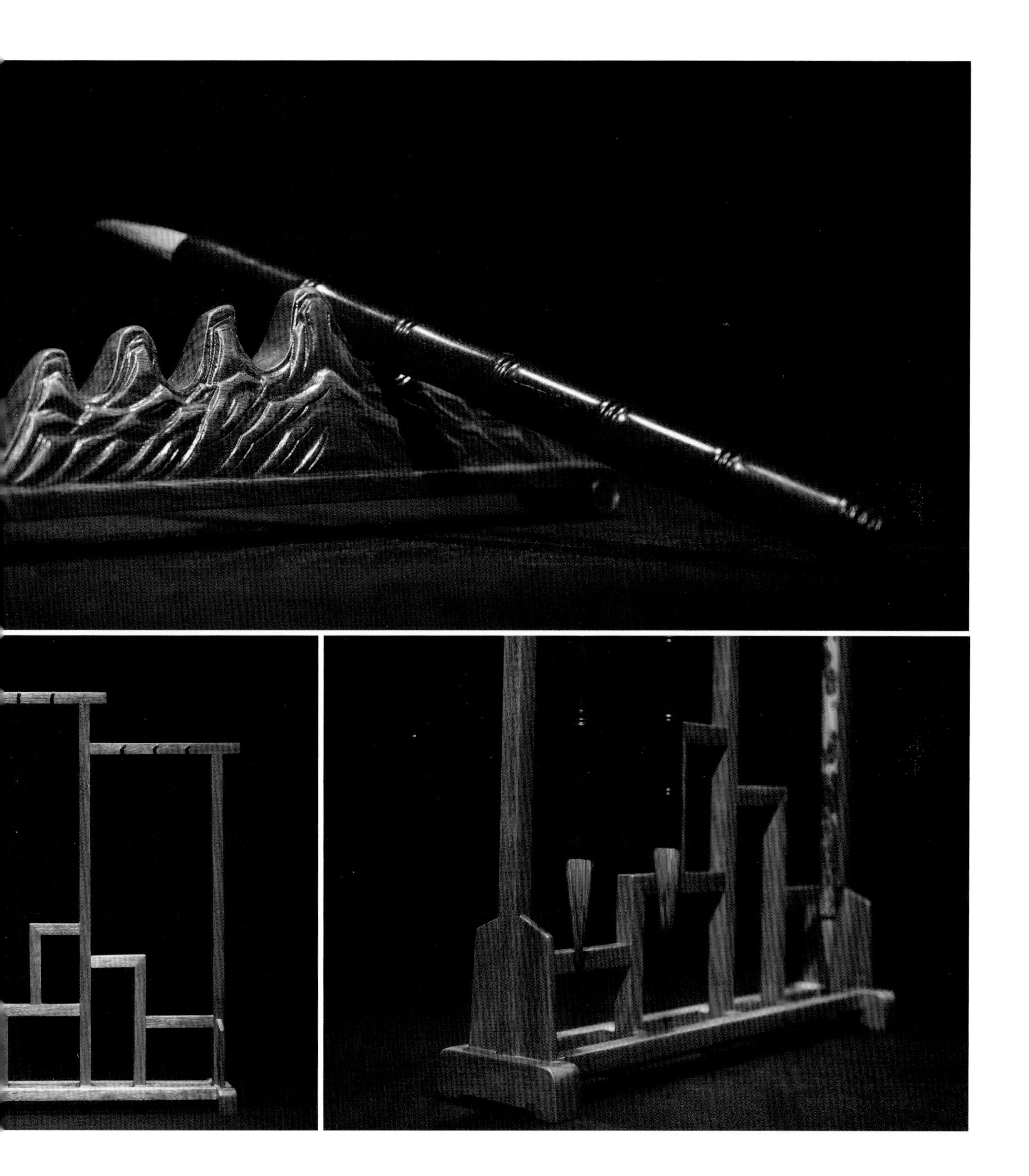

是思想常识，是人类生存的理念，累于民间，早已和人们的生活日常浑然一体。可能讲宏大的哲学道理，普通人听不明白，但是他们却潜移默化地受到影响，依然可以理解其中的智慧，并在日常生活中身体力行。“同声相应、同气相求”的集体理念就是建立在“天人相感”原则下，“同气相求”，指引着人们开始大量使用木制品，希冀互相感应，对社会、个体的未来都心存美好的祈望，久而久之，浓缩为一句话就是木养人，十分淳朴厚道。这里所谓的“养”，是一种温润和滋养，是对“同气相求”下互相感应的一种践行，也使人们对五行有直接的认识，五行也是中国古代朴素哲学的展现和践行。

在五行之中，木主仁义，天道在人便是一种“仁义”“践仁以知天”，孔子一言以蔽之。上文我们讲仁、义分别代表着金和木，是基于践行“仁义”的生活互动。另外，古人追求“天人合一”，即人道与天道要和谐统一。在五行之中，参天大树能“参天道”，换句话说就是木能参天,《老子》中关于“天法道”的辗转互训即木性中含有天道，这也是古代的绿色箴言。在哲学范畴中，树木生长的过程中有太多的天道，因为树木随处可见，清新舒畅，象征着一切都随遇而安、自然，在这里，树木和绿色俨然成了自然的代名词。

而在今朝，则更是如此。人与木的亲密接触，就是木养人的过程，木养人，养的是一种心性，养的是一种习惯，仿佛在教育和救赎灵魂。此外，中国文化强调文以载道，文通般若，字字句句具有无量意及深刻内涵。木养人，人从自然中不断地汲取营养，不断提高自我。例如，盘手串这种典型的人养木，经过盘玩包浆，木质手串仿佛被注入了灵魂，光泽出现了变化，随着盘玩者的不同，也会有完全不同的效果呈现出来。这就是乐趣，而乐在其中的人，也会有很多感触，净化心灵，格物致知，从喧嚣繁杂的现实社会中脱离出来，是个难得的清净感受。人与木的交际，取得了无限营养，中国文化几千年，有无数和树木有关联的感受，直接或间接地影响了社会发展。

在《博物要览》中对金丝楠的木性有过记载，“金丝者出川涧中，木纹有金丝，向明视之，闪烁可爱”，可见金丝楠是灵犀之物、灵秀之气，郁为人文。传统哲学要素构成了金丝楠的灵魂，金丝楠也是传统哲学思维的见证，它呈现出的历史感与文化深度，对人类文明影响深远，也令人深以为荣。世间生灵万物之中，只有树最能代表诚笃、灵动，是最美的，所谓“最美”，是发自内心的比德，而非对其他草木的贬轻。“金丝在木内，来生世人心”，贵为“帝王之木”的金丝楠木，不仅树木本身珍贵稀有，而且被赋予了深刻的文化内涵，可以增进人的修养，我们在几千年之后的今天，仍然缅怀古人的思潮，这就说明了它的神秘与不凡，能够护养根本，激荡人的灵魂。

2. 金丝楠历代记载及分布

金丝楠木有着“白木之首”“软木之王”的美称，与黄花梨、紫檀并列三大贡木，作为中国古典文化精华的重要载体之一，占有极其重要的位置。中华文明源远流长，关于金丝楠木使用的历史，目前考古发现最早的是河姆渡文化，考古学家们在河姆渡挖掘到一只楠木胎漆碗，楠木独特的抗腐特性才得以在几千年之后的今天，让这个碗重见天日。

时间不断向前推移，而金丝楠木的生长范围及数量却在日渐减少，不过金丝楠木的历史价值和文化价值也逐渐受到人们的关注。金丝楠色泽淡雅，木性温润，天然的纹理摄人心魄，更有幽远宜人的清香，雍容华贵、大气磅礴、华而不奢、超凡脱俗，为历代帝王将相所倾心，文人雅士对其也是情有独钟，这种喜爱影响着我国文化发展的很多方面。在中国的各类史籍中，随处可以看到金丝楠的身影，描写楠木的文字都极富传奇色彩和人文情感。

● 河姆渡朱漆碗

河姆渡朱漆碗，为金丝楠胎，金丝楠独特的抗腐特性才得以在几千年之后的今天，让这个碗重见天日。图片来源：中国社会科学网[引用日期2016-03-20]《朱漆碗——禁止出国（境）展览文物》。

第一阶段：春秋战国时期

春秋战国时期国家体系还不是特别集中，政权不集中，没有大型宫苑的建设，战争频发，各国还在一个分权交错的阶段，在社会文化这个层面上的记载就不是特别丰富，为金丝楠的系统研究带来了一定的难度。

关于这个时期金丝楠木的分布，可以在《山海经》中找到一些相关记载。依据书中对产楠山体的描写，我们推断出这里所说的山体大概在今天的东南丘陵、秦岭、四川盆地、南岭以及黄河下游等地区，

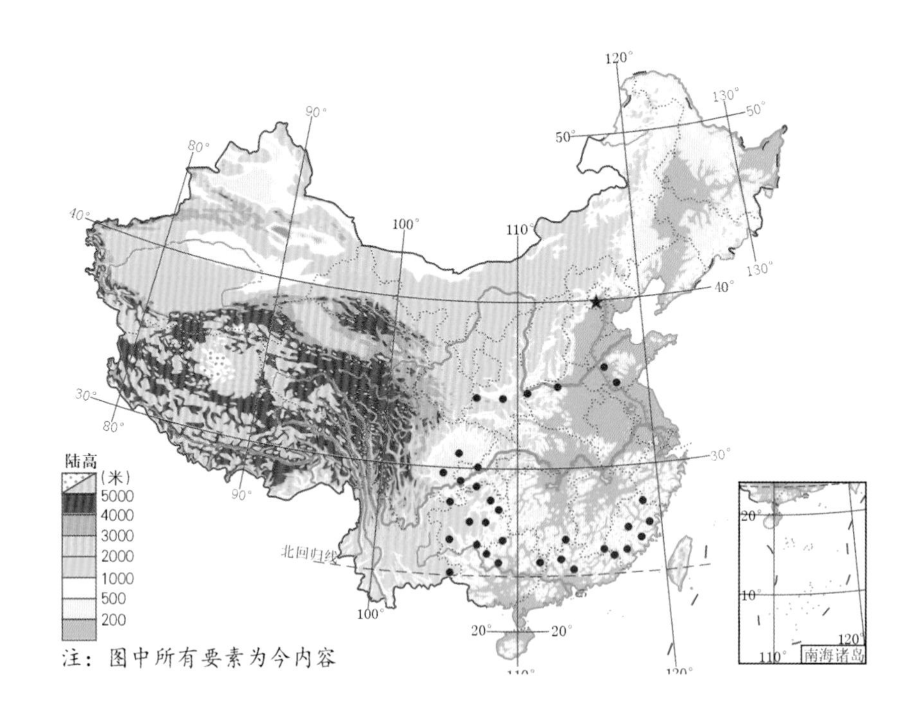

第一阶段 春秋战国时期楠木分布图

所以当时金丝楠木大致的分布区域是北起渭河、黄河下游，南至南岭，西到四川盆地、云贵高原东部，东至东南丘陵、长江下游平原，分布的中心是在四川盆地。另外，依据考古资料“四川昭化、新都、荥经、蒲江地区出土了大量战国时期用楠木制成的船棺、独木棺”，也可得到四川是这个时期楠木的分布中心这一结论。

第二阶段：秦汉至魏晋南北朝时期

随着对森林资源的开发利用，楠木到秦汉时期已经广泛为人所知。这个历史时期的金丝楠木分布区仍然集中在南方，在东南丘陵、长江中下游、云贵高原东部以及四川盆地周围。关于这一点，可以从很多汉晋时期的史籍中得到佐证。比如《史记·货殖列传》中就有江南地区出产楠木的相关文字；在《汉书·地理志》一书中记录着现今安徽地区有“木之输”，唐初经学家颜师为《汉书》作注时也提到“木，枫楠豫章之属”；茶疗鼻祖陈藏器在其所著的《陈藏器本草》一书中就指出，“楠木高大叶如桑，出南方山中”。其中最为著名的是秦朝时期，西汉司马迁所著的《史记》，书中就已经标出了江南地区出产楠木，“六王毕，四海一，蜀山兀，阿房出”，修建著名阿房宫的木料就出自蜀山楠木；到了西晋时期，左思在《吴都赋》中也有过相关的描述，“楩柟幽蔼于谷底，松柏蓊郁于山峰”“楠榴之木，相思之树”之类。这些重要的史料也证明楠木文化实为人民生活的实用载体，秦朝大面积地应用楠木，足以证明宫廷对楠木的喜爱，这些不太为人熟知的资料，也证明金丝楠的应用时间在历史上要比黄花梨、紫檀早很多。金丝楠在秦汉时期的产量还是比较大的，分布也比较广泛，为金丝楠在历史上的空前影响力打下了坚实的基础。

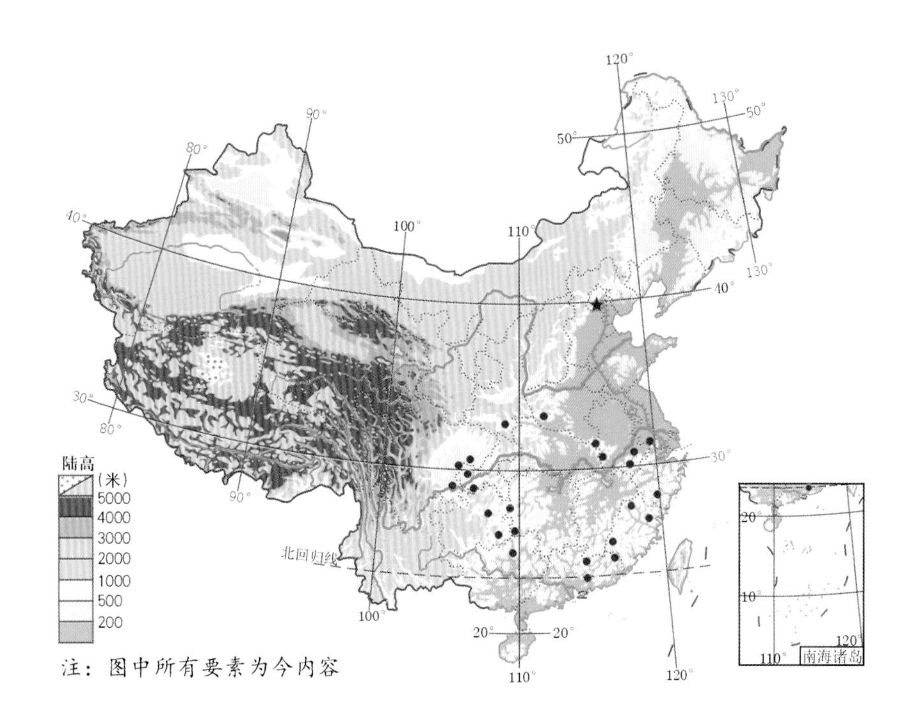

第二阶段 秦汉至魏晋南北朝时期楠木分布图

第三阶段：唐宋时期

随着唐宋时期经济中心的进一步南移，楠木也被更多的史书所记录。宋祁在《益部方物略记》中写道，"蜀地宜者生，童童若幢盖"，当时已经有种植金丝楠，"枝叶不相凝，茂叶美阴，人多植之"。不过这一阶段的楠木分布呈现已逐步缩小，北界已经向南退至秦岭、淮河一线以南。主要分布地域在五溪蛮之地，也就是现在的四川盆地及其周围地区。据史料记载，楠木在南方广泛分布，在唐宋时期社会经济较发达，十分流行使用楠木制造船只等。比如，宋代寇宗爽所著的《本草衍义》中就有"楠材今江南造船皆用之，其木性坚而善居水"的记载；宋代朱辅在《溪蛮从谈》中也有"独木船，蛮地多楠，极大者刳，以为舟"的类似记录，而据《西湖志余》中记载，宋理宗时命人完全选用香楠建造了一艘船。

在《太平寰宇记》中记载，在宋代四川盆地中心的遂州将交让木作为土产，由此我们可以推断出，当时四川五溪蛮等地区的楠木成林十分广阔。关于唐宋时期楠木的分布和使用状况，还有另一证据，就是著名的大明宫，它用楠木建成，壮丽恢弘，举世震惊。在《唐大明宫史料汇编》一书中，详细收录了唐代及以后历代文献中的对于唐大明宫及其门、殿、楼、阁、池、官衙等有很多相关的记载。

大明宫，原名为永安宫，唐朝时兴建于京师长安，也就是现今西安北侧的龙首原，占地350公顷，当时长安城有大明宫、太极宫、兴庆宫三座主要宫殿，其中大明宫的规模最大，相当于后来明清时期紫禁城的4.5倍，是当时社会的政治中心，是国家实力的一种象征。自唐高宗开始，之后共有17位唐朝执政者在这里处理朝政，长达二百余年。当时大明宫在全世界也是最辉煌的宫殿群，被誉为千宫之宫，是丝绸之路上的东方圣殿，其建制对东亚多个国家的宫殿建造都产生了深远的影响。

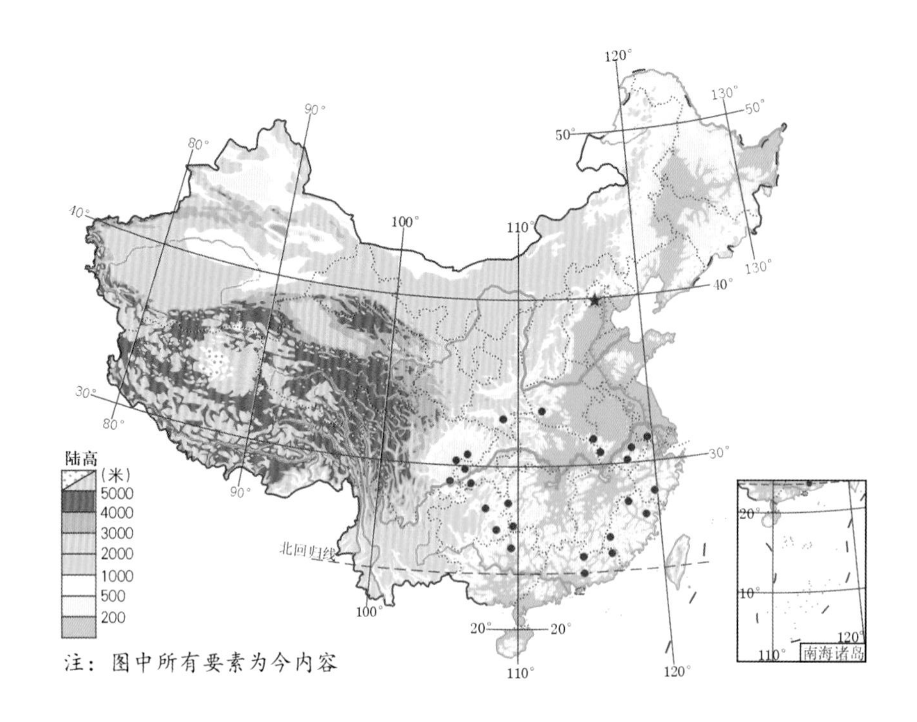

第三阶段 唐宋时期楠木分布图

笔者参考了两篇专业文章，一篇《关于唐大明宫含元殿材分问题的研究》刊载在《中国建筑》，另一篇《含元殿、麟德殿遗址保护工程记》刊载在《中国文化遗产》，因为大明宫在唐末战乱时被焚毁，只能根据现有勘考结果推算。根据相关内容推算，以现存规模最大的唐代木建构建筑——山西五台山的佛光寺为参考标准，大明宫主殿含元殿的 11 开间，其面积远大于佛光寺的 7 开间，因此所用材积也更大且一定会涉及楠木。上述的秦汉的第二阶段的宫殿用材已经有了金丝楠的记载，相比这个时期的皇家宫殿也一定会有所涉猎。

另外，在唐诗宋词中礼赞楠木的诗词非常多，其中宋代欧阳修、苏轼等文豪都赋诗礼赞过金丝楠木，如唐代剑南节度使史俊所吟的《题巴州光福寺楠木》一诗中，用“结根幽壑不知岁，耸干摩天凡几寻”“凌霜不肯让松柏，作宇由来称栋梁”来形容楠木；宋代苏轼《次韵子由送千之侄》中有“江上松楠深复深”，还有宋代诗人洪咨夔《唐何循吏庙》中有“君不见江原清献楠”；“空蒙烟雨媚松楠”则是宋代诗人陆游所作的诗句，这些都是楠木应用非常广泛的一个体现。

第四阶段：元代时期

据有限的史料记载，虽然元代历经的时间不长，但也建有楠木殿，比如《元史》记元泰定元年（1324 年）七月“作楠木殿”；陶宗仪在《辍耕录》中有“文德殿”的相关记载，“又曰楠木殿，皆楠木为之”。这些都强有力地证明了，在各个朝代、各种民族都青睐金丝楠木。

第五阶段：明清时期

《古今图书集成》之中对明清时期的楠木分布状况有相关文字记载，我们分析可以得出，原本楠木较多生长在四川盆地、云贵高原、东南丘陵等地，《本草纲目》也指出：“楠生南方，而蜀黔诸山尤多。”另外《明一统志》和《图书编》也可以作为佐证，书中记载当时四川的马湖府泸州、贵州的遵义、铜仁府和平茶洞长官司土产有楠木，即今川南、黔北和黔东地区。只是发展到后期，东南丘陵等地的楠木林趋于消亡，其分布区域龟缩在横断山脉东北端山区，即邛崃山、小凉山和大娄山及其附近的小小弯月形地带。

据嘉庆《四川通志》之《木政》一卷的记载，当时楠木采办地是在四川古蔺、西昌、涪陵、奉节、纳溪、重庆、成都、崇庆、眉州、马湖、雅安、洪雅、犍为、丹陵、井研、广元、宜宾、云南的永善、镇雄、乌蒙、贵州的遵义、仁怀、镇安、绥阳、桐梓等地。根据清朝后期楠木的采办地区，可以大致推测出当时楠木的成林分布区。

关于明清时期的楠木砍伐活动，主要发生在金沙江下游区，留存着两处珍贵的历史记录，位于现今云南省昭通市盐津县滩头乡界牌村柏杨社方碑湾，这两处摩崖题刻都是明代的，属于自右至左直书，其一直书七行，“大明国洪武八年乙卯十一月戊子上旬三日，宜宾县官部领夷人夫一百八十名，砍剁宫阙香楠木一百四十根，费银九百三十万两”，可见明洪武八年，即公元1375年，对金丝楠木的砍伐记录；其二是直书五行，“大明国永乐五年丁亥四月丙午日，叙州府宜宾县官土薄陈典吏可等部领人夫八百名，拖运宫殿楠木四百根”，这一段记录的是明永乐五年，即公元1407年拖运楠木用作备料，以修建宫殿。

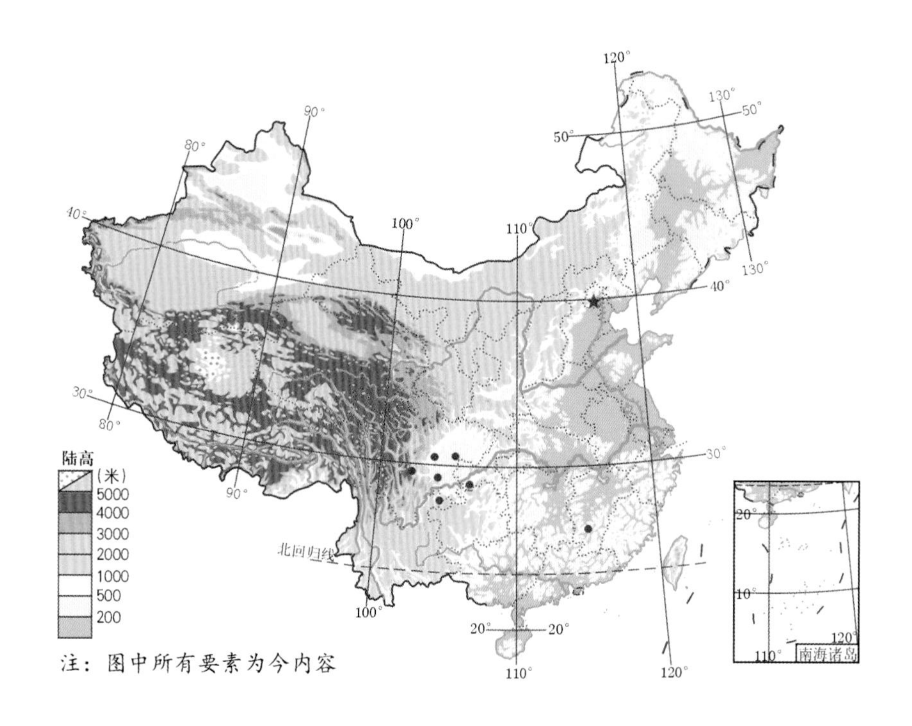

第五阶段 明清时期楠木分布图

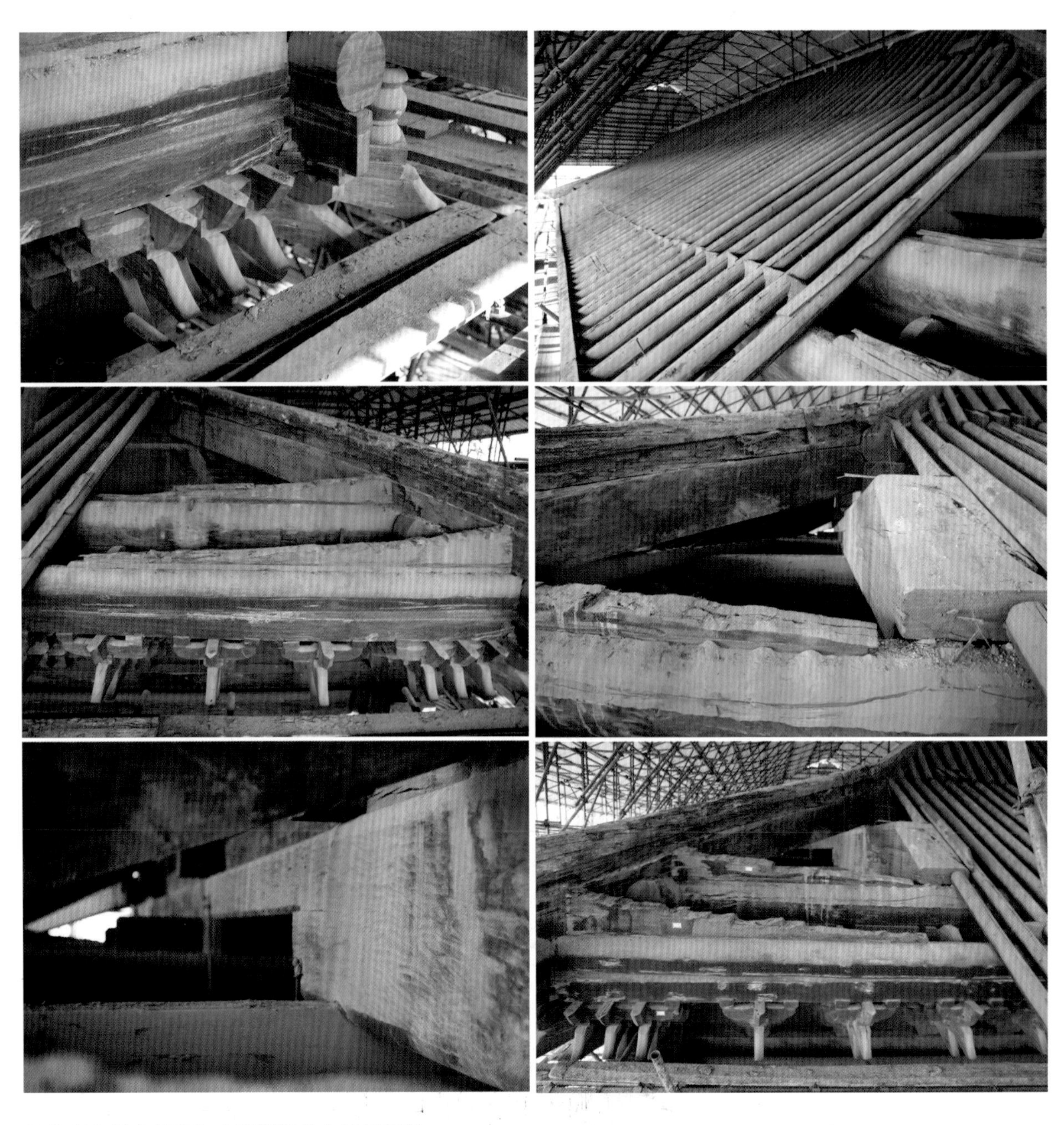

● 北京北海大慈真如宝殿所用的金丝楠部件

● 故宫皇极殿

从殿内柱、梁、藻井可以看出这段历史时期的装饰风格，追求满工纹饰，描金、彩绘等工艺结合运用，富丽堂皇。

明代有一段非常有意思的记载，笔者和大家分享一下，虽然文言文难懂一点，但确实记载了整个明代初期金丝楠宫廷采木的全过程。据《明史·宋礼传》中记载，“会北京营建，命取材川蜀”，从这一段记载中可以看出，明朝修建北京宫殿的时候，所选用的木材来自川蜀，“既至，赐有司率夷民，历溪谷险绝之地，凡材之美者悉伐取之”，很多史料记载中我们都可以看到，当时选用的木材是金丝楠木，当时官员率领着平民前往深山中寻觅楠木。另一段可以作为佐证的是明代嘉靖乙卯年（1555年）出版的《马湖府志·第三卷·提封下·形胜·山》，书中记载有“神木山”在“西二十里，有记”，并写有“永乐四年（1406年）秋……必营宫殿”，皇帝下诏“乃用命入山，以伐材焉”，所以“集工部尚书臣宋礼取材于蜀，得大木于马湖”。“蛮夷荒服，蚁附而至”，而且还“闻山呼声者三，振动天地，神显其灵”，这些也与《明史·宋礼传》中“皇帝有诏，取材于蜀，神木之山，岷峨是属”的铭文相互印证。关于“神木山”的存在，在明史资料中可以找到很多证据，比如在《大明一统志》中记载着“神木山，在沐川长官司西二十里，旧名黄种葛溪山，本朝永乐四年伐楠木于此山”，《马湖府志·第五卷·秩祀》中记有“神木山祠，在沐川（即今屏山县中都镇境内）东南现山，永乐四年建”。

由以上列举的史料记载可以看出，当时永乐帝朱棣在移都北京时，选用神木山的楠木修建宫廷。这正如郎中杨抚和在《马湖府志》中所写，“天尽东南第一州，真材偏为栋梁留”。历史的真相不像粉饰的那般美好，在《四川通志》中记载着一段真实的历史，在清朝雍正四年，当时宪德任四川巡抚，在南下采木中看到“产木之处，十室九空，人民无几，即尽其州县之老壮男妇，俱充木夫，进山一千，出山五百，白骨暴于木莽，谈及采木，莫不哽咽”，仅仅寥寥数语，就可以看出当时官府为了砍伐楠木，劳民伤财，导致怨声载道，而且楠木多长于深山，采伐难度大，致使平民死伤众多。史料记载当时四川省宜宾境内，不仅仅屏山县的马湖府有楠木出产，大塔、横江、李场、双龙、安边、筠连县的塘坝以及江安都有楠木供采伐，开采到的楠木通过水路抵达运河，“移至水次，顺流而下”，折流而递。也就是沿着金沙江、长江流域，经宜宾、重庆、武汉、南京，到达长江与京杭大运河的交汇处短暂停泊，之后经过京杭大运河北上到达京东的张家湾，这些楠木最后要搬运到当时崇文门的神木加工厂。当时“漂大木，蔽塞水面”的壮观场景大约一直延续到了19世纪80年代。

由于皇家大兴土木需要大量地使用楠木，自明代起，各地官员都将寻找金丝楠木进贡御用当作为官的头等大事，并且这项政绩可以作为业绩考核和获得晋升的重要指标，更有甚者，当时平民只要进供一根金丝楠木就可以无须科考直接做官。中国古代科举制度在明朝到达了发展鼎盛时期，也是最完备的阶段，创制了后来影响深远的八股文，但依然有平民可以逾越制度加官进爵，靠的仅仅是金丝楠木，由此可见金丝楠木在当时已经极其稀缺，当时大明律钦定桢楠为御用木材，称其为帝王木，禁止民间擅用金丝楠木，否则按逾越礼制处罪。这里需要特别注意，这是大明颁布律令钦定的条款，而不是民间约定俗成的，并且朝廷专门设立了木政官员采办皇木，谓之“木政”。在清朝嘉庆时，嘉庆下旨杀和珅，并公布了和珅的二十大罪状，其中第十三条便是因为发现其房屋所用木料是金丝楠木，僭侈逾制。

到了明清时期，楠木已经成为家喻户晓的树种，当时的学者对楠木种类也做过粗略的划分，比如明末清初大学者谷应泰所著的《博物要览》，将楠木分为三种，即香楠、水楠、金丝楠，并逐一进行了简单

● 故宫宁寿宫花园古华轩所用的金丝楠装饰部件

由于是室外陈设，风吹雨打，一般都会披麻挂灰，外面髹漆，以防风雨。但世间沧桑，很多漆皮都脱落了，露出了楠木的木胎。主要应用楠木的耐腐性和防蛀性。

描述，香楠是木微紫而带有清香，纹理漂亮；水楠是木质较软；而金丝楠则木纹千姿百态，金丝缕缕。书中详细描述了流光溢彩的金丝楠，“其木质细腻，淡雅纯美，千年不腐，万年不坏，可谓天才地宝，造化所钟”“则历时空迁变尤显其温润，经岁月淘洗益见其沉凝，以其木之性而有金玉之姿，堪为楠木中之上品”。关于阴沉金丝楠木，当时也已经出现了明确记载，比如清代著名学者袁枚所著写的《新齐谐》中，描述了阴沉木的成因，“相传阴沉木为开辟以前之树，沉沙浪中，过天地翻覆劫数，重出世上，以故再入土中，万年不坏”，而描述其特征是“色深绿，纹如织锦。置一片于地，百步以外，蝇蚋不飞”，从这些特征都可以看出是阴沉金丝楠木。从这些典籍记载中可以看出，人们对于金丝楠的喜爱可谓日久弥新。

第六阶段：现存古建

在本书的考察篇中，笔者会对明清遗存下来的古建筑做详细考察描述，这里仅对现存的金丝楠古建筑简单盘点。桢楠树木高大、树干通直，木材纹理顺直、耐腐防蛀，且香气淡雅，诸多特性决定了金丝楠木是木结构建筑的最佳用材，所以自古桢楠就得到了广泛的利用。目前得以保留下来的明清时期楠木建筑有明永乐时期建造的十三陵祾恩殿、明万历时期建造的北海大慈真如宝殿、明代建筑天坛祈年殿、清康熙时期建造的承德避暑山庄澹泊敬诚殿等，这些都是闻名遐迩的楠木殿。北京现存的明代宫廷建筑，在初建时几乎都是用楠木构建而成，只是发展到清代中后期楠木资源匮乏，才在翻修扩建时部分改用了其他木材。不过在故宫的养心斋、太极殿、毓庆宫、慈宁宫、储秀宫、乾清宫等建筑中，大量的楠木门窗、隔扇、飞罩、藻井、栏杆、天花、匾额等得到了完好的保护。

桢楠木质结构细致，木性稳定优良，材色淡雅均匀，即便不上漆也有光泽性，而且越用越亮，可以说是制作家具的上等用材。清代内务府《活计档》中记载着清宫造办处对楠木的使用，在清中早期所制家具中，有相当一部分都是楠木打造，只是到了乾隆中后期，因为楠木资源匮乏才逐渐减少。这些金丝楠木得以留存下来的很少，所幸在故宫博物院、颐和园、避暑山庄等处仍可以见到不少的楠木制家具，比如安九寸靠背的金丝楠木方杌，是雍正五年钦制的，现保存于北京故宫博物院中，还有乾隆年制作的雕龙大顶箱柜，柜高 3.25 米，耗材巨大，另外颐和园中的楠木青花瓷鼓墩，件件都是楠木珍品。

桢楠的着漆性能良好，而且木性稳定，是制作漆器家具木胎最好的材料。从明清流传下来的漆品家具中可以发现，大多的高档漆器家具都是用的楠木胎。特别是北京故宫中的太和殿，我们俗称它是金銮殿，殿中的九龙宝座和基台都是用的楠木胎，并刷有金漆。

由于桢楠的尖削度小，出材量大，所以也非常适合作为大件的装修材料。在故宫倦勤斋、宁寿宫等处的隔断、飞罩，恭王府锡敬斋的厅堂、天宁寺和雍和宫佛像的背光部分，以及乾隆年间朝服柜上所雕刻的蛟龙出海图，这些都是选用大块的金丝楠木雕制而成，十分精美珍贵。

金丝楠明清采木史

大明律钦定桢楠为皇帝御用之木，并且实行“木政”，专门增设工部侍郎或尚书等职位，采办皇木。朝廷专门设置了督木办，负责采办事宜，负责采办的官员常称为“采木侍郎”。在明万历帝之前，负责到地方进行督采楠木的大多是朝廷特派的大员，不过自万历朝起，改由四川巡抚等封疆大吏兼任督办，负责相关事宜，清朝仍然沿用了明朝惯例。清雍正帝认识到由京城差遣官员会骚扰地方，所以交由总督、巡抚兼办。

1. 万历皇帝从民采到官采，降低百姓压力

关于明代采木的途径，以万历三十六年即1608年为转折，在这之前是“民采”，后改为“官采”。所谓的“民采”，就是将定额摊派到每户百姓，“大户义民，随意佥报，编夫派米，需索津贴，剥肤锥髓，民不聊生”。官绅、地主豪强们控制了采木，拨款等都落在他们手里，但是劳役却落在贫苦农民头上。改为“官采”后，采木官员按照定额分派下去，“一应事宜，除督木道专任通行督理外，仍行其总各道，将分派木数转行所属府州”，也就是说各府州可以选委能官，采取招商采办，所采木料交验后给银两，最后到江发运进京，而这一切事宜都交由府州能官从长计议、随宜处分，由此便可“济公家之事”“无拂商民之心”。这种做法发挥了经济杠杆作用，具有灵活性。加上东道的重庆、保宁等府“山顶尽赤”，当地并无木材可采伐，农民加赋后，由官府派人到湖广、贵州购买则更方便些。明万历年间民间采办向官方采办的转化，很大程度上降低了百姓劳役的压力，也运用商业的能力更好、更自然地推进了皇木供应能力。这是个一举两得的好办法，在明代和其他徭役的改革制度是同步的，更加灵活，高效。

2. 康熙皇帝政府采办，进一步市场化

在清代，康熙仍然想要沿袭明代做法，但未行通，所以雍正、乾隆实行了政府包办，即中央准许地方政府动用国家赋税，花钱招商承揽采运，实际就是“采买”，这种做法一定程度上减轻了当地民众的负担。从明到清，从民间采办到官方采办，再到官方采买，变得越来越市场化，提供了需求量，让百姓自己去寻找，去运输，增加了自发性。究其根源是当时金丝楠原料的进一步稀缺，所以朝廷不得已采用了变通的方法。

明清持续四百多年的采木给当地人民带来巨大痛苦，归有光曾记：“而吏民冒犯瘴毒，林木朦胧，与虺蛇虎豹错行。万人邪许，摧轧崩崒。鸟兽哀鸣，震天岌地。”明末清初，政治家孙承泽在《春明梦余录》中

● 铜壶滴漏

即潮壶滴漏，清乾隆年制，现保存在故宫博物院交泰殿内，是古代一种滴水计时仪器，“铜壶滴漏”这一名称来自唐代诗人温庭筠的词句：“静听得铜壶滴漏，夜月微残。”漏壶由五个铜质壶构成，分别为“日天壶”“夜天壶”“平水壶”“分水壶”“受水壶”。外部木架为金丝楠木所制，满面雕刻有缠枝莲纹饰，又名“万寿藤”，寓意吉庆，集中体现了清代木作用料硕大、装饰华丽、做工细致的特点，繁复的雕工与当时发达的社会经济有着必然的联系。

列举了采木的恶劣环境，“山川险恶”“跋涉艰危”，常常面临“焚动暴戾”“疫疠时行”等，民众“宿负未偿，新逋是急；称贷不足，继以田宅；田宅不敷，继以子女；子女不给，随以妻妾”，可见大兴土木引起的采木苛政导致很多百姓家破人亡，妻离子散。再加之疫病、战乱等，到了清康熙年间人口锐减，“合全蜀数千里内之人民，不及他省一县之众”。特别是在产木地，人口所剩寥寥，“即尽其州县之老壮男妇，不过一二百人”，采木苛政更难以为继，“即俱充木夫，不能运一木”。这也就是康熙为何放弃四川采木和雍正、乾隆实行采买的原因了。

3. 采木出山，难于上青天

康熙二十二年（1683 年），何源浚、王陡描述了采木的艰难情况，官员们首先勘踏山林材木，确定后便进入开采阶段。由于楠木生长在深山穷谷、大箐峻坂之中，砍伐楠木不像平地一般，易施斧斤，而是必须找厢搭架，使木有所倚，方便削去枝叶。砍伐楠木需要人夫缆索维系，以避免坠损，为此有时竟然需要搭长达三百六十余丈（合今 1200 米）的天桥。这仅仅还是砍木的艰难。砍下楠木的拽运之路，更是俱极险窄，在深山树林中，空手尚苦难行，更何况托运树木，用力最不容易，也不像平地那样可用车辆，而是必须垫低就高，用木搭架，上坡下坂，辗转数十里或百里，才能到达小溪。而且由于水位较浅，溪流之中怪石嶙峋，只有等到大水泛涨的时候，水位漫过怪石，才能将木材浮起，从而随江逐流。“然木至小溪，以泛涨为利；木在山陆，又以泛涨为病”，可见水浅无法托运木料，水涨后又有发生水患的危险，所以拽运事宜极难完成。

由于地形条件复杂多变，山林中天时阴晴不定，而水枯、水荣难以把握，即便有上述种种技术，也不能保证伐运顺利进行，而是常伴危险和不确定因素，加上产木之地有些在瘴疠毒雾之乡，更增加了采运的难度。经常有很多运输木料的人死在路上，有时候中了林子里的毒气，有时候遭遇野生猛兽，有的不幸死于崩石落崖，进山一千人，运输完一批木头出来五百个就不错了，实在是悲壮和无奈。《明史 · 吕坤传》中就对这一状况进行了翔实记载，以采木言之，“丈八之围，非百年之物”，这样的成木生长的地方“深山穷谷，蛇虎杂居，毒雾常多，人烟绝少”，进山采木异常艰辛，遭遇寒暑、忍受饥渴，因为“瘴疠死者”无计其数。更何况“一木初卧，千夫难移，倘遇阻艰，必成伤殒”，从深山中向外托运树木极耗费人力，山林险境常发生意外，造成人员损伤。在当时，蜀民中流传着一句俗语，“入山一千，出山五百”，由此“哀可知也”。

● 四川峨眉山金丝楠原木

很多都是明清采木时的大料，在河道拐弯处滞留沉积下来的金丝楠大料，然后被掩埋形成阴沉木，由于长时间的氧化，金丝非常明显，但表面的风化也较为严重。

4. 水运神木，看命费时

砍伐下来的楠木运出山谷之后，由督木同知将其运赴督木道，进行交割验收，然后每 80 株找一大筏，再经税收才能沿江放筏。每筏用水手 10 名，夫 40 名。当时川东马湖、遵义二府出山大木大多需辗转运至长江，然后经大运河运至北瑞通州张家湾，或沿海而上由塘沽递送入京。归有光称嘉靖三十六年（1557 年）运木情景，“自江淮至于京师，簰筏相接”。在这阶段，虽然没有山中拽运那般危险烦琐，但是路程遥远，水势涨落不一，所以木材并不能全数运送抵京。这种水路运输主要是靠天吃饭，中途遇到有河流拐弯比较急的，木料太长，经常会卡在河道中间。明代天启年间，通惠河道工部郎陆澹园在天津至海两岸的“沙蕸苇之地”，就是一些长着芦苇之类的浅滩，发现历朝漂没的大楠木，居然有一千多根。

明代《两宫鼎建记》中记录“照得楠杉大木，产在川贵湖广等处，差官采办，非四五年不得到京”，可见一批木料自砍伐直至运抵京城，周期非常长，另外，据历史考据，在永乐十年即 1412 年，朝廷下诏命尚书宋礼再度入蜀采木，而直至永乐十五年即 1417 年春正月，才有“平江伯陈瑄督漕运木赴北京”的记载，这也可用来印证采木过程大致需用四五年时间。

综观全国，由于各地的地理条件不尽相同，所以采用的方法也不尽相同，有些地方不可能用以上这些技术，有些地方不需要使用这些技术。比如在永乐年间，当时楠木资源尚广，在河岸山谷等平缓地带可以找到良巨木材，所以诸如找厢搭架、截壅蓄水之类的技术可能尚不普遍，更多采用的是伐林开路、沿坡拖拽等较为普通和常规的方法。关于这些在史料中也有记录，比如在万历年间的一篇奏疏中讲到，“水运之程，越历江湖，逶迤万里”，当时水运木料水路跋涉千里，且耗费时间，“由蜀抵京，恒以岁计”。《万历三十五年大木议》中详述了采木时间表，“(万历)二十五年起解头运，二十六年到京，二十七年起解二运，二十九年到京”，从中我们可以推断出，木材从山中运出往往需要经过两三年，而扎筏水运至京城则又要一两年的时间。毫不夸张地说，一株大木的运输时间，大概可以抵得上这座宫殿的营建时间了。

5. 抵运至京，神木二厂

据《明会典》中记载，在明清两代，金丝楠木料经过了千辛万苦从川蜀之地运输到北京，历年之久，还要放置于神木厂、大木厂两座木厂里，“凡各省采到木植，俱于二厂堆放”。《日下旧闻考》中所载，神木厂位于崇文门外，据考证其故址在北京东二环广渠门外二里许，即现在北京东三环双井附近。而大

四川雅安荥经县开善寺，主要建筑构件都为金丝楠木，这是非常难得的四川出现的原始古建，保存较为完整，在主要构件上都写有很多历史信息，是非常重要的研究资料。

木厂设在朝阳门外，由于有关记述不详，只能大约推断在东二环日坛以东，即今芳草地附近。木厂中设有木神庙，人们在每年春秋祭拜供奉。明初发虎贲军等官兵管理木厂，最多时达一千多名。正德三年（1508年）设神木厂千户所，镇、府各一员，百户十员，吏目一员。万历二年即1574年，神木厂木材“风雨浸淫”，于是下令委官“搭棚苫盖”。到清乾隆时，神木厂里仍存放有永乐时所采伐未用的大块木料，“樟扁头”“嫌河窄”“混江龙”“王二姐”“张点头”等，这些都是给大木料起的绰号。

宫殿营造工程所需要的木材加工、构件预制等工序皆在木厂中进行，再在工程现场进行组装。这在史料中也有记述，如宣德六年（1431年），宣宗下令“朕故加意爱惜，卿亦当体朕意。有不当用，切勿妄废”，制止了木厂浪费木材的现象；各厂所贮大材，若工匠“斫小用之，罪亦不贷”。

6. 明清五百年木政，痛彻山林

在明清两代的封建统治下，“木政”持续了近五百年时间，严苛的采木政策不仅造成了金沙江下游地区百姓的沉重负担，也严重地破坏了当地的自然生态环境，不亚于一场战争浩劫，苛政教训深刻。关于“木政”的各种弊端，在史料中也有记述。比如明人归有光曾记述，“而吏民冒犯瘴毒，林木朦胧，与虺蛇虎豹错行”，可见伐木的深山险境，“万人邪许，摧轧崩萃。鸟兽哀鸣，震天岌地”。

《四川通志·木政》中的记载，在清嘉庆二十年时（即1815年），重修《四川通志》，对木政活动进行评价，“近世以来，特重蜀之楠、杉，深岩丛箐，缒幽凿险，万工举斧以入，但乐其材之足用，而弗审乎纲运之艰，其弊遂有不可胜言者”，可见木政严苛，劳民伤财，让人涕泪；明人王德完在万历三十五年（1607年）对“木政”活动造成的危害做过详细的描述，“计木一株，山本仅十余金。而拽运辄至七八百人，耽延辄至八九月，盘费辄至一二千两”，由此看出托运楠木耗费人工，也造成了沉重的财政负担，进一步加剧税政，最苦的还是百姓。《四川通志·采木》中对此描述更是透彻，“上之摩青天，下之窥黄泉，岂惟糜不赀之财，抑且殒多人之命”，促人深思。文言不再一一翻译，读者可以多看几遍，确实每一根木头都包含着血和泪。金丝楠之皇家御用，也从这个侧面反映出，若不是至高无上的皇权，谁能有如此能力剥削压迫，让木农流血流汗甚至丧命去为皇宫运输建筑材料，但也因为如此我们才能看到今天这么多无价之宝，历史没有对错，这已经成了历史和文化的一部分。

金丝楠逐渐消失的原因

楠木分布变迁，逐渐走向灭亡，原因是多样的。楠木分布变化的原因可以归纳为生态学原因和社会原因两方面。怒雨滂沱风声唳，试问楠木缘何尽?

1. 生态学原因

（1）土地转化

为了解决人口日益增长给农业造成的压力，历代普遍采用毁林造田的方式。仿佛森林与耕地是一对矛盾体，在现有土地面积不变的情况下，要开垦耕地必然要减少森林面积。

在先秦时期，楠木天然林广泛分布在黄河流域及以南地带。但自秦汉一统中国以后，中原人口增加，对粮食的需求量增大，导致大量砍伐森林和垦殖，楠木林也随之遭到破坏，北边界线开始向南移动。而后汉代盛世时期，因锐意经营巴蜀，又在川西平原及其附近丘岗、河谷地带广为垦殖，迫使两千万亩以上以楠为主的森林一变而为农地。唐朝时期，特别是在安史之乱之后，动荡造成人口南迁，随之经济重心也向南移，对南方进行大规模的开发、进一步的建设，这些都加剧了楠木林的开采，当时南方的森林分布面积缩减，成林已经日益稀少。尤其是明清时期，楠木林日趋枯竭的趋势已经显现出来。经过多年的垦殖后，湖南一带湘西地区慈利县一带至道光年间因"民多耕山，山日童然"，湘南地区衡阳一带自道光以后"百里之境，四望童山"（出自同治《衡阳县志》第六卷），同治年间江华一带也是"老林已尽"（同治《江华县志》第十卷）。光绪《秀山县志》第三卷记有川东地区秀山县一带至光绪年间"垦辟几尽，无复丰草长林"。民国版《南溪县志》第二卷记有川南地区南溪县一带到道光咸丰年间因人为垦殖，森林锐减。

(2) 水利工程

根据修建水利的功能和用处，可以大致将水利工程归为防洪、农田水利、港口、环境水利及渔业水利五种。在中国古代，因自然、人为等原因造成水旱灾害频发，危害着农业的发展，威胁着中国古代的经济基础，因而自古兴建水利就尤为重要，而这其中又以防洪和农田水利工程最为重要。

修建水利工程需要大量的建筑材料，并且古代的中国尤其是明清前，建筑都是就地取材，以卵石、竹子和木材等为主要材料。材质优良的楠木当然难以幸免。

虽然关于水利的现存资料有限，我们也无法进行实地考察和探究，但就现有资料而言，我们仍可以大胆地推测一番。比如，据资料显示五代吴越王钱镠于天宝三年，即910年，在杭州的候潮门和通江门外筑塘防潮。据《吴越备史》显示，当时所用的方法为"石囤木桩法"，即就地砍竹编笼、开山取石，将碎石装入竹笼，抛入海中，并堆成海堤，在两侧用高大的木桩加以固定，再在上面铺上石块，不仅增加堤身重量，可以抗御潮水的冲击，而且用木桩加固，起到支撑作用，还防止潮水淘空塘脚的粉砂土，避免海塘的崩坍。据史料记载，自唐朝时，浙江等地的楠木是成林的，而楠木具有结构细密、耐腐朽、易加工、遇火难燃和经水不朽的优良特性，自然可以联想到，楠木在建造海塘的过程中难逃一劫。换言之，海塘等水利工程的兴建也对楠木造成了破坏。当然这仅仅是笔者的一种推测，究竟历史的真实情况如何，还有待进一步的考证。

(3) 人类的砍伐

谈到人为原因，历代无节制的开采肯定是最主要的。在中国古代，从民间到官方，长期流行用楠木制作棺材、舟船，加之大兴土木对野生楠木的使用没有节制，更谈不上有计划、有目的地营植更新。

造船。利用楠木遇火难燃、经水不朽的特性，古代战舰多用楠木制造，而且楠木还适合制造枪托等兵器。宋代寇宗爽著有《本草衍义》一书，书中记载，"楠材今江南造船多用之，其木性坚而善居水"，可见楠木因其优质的木性，也被选做造船、兵器等材料。先秦两汉时期就已经开始大规模利用楠木制造船棺、木椁等；六朝时陈文帝下令伐湘州巨楠、大杉，建造了"金翅"等两百余艘战船，这一次的大体量砍伐严重破坏了湖南一带楠木林，致使这里面临"一木出山万木空"的严峻局面；唐宋时期，造船技术相对发达，使用楠木制作船只的技术也很普及；至明清时期，随着造船业的发展这种现象更甚，当时规模庞大的“漕舫”长五丈二尺，板厚达二寸，所用原料竟然大多是楠木。

民用建筑和器具。在明朝颁布立法，将楠木归为皇室御用之前，在民间十分流行用楠木建筑房屋或者制作日常器具，种类包括罗汉床、拔步床和雕刻的飞罩、牌匾、楹联等。在苏州发现的王家祠堂，又称王氏太原义庄，据考证建于清代中后期，整座建筑共分三进，有门厅、两廊、大厅、后厅。其中后厅的22根直径38毫米的厅柱、8扇丈余高的屏门均为楠木制作，此外还有落地长窗、金刚腿、梁枋以及梁头的雕花、挂落等。大抵与清朝中后期国力衰退，而汉人势力增强有关。

2. 社会原因

(1) 商业化

随着封建经济的不断发展，手工业已经逐渐从农业中分离出来，发展成为独立的行业，并且随着剩余产品的增多和不断扩大的集市交换而逐渐商品化。在当时的生产力条件下，大多数手工业生产所用到的燃料都是柴薪，这导致了林木的大量砍伐，进而必然破坏森林植被，而在南方的楠木自然难以幸免。特别是明清时期，南方的煮盐业、瓷器制作业、造纸业、造船业、矿冶业得到了大力发展，对森林的破坏更加突出。

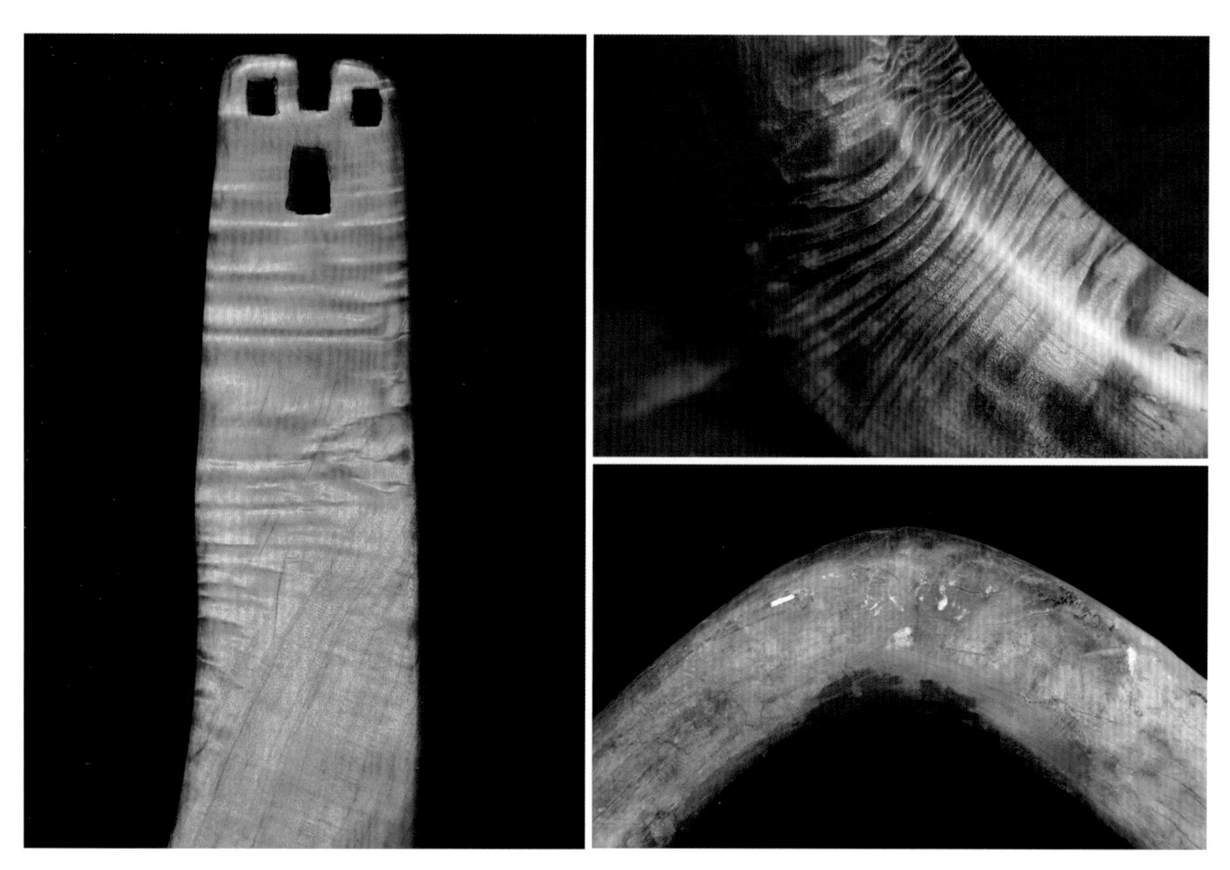

在四川当地金丝楠的农耕用具，耕地的犁，都是用大料挖取，通常会有非常漂亮的水波纹。

因楠木的香味清雅，且具有杀菌作用，而防腐耐朽的特性更是冠于群木之上，因此自明清以来楠木被广泛用于制作高级棺板和箱柜。在明代文献中有很多相关描述，历代以来楠木都被视为制作家具的良材，常用以制作箱子、柜子和书架等，也有文房用具或装饰柜门。在民间还传用楠木做碗柜，炎夏食物隔夜也不馊。自清初开始，湘西龙山县就以盛产楠木箱而声名远播，距今已有二三百年的历史。

(2) 奢侈消费营造宫殿

随着统治阶层依靠剥削得来的财富日益增多，中国封建官僚的财富消费便开始向奢侈品转移。最早是秦朝大兴土木，营造硕大无朋的阿房宫，砍伐了陇山、秦岭、近陕的蜀山、荆山地区的楠木林。接着是汉代朝廷锐意经营巴蜀地区，在盛产楠木的沈黎郡即现今的雅安设置木官，专门从事楠木采运事宜。

“皇木”的采办活动，最具代表性的应数明清时期，当时的楠木资源分布已经退缩到远山，但是封建统治者仍然下令进行扫荡式的楠木采伐，规模空前绝后。据相关资料显示，永乐四年，仅在四川通江白崖场就采办楠木达 600 立方米；明朝万历年间，时任贵州巡抚的郭子章从自己所管辖的地区采办了楠杉

● 金丝楠独板水波纹书柜一套

打开书柜有一股清香扑面而来。

● 澹泊敬诚殿

12298 根；到清朝时，康熙帝修建了承德避暑山庄主殿——澹泊敬诚殿，也被称为“楠木殿”；此外故宫太和殿、天坛祈年殿、太庙以及很多已经被烧毁的建筑中都大量使用了楠木建材，导致楠木资源日渐枯竭，到了雍正四年，四川巡抚宪德上书陈事，“产楠十余县，南川与焉，今各乡地以楠木为名者犹多，而成材者鲜矣”。随之发生的是不断减少的以楠木为构架的建筑。

(3) 营造陵墓

楠木高大，树干通直，一般成树高度可达到40余米，直径1.5米左右，密度适中，且木性稳定，非常适合用来加工，这些无可比拟的优点都决定了其成为建筑栋梁之材的地位，在中国传统木构建筑及内部装修中，以楠木结构最为上乘、尊贵。在江西靖安东周古墓中，主棺下的一块椁板就是由一整块楠木制作，宽度竟达1.6米有余，且保存完好，可见原木粗大，木性稳定。在明代，皇家陵墓的栋梁必须选用楠木，给后人印象最深刻的就是明长陵的祾恩殿。全殿直径1.17米、高14.3米的金丝楠木巨柱支撑共计有60根，在大殿内的32根巨柱中，最大的4根柱体高达14.3米，直径约为1.17米，据说，当时为了运送这些楠木进京耗时极长，至少有五六年的时间，采办“皇木”的官吏也是络绎于途，景象空前。

(4) 棺椁及陪葬品

根据考古发现，我们了解到大批古代楠木用于制造的船棺、棺椁、悬棺及其随葬器物，可见楠木在葬具的制作中使用极广。最具有代表性的便是帝王之墓，而极具代表性的墓葬便是广陵王刘胥之墓，其葬式被称为“黄肠题凑”，多见于周代和汉代，是当时最高规格的葬式。黄肠题凑是设在棺椁以外的一种木结构，它是由黄色的柏木心堆垒而成。黄肠是堆垒在棺椁外的柏木，用柏木构筑的题凑即为黄肠题凑。而在题凑之中的棺椁都采自深山穷谷中的名贵木材，这其中就涉及楠木、柏木和梓木等，其装饰精致，制造考究，耗资巨大。

“黄肠题凑”一词最早出现在秦吕不韦所著的《吕氏春秋》中。所谓的黄肠题凑，就指用木材垒起的框形结构墓墙，这在中国古代历史上是最高规格的墓葬形制。“题凑”是一种从上古时期就已经开始的墓葬形式，在汉代比较多见，之后很少再用。根据汉代的礼制规定，在帝王陵墓中，黄肠题凑与梓宫、便房、外藏椁、金缕玉衣等均属于重要的组成部分，除皇帝外，只有朝廷特赐的个别皇族贵戚或功勋卓著的臣子才可以使用，比如汉代的霍光，功勋卓著，所以当时汉宣帝下旨“赐给梓宫、便房、黄肠题凑各一具”。

据史料文献记载，墓葬中使用“题凑”结构，最早出现在战国时，可惜缺乏实物作为进一步的证据。即便如此我们仍可以从已有的汉代考古材料中一窥究竟，“题凑”结构上的基本特点层层平铺、叠垒，一般不使用榫卯，且“木头皆内向”，也就是说四壁所垒筑的枋木（或木条）垂直于同侧椁室壁板，从内侧只见枋木的端头，“题凑”之名便由此衍生而来。在棺椁周围有木质的圈墙，上面有顶板，类似房间，外面有便房。“黄肠”因所用柏木木材而得名，

● 黄肠题凑

剥去树皮的柏木枋（椽），木色淡黄。目前所发现的“黄肠题凑”都是竖穴木椁墓，比如长沙象鼻嘴的1号墓以及北京大葆台的1号墓等。

（5）战争

战火过后必是一片残败景象，唐代李华在《吊古战场文》中就描绘了战后的惨败景象，“浩浩乎平沙无垠，不见人。河水萦带，群山纠纷。黯兮惨悴，风悲日曛”，蓬断草枯的自然环境，一片衰败的景象，楠木也难以存活。自春秋战国起中华民族历经分分合合，大小战争无数，比如三足鼎立时，连年战乱，“六出岐山”“彝陵之战”，战火发生的地带原生楠木林也破败，更何况战争中倒下的不只是沉重徭役压迫下无辜的百姓们，还有千百年的珍贵楠木。

楠木林早已失去了先秦时那种荒野上无拘无束生长的辉煌。而经历了3000多年的沧桑变迁，楠木林已自北向南退缩，辉煌渐退，仅是零星散落在西南山林深处。这其中当然有自然环境变化和灾害的原因，但更主要的是封建制度下人类功利地砍伐和百姓们为了生存、为了应对赋税盘剥，对楠木毫无节制地开采；而统治者则是骄奢淫逸，大兴土木，肆意砍伐，几近将楠木林摧毁。

三 金丝楠的木质属性

金丝楠的纹理

在讲解金丝楠纹理之前，我们先梳理一下，什么是纹理，什么是花纹，在学术界定上这两者明显不同。

1. 纹理

在植物学领域所研究的纹理，指的是轴向木材细胞，包括纤维、导管、管胞等的排列方向。

· 就树轴而言，分为直纹理、斜纹理、螺旋纹理和交错纹理；

· 就木板而言，分为对角纹、波状纹、皱状纹以及带状纹四种；

· 从纹理形成原因进行区分，有斜纹理、螺旋纹理和交错纹理等，这些属于天然形成的纹理，还有因人为加工而产生的纹理，即对角纹。

(1) 对树轴而言

· 直纹理，是与树干的长轴方向平行的木材纹理；

· 斜纹理，则是与树干的长轴方向不平行的木材纹理，往往呈一定角度；简单地说，顺着树干生长而形成的，就是直纹理，而呈一定角度生长排列的是斜向纹理。

· 螺旋纹理，是木材纹理围绕树轴向左或向右，呈螺旋状排列，即顺时针或逆时针方向旋转；

· 交错纹理，指木材螺旋纹理的方向，定期改变，即纹理从右向左或从左

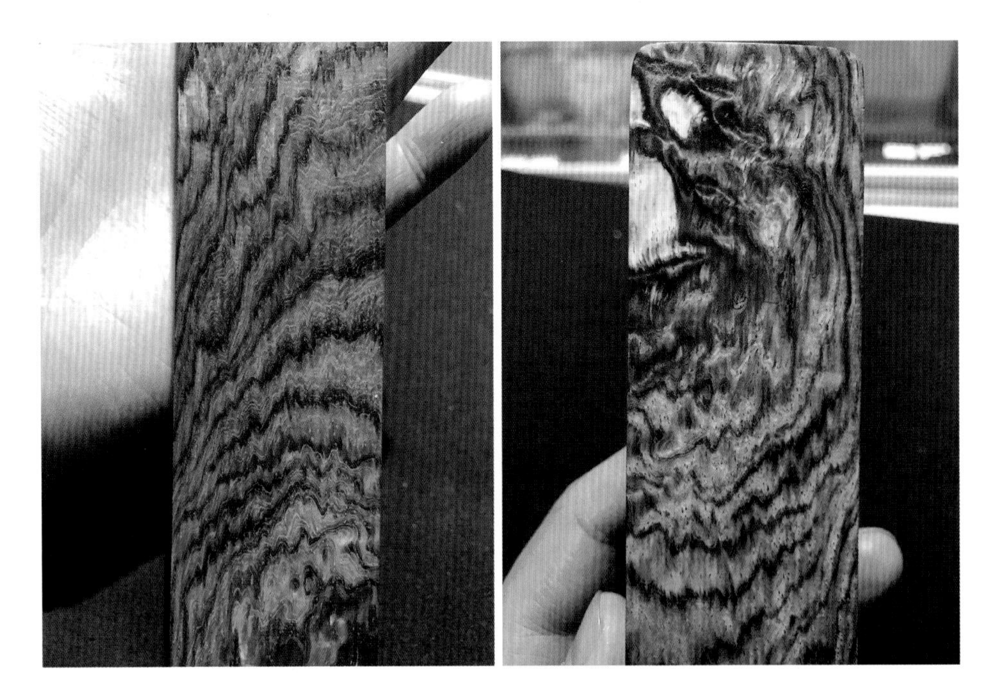

对于树轴而言，木材有各种各样的纹理，海南黄花梨中直纹理、斜纹理、旋转纹理、交错纹理都有。

向右有规律地定期改变其倾斜角度；意思是以树干为参照物，向左或者向右螺旋状产生的纹理，又或者相对树干轴的方向左右摇摆，叫交错纹理。

(2) 对木板而言

· 对角纹理，指轴向细胞与木板长轴呈一定角度的倾斜，系加工的径锯板的锯路不与射线平行或锯板不与生长轮平行而产生的纹理；

· 波状纹理，也称波浪纹理，收藏行里俗称水波纹，系木材轴向分子排列的方向呈起伏状，或按一定规律左右弯曲在劈开的径面上呈波浪形的纹理；

· 皱状纹理，与波状纹理相似，只是波幅较小而已；

· 带状纹理，是交错纹理表现在木板径面上的深浅相间的色带。

这些都是在木材学中概念性的纹理类型，在科学研究的时候，会更加明确所指纹理的方向和类型。

2. 花纹

花纹有广义和狭义之分，广义上讲的花纹，是由导管、木纤维、早晚材、木射线、轴向薄壁等分子组织所形成，并在木材表面上体现出的纹理和结构，换言之是微观木材结构的一种宏观外在表现。色素、木节、树桠、树包等木材缺陷，甚至是锯切方向等因素都会产生图案或斑纹。

狭义则仅指家具等实木制品，有高度装饰价值的图纹。俗话说“歪瓜裂枣出极品”，就是说越是外表皮看着不美的木材，锯解出来越有好纹理。比如，树包一定会有节疤，但也会伴随有一定概率的纹理和花纹。又如，树的枝桠也会出现好的花纹，海南黄花梨的每一个树枝桠都会形成一对“鬼脸”。

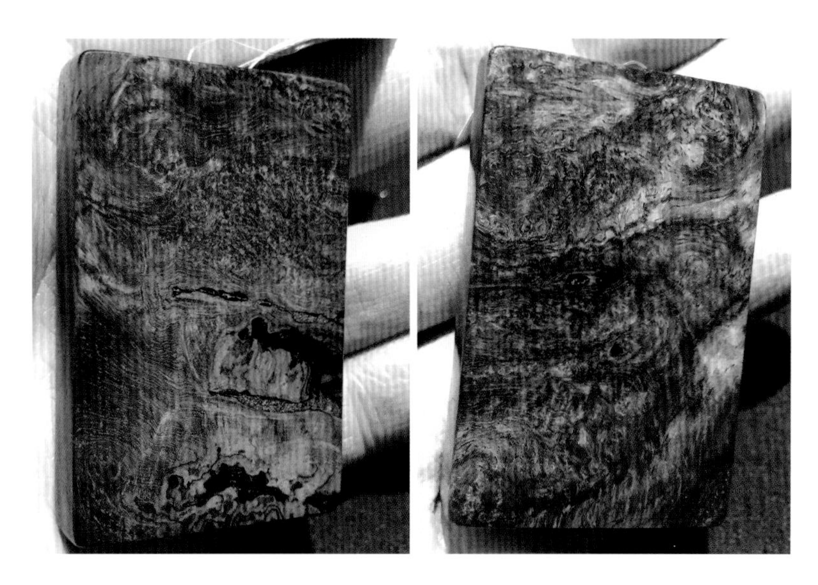

同样一块黄花梨牌子正反面的情况，表明一面的夹皮和节疤直接让另一面产生了非常美丽的纹理。

（1）来源于细胞的花纹

花纹来源于细胞，针叶树材的早晚、材管胞壁的薄厚、阔叶树材管孔大小的差异都会造成材色的深浅不同。

· 山峰纹：特别是环孔材，在木材的弦切面或接近径切面的弦面上，会产生抛物线形或V字形图案，这种图案我们称之为“山峰纹”。由于细胞排列方向几乎与树轴成直角，在径劈面上产生波状或皱状花纹，在弦劈面上也有类似的形状。

海南黄花梨的天然山峰纹，典型的弦切面V字形图案。

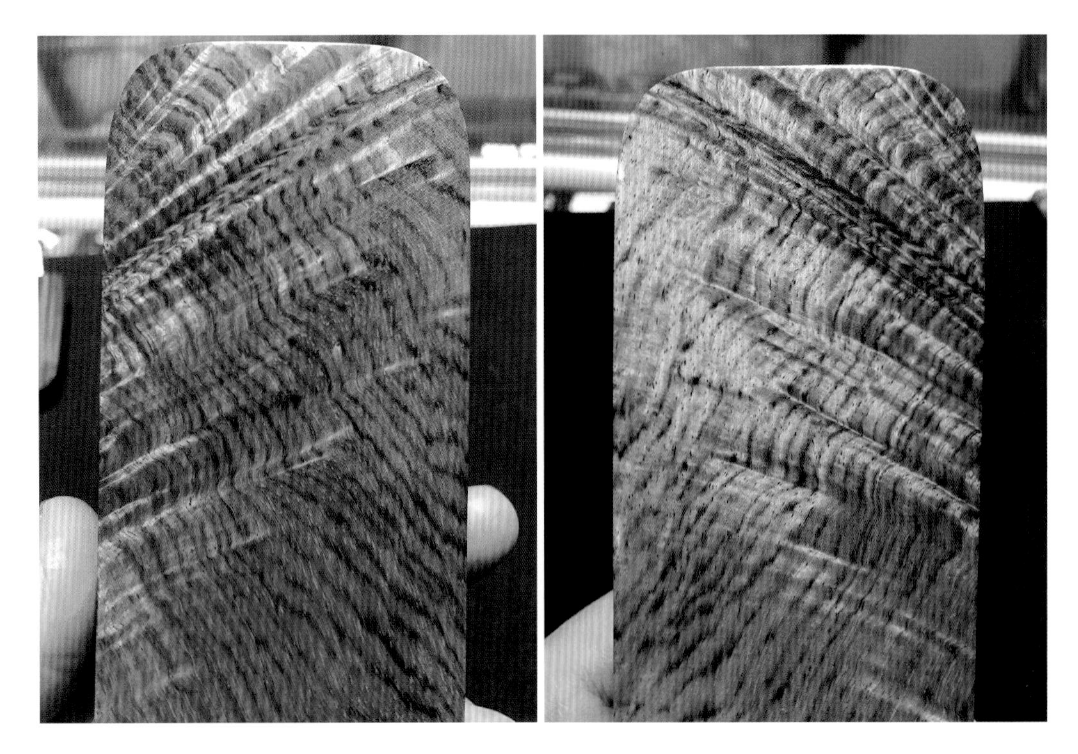

海南黄花梨水波纹的一块木片在正反面的颜色不一样，这是由于纤维的扭曲方向不同，对光的反射角度不同，这套对比图能证明两个问题，一个是木材的荧光花纹，另一个是水波纹。

此图为一块海南黄花梨的根部，正好是个三角形。从树轴的垂直方向倾斜角度，形成水波纹。而且在根部由于挤压，纤维变形，在光线下产生了非常漂亮的反光，有丝绢光泽。

·水波纹：若波状纹间距甚窄，就会形成琴背花纹，这很适合制作小提琴。这种纹理图案在文玩行里有一个行业术语，叫“水波纹”，是由纤维的局部排列扭曲，从而在生长轮中形成圆锥形状的凹痕。

(2) 来源于细胞排列的花纹

花纹由木材的细胞排列形成，指的是若宽带状轴向薄壁组织与机械组织交替排列，则锯切后会在弦切面上产生类似V字形图案。

海南黄花梨烟斗上的羽状纹清晰可见。这是由于旋转切割展现了木材年轮，非常舒展，一层一层的。

鸡翅纹、羽状纹：最为典型的就是“鸡翅纹”“羽状纹”，花枝木和紫檀木在开弦切板的时候容易产生，纤维呈细腻密集式排列，一些木材在具体鉴定时也会作为参考，比如，我们经常接触的老挝红酸枝交趾黄檀，这种“鸡翅纹”“羽状纹”就会相对比较少，如果出现了这种纹理，就有可能是铁木豆木俗称花枝来仿制的，又如，海南黄花梨香枝木也是基本没有这种花纹的，如果出现了这种花纹，就有很大概率是白酸枝来仿制的。但也不能一概而论。木材的肉眼鉴定误差很大，需要一些专业知识，深入浅出，利用排除法来判断。

这是一块海南黄花梨的老料板材，木射线很宽，花纹很明显，其木材的深浅呈周期性的变化。这两张图在前后是有角度差异的，拍摄出来的纹理也有不同程度的变化。如果可以看到动态表现，就会感受到视觉上的美感。

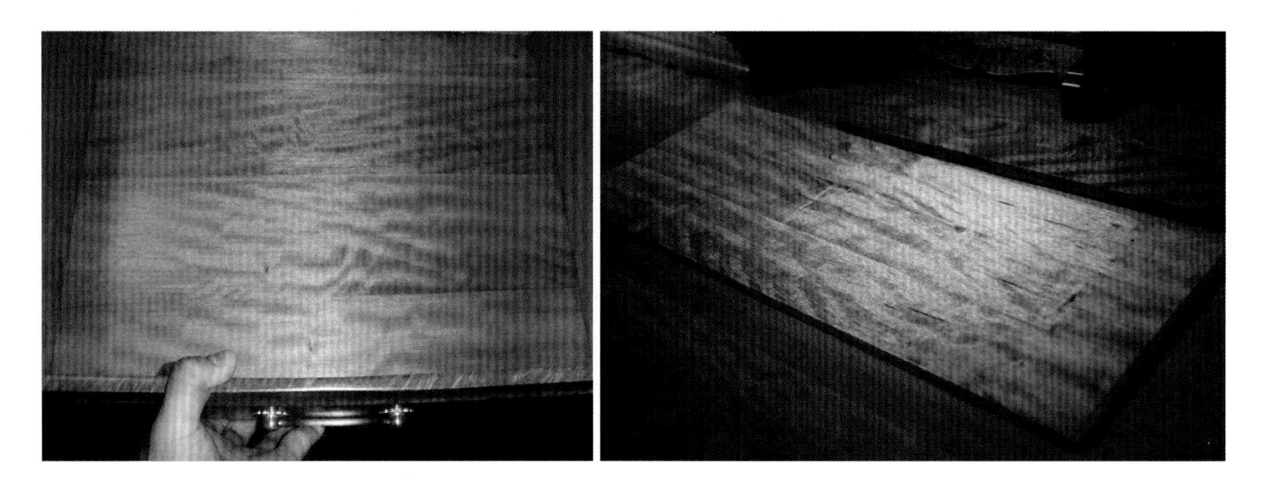

金丝楠“满金丝”板材，荧光很足，丝丝缕缕非常漂亮。亦可以称之为金线纹。

（3）来源于木材组织的花纹

一般宽木射线在木材的径面板上会产生“荧光”，是由木材反射光线所致的立体花纹，会随着光线的移动而变化，非常奇妙。金丝楠的金丝效应，其实是一种光学效应，也是花纹的一种表现。

（4）来源于木材纹理的花纹

来源于木材纹理的花纹，木材所固有的交错纹理在径锯面上会体现出深浅相间的带状花纹；而来源于材色不均的花纹，是由于木材中的色素物质分布不匀，从而导致了不规则的深浅色条纹或斑块；在海南黄花梨中有一种非常美丽的名字叫“豹皮纹”，就指这种色素分布不均的斑块状花纹。

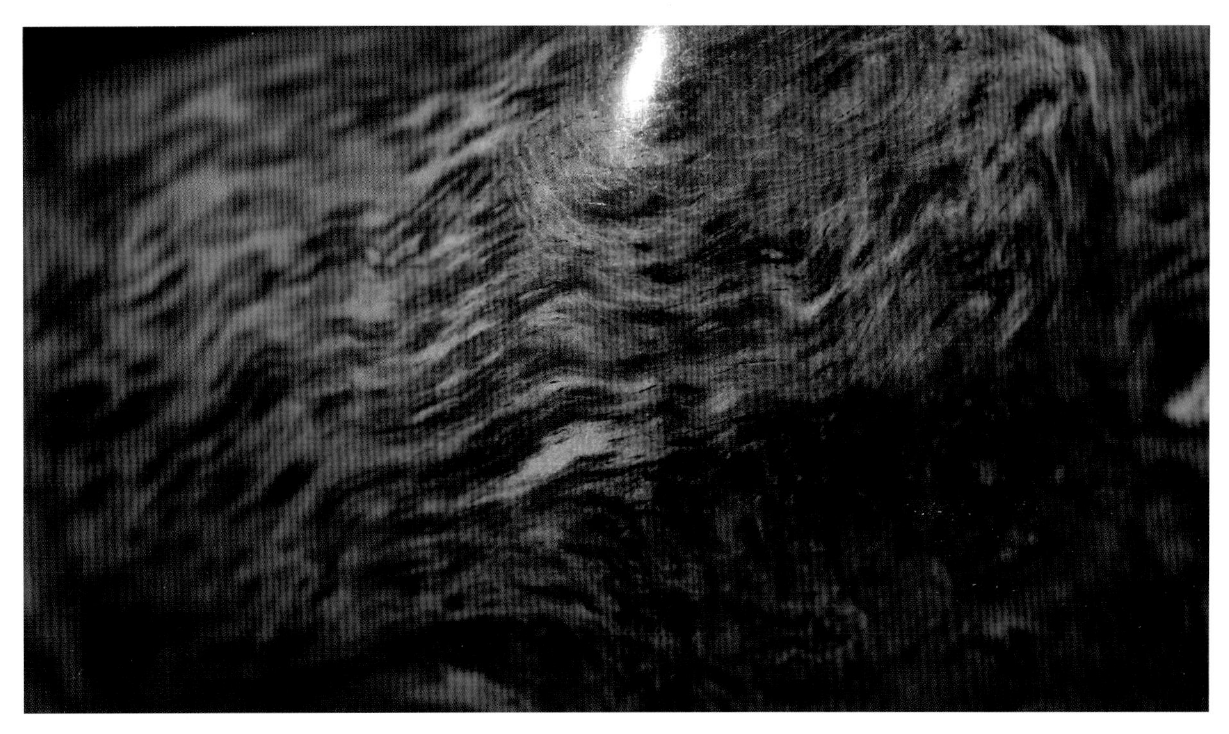

海南黄花梨的豹皮纹，就是由于材色不均匀产生的斑块或者条带。

这块木料是一块金丝楠的大料，直径有一米多，表面坑坑点点的，和刚才的海南黄花梨的豹皮纹的成因类似，也是由于木材本身的结构缺陷导致的，这块料子切开之后的纹理是什么样子的呢？

切开之后是非常漂亮的雨滴纹，和黄花梨的豹皮纹有异曲同工之妙。雨滴纹多因为纤维向内凹陷形成，而黄花梨的豹皮纹则是材色的不均匀分布所产生的色斑。

这是一个明代金丝楠的独板方桌的桌面，是由一整块独板的大料制作而成。这块料的形态非常罕见，成因就是由于木材的纤维和木射线极其扭曲变形，但正因为木材的纤维如此扭曲和纠结，才能展现出如此美丽的花纹。

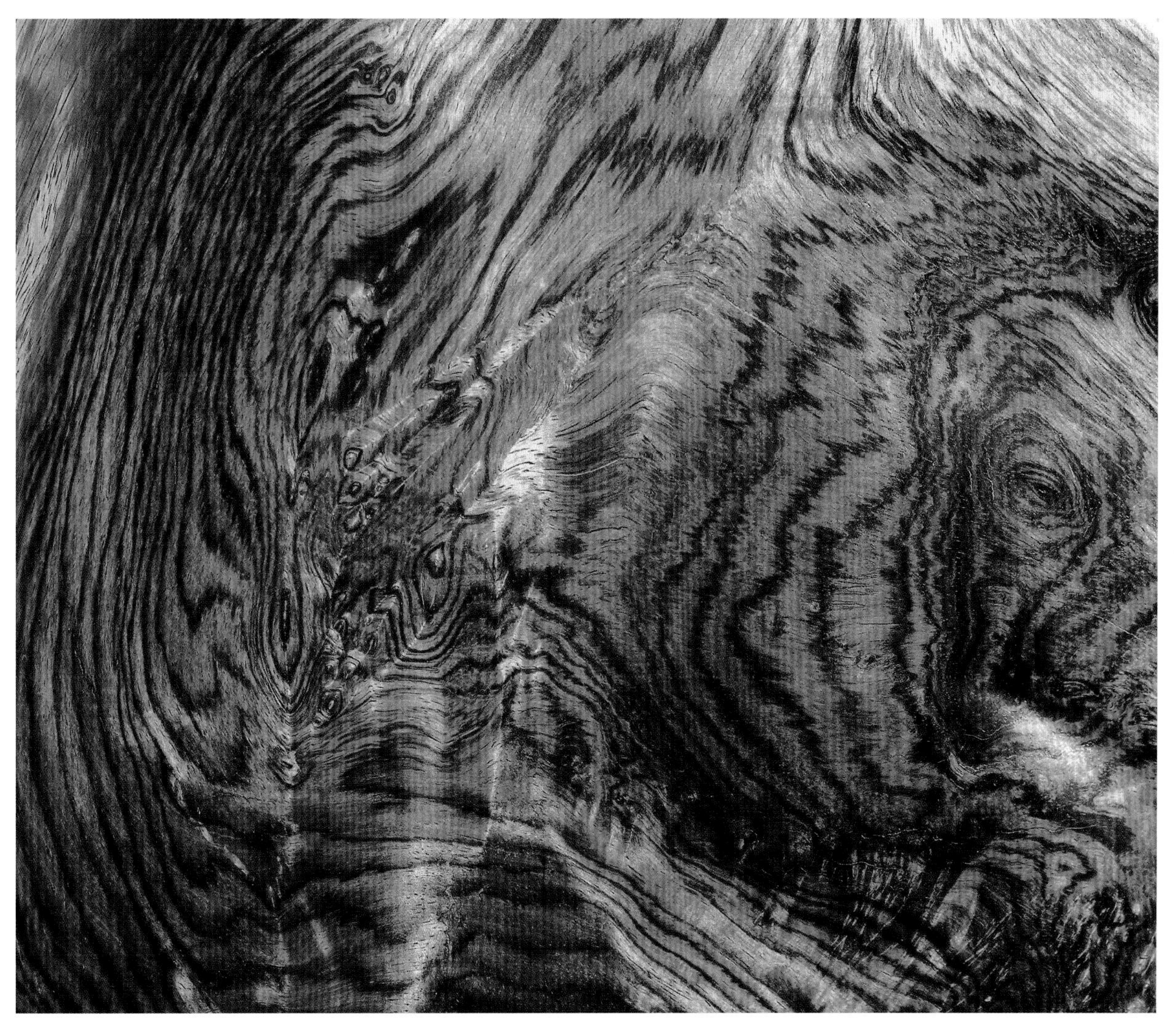

海南黄花梨中非常丰富的纹理，旋转，扭曲，相互交织在一起。这可以说是非常标准的鬼脸纹和虎皮纹、山水纹的结合。

花纹若来源于树节、树桠、树包等木材缺陷，和树基或树杈处木材纹理，如选材得当可获得相当高级的树杈和树基花纹；类似于黄花梨的山峰纹、水波纹等。

(5) 来源于木材加工的花纹

来源于加工的花纹，则径切面和弦切面都可获得美丽的花纹，如果用锥形旋切、刨切及弧切等切削方式更可获得特殊的旋切花纹。这种纹理就是黄花梨手串追求的“鬼脸”了，由于旋切产生的花纹，是木材本身变成球体或者带有弧度的形状，使木材本身所带的分层纹理逐层展开，便得到了非常漂亮的花纹，如“X 纹”。另外，还有用已有花纹木板或单板，经人工镶拼而成的拼花花纹等。

海南黄花梨的X纹、蜘蛛纹、虎皮纹，典型的由于旋切产生的纹理。

3. 金丝楠的纹理

现存的金丝楠木常见于长江流域及以南地区，长江以北几乎没有，而在长江一带和更南边的金丝楠也不太一样，相比而言，长江一带的楠木材质略细腻、纹理细密，这与这个区域的气候冷暖变化较大、冬天短暂有关系。正是短暂的寒冷形成了金丝楠细如发丝的纹理。

冬夏季节的交替，树木年轮的生长速度不同，从而形成了一种纹路，也就是说，纹路是年轮的表现，一般树木生长速度越慢，其纹路就会越密集，比如，四川海拔较高地区生长的金丝楠，年轮是一丝丝的，当木材刚被破开时，纤维细胞里残留着营养液，这些液体会迅速结晶，在阳光下闪闪发光，就是纤维和木射线的反光所致，细长的纤维平顺光滑，再加上这层结晶就像玻璃一样，这样就像一面木头镜子，也就是我们见到的金丝了。

移步换影一词，用来形容金丝楠木富于变幻的纹理。一般来讲，金丝楠的纹理越丰富，其价值就越高，纹路越少见越富于变化，其价值也越高。由于木质纤维的两种不同变化，使得金丝楠木形成了两类纹理，一类是由于木质纤维的扭曲变形而形成的纹理，另一类则是由于木质纤维周期性变化所形成的纹理。

(1) 木质纤维扭曲变形形成纹理

这一类包括雨滴纹（水滴纹）、云彩纹、蚕丝纹（水泡纹）、龙胆纹、龙鳞纹、山峰纹、水波纹、凤尾纹、葡萄纹。

雨滴纹

雨滴纹，就像是落下的淅淅沥沥的雨点一般，晶莹灵动，轻盈圆润，有聚合，有分散，恍如梦境，萦绕心头。

● 雨滴纹

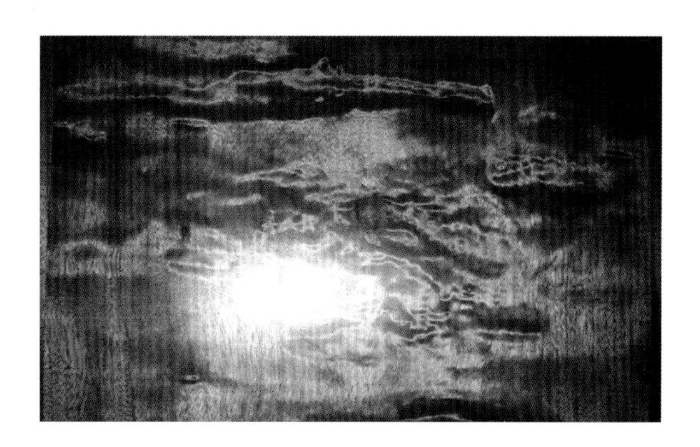

● 云彩纹

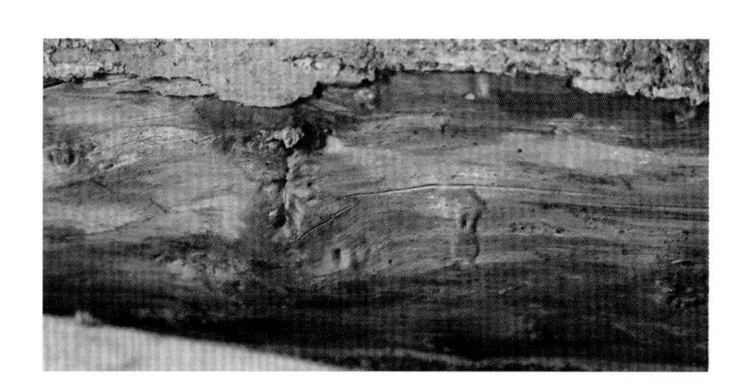

● 未打磨蚕丝纹

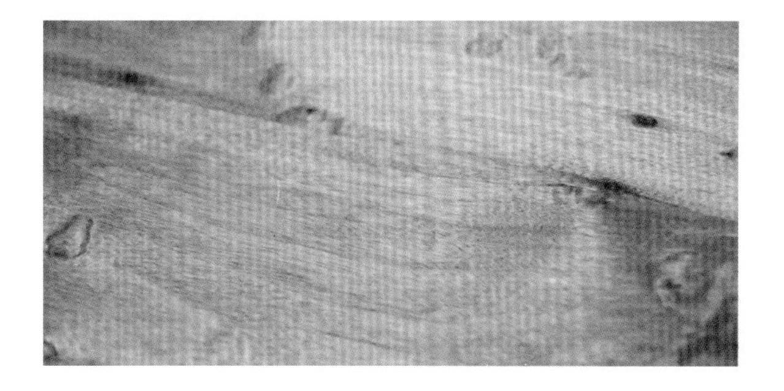

● 蚕丝纹

云彩纹

云彩纹，让人联想到“落霞与孤鹜齐飞，秋水共长天一色”的奇幻意境，若金色晚霞中瑰丽的云彩，使人产生无尽的怀念与遐想。

蚕丝纹

蚕丝纹犹如蚕茧外包裹的层层蚕丝一般，连绵不休，变化万千。又形似金蚕作茧吐丝一样若隐若现。

蚕丝纹在原木没有打磨的时候，木质纤维扭曲变形会形成凹凸不平。这些位置经过打磨，都会有花纹出现。

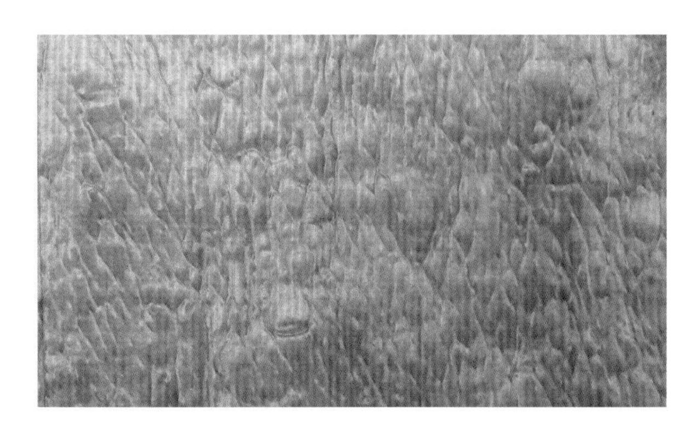

龙胆纹

龙胆纹

龙胆纹是龙鳞纹的一种表现形式，但要比龙鳞纹规整，纹理整体呈圈状，层次跌宕起伏，透着神秘色彩。

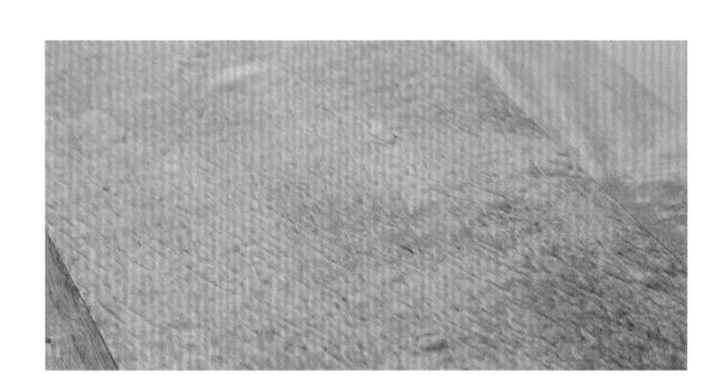

龙鳞纹

龙鳞纹

龙鳞纹是树瘿的一种表现形式，因木材结构发生病变所致。纹理好似鳞片一般，层叠交错。在阳光的照射下，犹如金龙抖甲一般，从眼前飞掠而过，震撼人心。

山峰纹

山峰纹

山峰纹形似一座座连绵起伏的山峰，峰峦叠嶂，崎岖陡峭，俨然一幅磅礴大气的山水画卷。浑然天成，鬼斧神工，美不胜收。

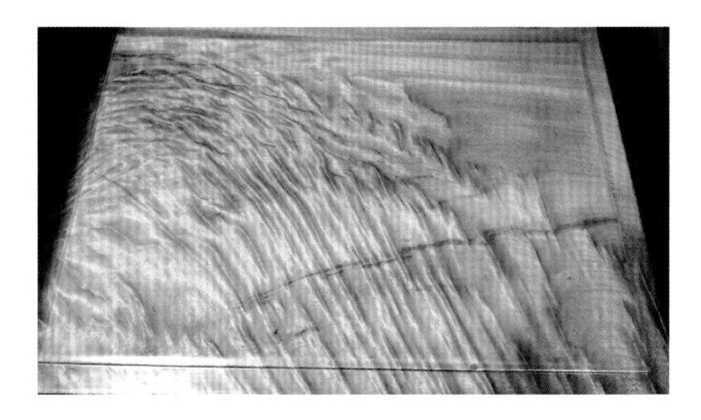

水波纹

水波纹

水波纹，如春风吹拂着静谧的水面，层层涟漪，动静相宜，灵动自然，加之金光色泽，更加动人。

凤尾纹

凤尾纹，秀美耀眼的细纹引申为传说中凤凰的尾羽，其舒展绚丽，如同翱翔天际一般。

葡萄纹

葡萄纹是树木受伤后进行自我保护所形成

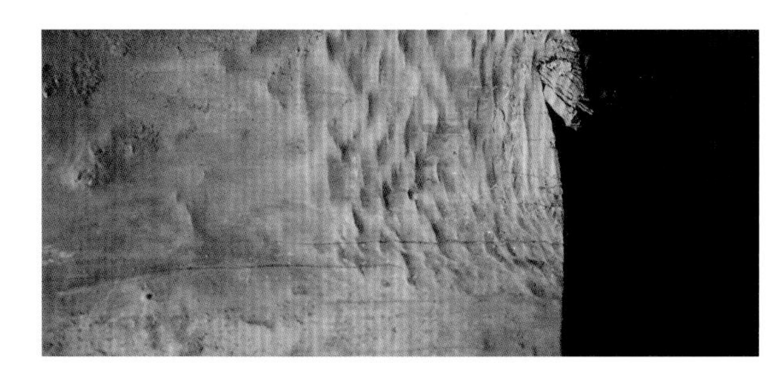

● 未打磨水波纹

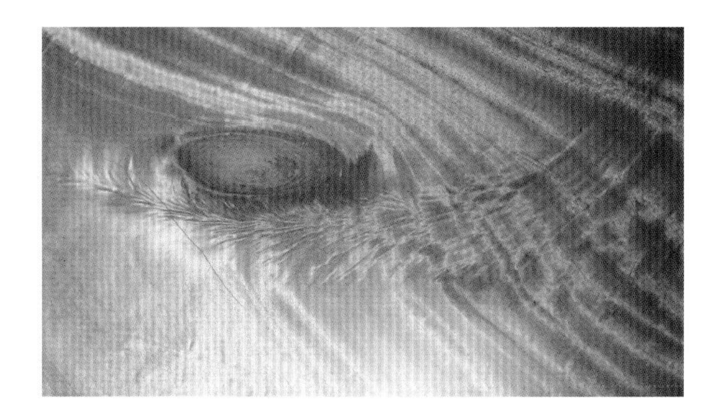

● 凤尾纹

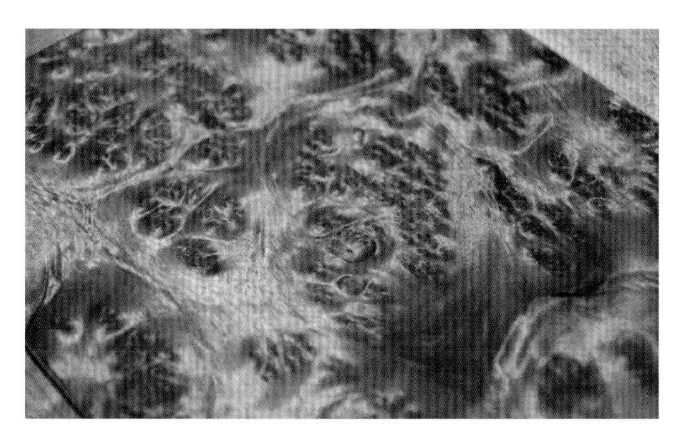

● 葡萄纹

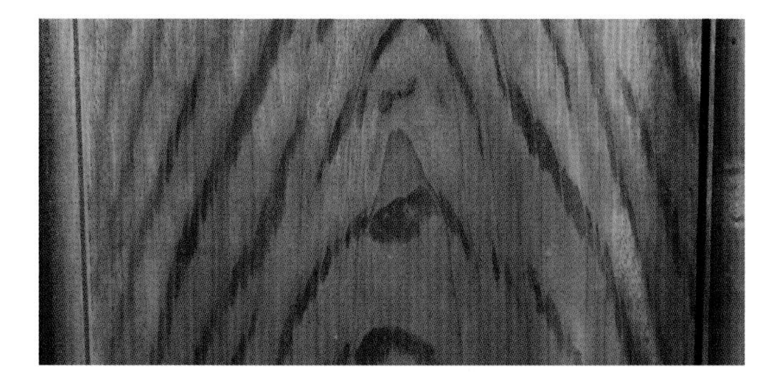

● 虎皮纹

的，比较特殊，旋转的细密花纹形似成熟的葡萄，形态之美极为稀有。

其中雨滴纹（也叫水滴纹）、云彩纹、蚕丝纹（水泡纹）、龙胆纹是由于金丝楠树病变造成的，比如遭受树皮病变和虫害，经过自我修复使伤口愈合。修复过程中树皮及皮下细胞增生，木质纤维扭曲变形就产生了各种纹理。因扭曲方向和程度差异，会由此产生纹理的差异。扭曲程度由弱到强，所形成的纹理依次排列为水滴纹（雨滴纹）、云彩纹、蚕丝纹（水泡纹）、龙胆纹。

（2）木质纤维因周期性变化形成纹理

木质纤维的周期性、节奏性变化会导致纤维的异向排列，形成虎皮纹等纹理。

虎皮纹

虎皮纹，在金色里镶嵌着线状色条，层次清晰明显，远观如密林中突现的一只猛虎，霸气十足，透着林中之王的威严。虎皮纹是金丝楠特有的纹理，也是金丝楠的鉴定依据之一，我们来着重分析一下虎皮纹的形成原因，这些有着尤为重要的学术价值。

第一，虎皮纹一般在树龄较长的成年金丝楠木中形成。一般树龄都在百年以上，我曾考察过树龄 60 年至 100 年左右的金丝楠木小叶桢楠，都不曾见虎皮纹。因为金丝楠在 60 岁以前主要发育根系，60 岁以后进入旺盛期，60 岁到 100 岁的材积生长速度占到总体的八九成，在这个生长过程中，出现虎皮纹的很少，具体原因尚不明确。但超过百年之后，树木的发育生长速度明显降低，虎皮纹才会增加。树龄相对较长的金丝楠木的躯干及树根部分，尤其是接近树根的三分之一部分，密度会明显增加，出现虎皮纹的概率也相应提高。

第二，需要一定的氧化时间，一般采伐后需要陈放至少 50 年以上，需民国年间遗存旧料才可出现，明清遗存的都出现过，建国初期和近期新采伐的金丝楠料未曾见虎皮纹。氧化时间越长，氧化程度就越深，表层脱水氧化，树脂固化结晶，从表面到深 10 厘米距离的时间一般为 30 年，如果材料直径或厚度达到 20 厘米，则须至少 60 年。但如果双面氧化，则时间减半，仍为 30 年。有一实例，有一些老料木柱被破成板子，树心位置是没有虎皮纹的，而靠近树皮的位置，就是靠近两边，虎皮纹是很明显的，越大的柱子这个现象越明显。此例已经明确说明，虎皮纹和木料的氧化是有绝对的关联性的。

金丝楠的虎皮纹的形成并不是很均匀，一棵树的虎皮纹并不会贯穿始终。

第三，虎皮纹一般在弦切面形成，即穿过树心的纵截面不会出现完整的虎皮纹理，即使有也是单侧的条带状纹理，不会连接在一起形成对勾状虎皮纹。对金丝楠进行切割时，如果想得到虎皮纹，就必须注意切割的角度，要垂直于横截面或平行于纵截面进行切割，从而使木纤维平整地分布在木板平面上。这还与楠属木材的木质髓心部的构造相关，一般树心比较糠，密度低，达不到出现虎皮纹的密度条件。

图片为金丝楠端面形成的虎皮纹理（横截面黑色条纹，弦切面则为虎皮纹），十分难得。

第四，虎皮纹与年轮不同，因为不是每一棵树都有，是在周期性的节奏性的变化下产生的。它具有非常强的偶然性，如果金丝楠所处于的环境没有周期性的降水和温度条件，这一切都是空谈。这种苛刻条件类比小叶紫檀的金星，黄花梨的油梨都是类似的，就是在特殊条件下木材形成的结果。

图中金丝楠原木中有非常明显的虎皮纹，木材纤维的交叉排列，虎皮纹纤维和平直的纤维形成夹角，也就是我们俗称的“呛茬儿”，产生了虎皮纹。这种夹角我们叫作“异向排列”。

第五，虎皮纹的形成是金丝楠木质纤维的异向排列所致。

解释一下，桢楠之所以有“金丝”，是因为木材纤维同一方向的有序排列，就和垂发一样，方向一致。但虎皮纹是异向排列，就好像编马尾辫的头发，两股头发永远存在锐角夹角，从而反光平面永远不同，产生了虎皮纹。在无意中，笔者观察到移动中的金丝楠，其虎皮纹中黑色部分和金色部分是相互转化的，而且转换速度相同，转化速度恒定，这也进一步印证了笔者之前的论断。

图中金丝楠原木开裂的过程中，纤维被拉扯，相互交叉，这种情况通常有可能有金丝或金线纹。

瘿木

金丝楠还有一种特别重要的纹理表现，我们单独来讲一讲，它就是瘿。瘿，树瘤也，也写作影木，单就瘿木来说并非专指金丝楠，而是指树根部结瘤或树干上节疤的木材的统称。

图为金丝楠木树根，可见因有节疤等形成的褶皱，切开打磨后都会呈现耀眼的花纹。

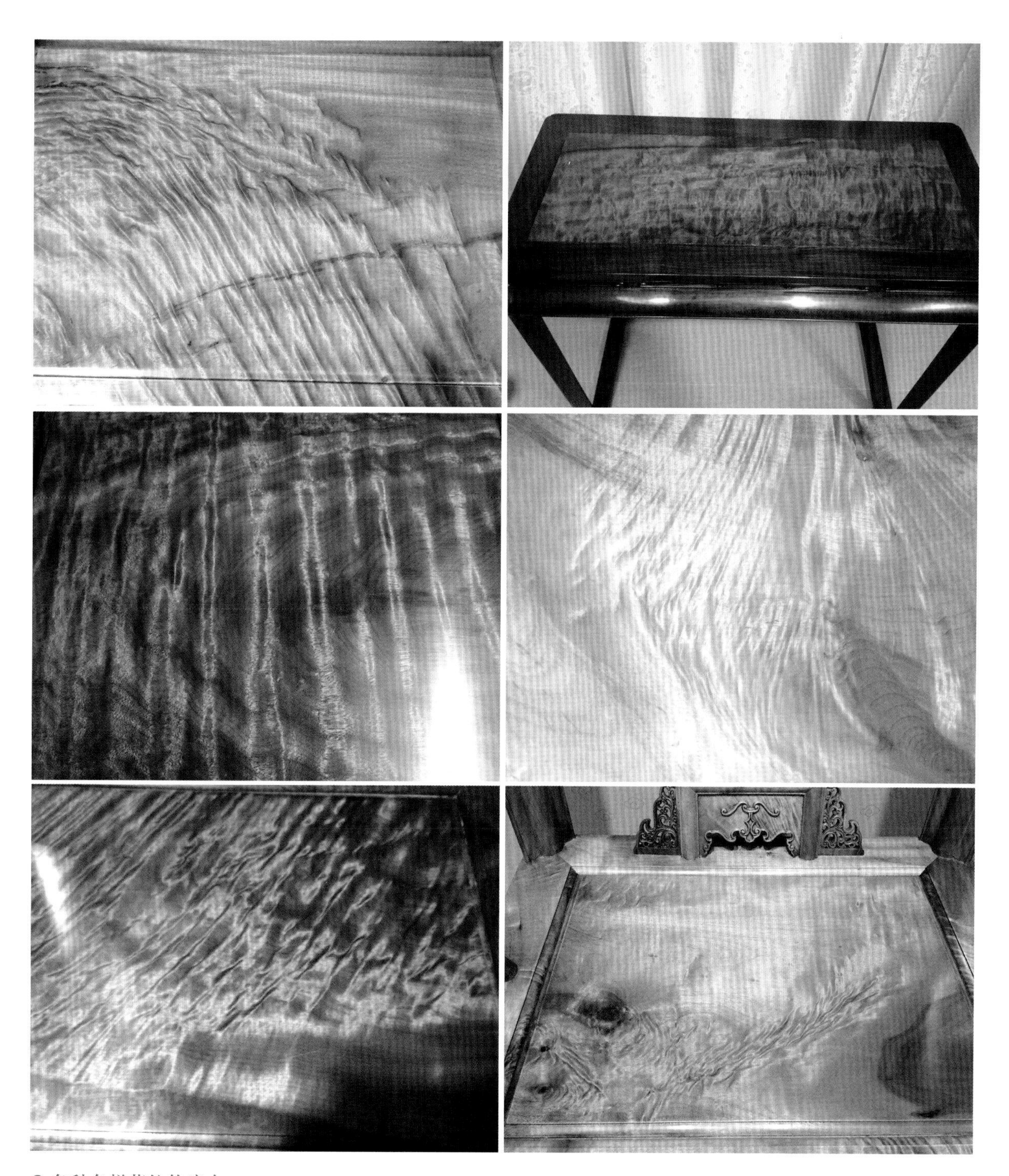

● 各种各样花纹的瘿木

瘿有很多种，时而是像水波，时而像人物，时而像山水，时而像葡萄。

瘿木的纹理比较特别，花纹扭曲，有时有很多细小的节状生长物会包含其中，具有很高的观赏价值。另外，因不同树种的质地不同，瘿木所呈现出的花纹样式各异，有葡萄纹、芝麻纹等。人们历来喜欢追求奇特的木材纹理，这些也就成为家具制作、装饰的首选材料，有很多高级轿车会选用瘿木做内饰，就是这个原因。

明代人文地理学家王志性著有《广志绎》一书，书中解析了自己游历亲见的香楠，“其老根旋花则为瘿木，其入地一节则为豆瓣楠，其在地上为香楠”。由此可见，“骰子香楠”“骰柏楠”、柏楠、“豆瓣楠”及“满面葡萄”这些都是特指楠木根瘿的。根材截面上所呈现出的扭曲翻卷的花纹，尽是因主树干重量向下压迫树根至扁所致，这是一个蛮有趣的现象，最终使楠木瘿子的花纹看起来好像带籽的葡萄，或者带点的骰子。

《新增格古要论·骰柏楠》记述了王佐收到了户部官员叙州府何史训送的一张木纹桌面，“满面葡萄，尤妙，其纹脉无闲处，云是老树千年根也”，这里所说的应该就是楠木根瘿木，自古家具、器皿多选用楠木瘿子，《和王仲仪咏瘿二十韵》中写有“齐萧铿左右误排楠瘤屏风”，这里所说的“楠瘤”就指的是楠木根部瘿木。

宋代文人如苏轼、米芾，就曾热衷于各种不同的天然纹理和各具特色的自然材质（如木、石等），并冠之以一个“文”字，称为文木、文石。同时，这些自然材质的内涵又借文人之笔，被发掘出深层意蕴，得到了意境上的升华。

明末清初的文人也喜爱楠木瘿子，明高濂在《遵生八卦》中就推荐以豆瓣楠为墨、砚、书匣和香几面镶心；而清康熙周二学在《赏延素心录》中也主张以豆瓣楠为册叶套板；在清代宫廷造办处档案中，亦经常能看到花梨或紫檀边镶楠木瘿子心家具的记录。

瘿木广泛应用在中国传统古典家具中，但因为木料非常稀有，所以常用作镶心板。体量大的树瘤更是难得，所以很少见满彻的瘿木家具，而一旦制成便价值连城。在我国古典家具中，一个十分重要的制作手法叫攒框装心，就是利用榫卯技艺将木材组合成边框结构，然后在边框中间镶嵌花纹板，通常情况下镶嵌所选用的都是瘿木。还有很重要的一点就是，瘿木只分到大类，而不继续细分。比如我们经常在故宫出版的图书中看到，黄花梨嵌瘿木平头案、紫檀嵌瘿木三围罗汉床等，基本没有说黄花梨嵌龙胆楠满架葡萄纹瘿木画案。原因其一，因为此说法极其烦琐，易产生混淆。原因其二，是因为每一块瘿木的纹理都不一样，确实很难产生标准的模本纹理，只能鉴定到大类，即楠木瘿木、花梨瘿木等。

金丝楠的艺术品中一旦带着瘤子，价格就会成倍地向上翻，就是因为树瘤的形成概率特别低，大约也就在 5% 以内，大部分健康的树木是不会长树瘤的。而在这 5% 以内的瘤子开出的板材还有很多是有空洞的，有夹皮的，有各种不理想的毛病的。因为瘿木非常稀缺，纹理美丽，而且它的纹理和美感具有很强的未知性，所以备受青睐，每一块瘿木都是与众不同、独一无二的，吸引了大量粉丝。

丁丁楠

收藏界将丁丁楠视为极品，因为它的纹理如云朵，似棉花，在一些丁丁楠老料的周边还经常可以看到雨滴纹，一般只出现在局部，很少出现大面积、密集的，这是由于病变或土壤因素造成的。

图1、2是一根丁丁楠原木，从树皮脱落的部位（图3、4）可以看到凹凸错落的疤痕，打磨之后会出现饱满的云朵纹。

● 金丝楠瘿木五屉匣

瘿木产西川溪涧，年历久远者，可合抱，木理多节，缩蹙成山水人物鸟兽之纹。此五屉匣六面独板瘿木，一木一器，花纹规整，全卯榫结构，配白铜如意手，釜式挂牌，品质唯珍。

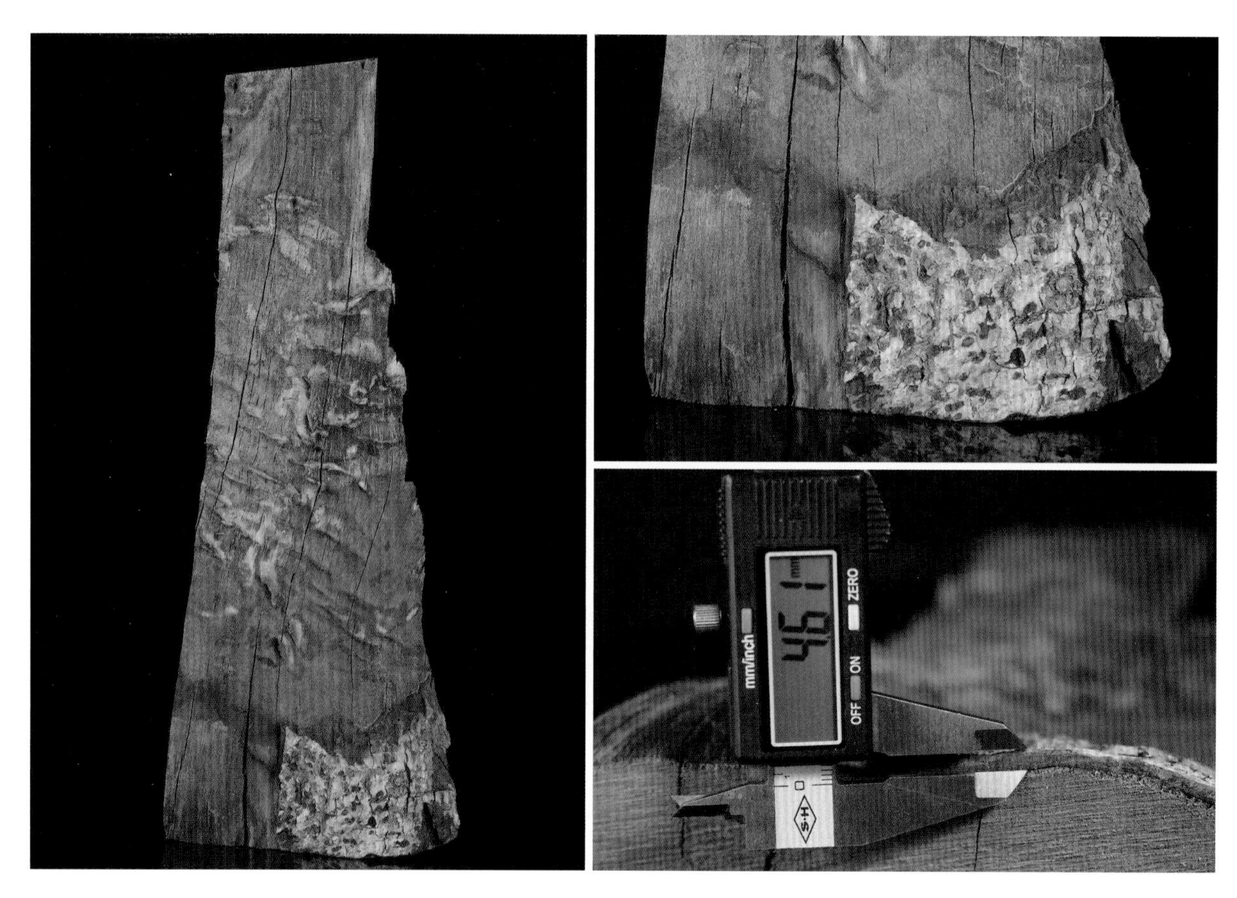

● 丁丁楠新料标本

可见水波纹的褶皱，木料未脱落的树皮部分，皮质部分的厚度一般为4—5mm。

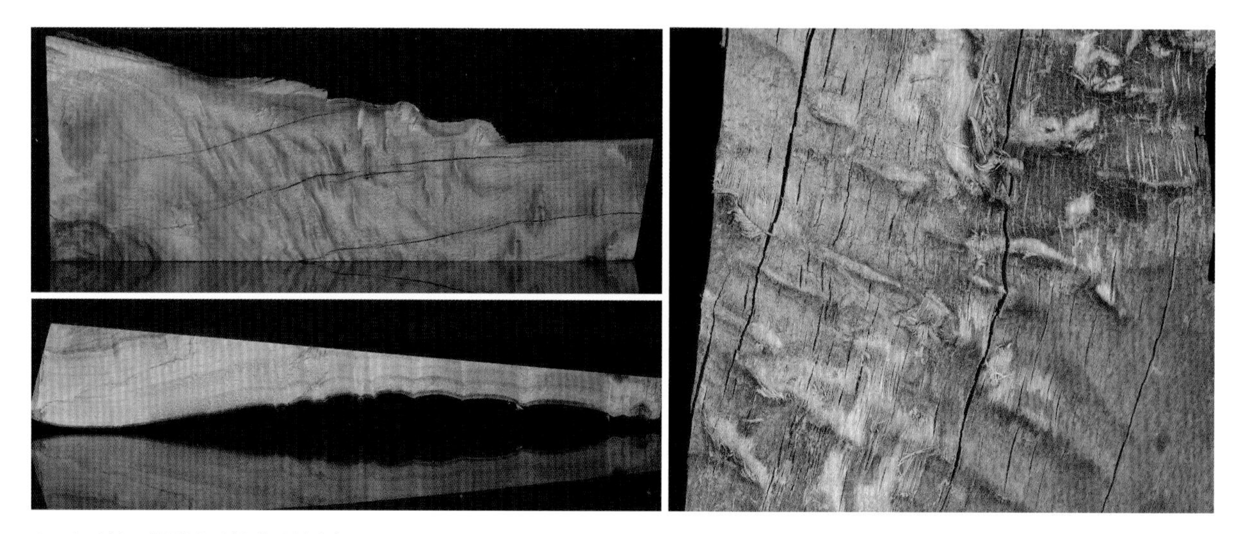

● 丁丁楠不同侧面的纹理图案

都是水波纹，但是会呈现出不同的视觉效果。这三张图可以看到褶皱贯穿从而产生水波纹。

金丝楠的材色及气味

材色是对木材的颜色、纹理和质地进行描述的词语。木材材色的差异与树龄、地理条件、土壤中的水分、土壤酸度、采伐时间、干燥程度和加工条件、酸碱性、菌类等有关。另外，即便是同一根木材，切面不同所呈现的材色也不同。在横切面上，心材比边材色深，因心材含水率低、贮存营养的薄壁细胞死亡、抽提物增多，特别是色素和分类化合物占绝大多数。当然还有菌类感染和本身的变色问题。材色是木材识别的主要特征之一，对材色的描述，首先是健康的心材，并且以新的纵切面为准。材色在实木制品中极富商业价值。《红木》作为国标，对 8 类心材的材色做了明确的规定。

把这个专业课题单拿出来讲，是因为这真的非常重要。木材材色是木材表面属性的概括，是判断各种材料分类的重要标准，肉眼鉴定木材，主要靠的是标形学，就是对比标本观察材色的差异，从而区分不同品种。但凭经验肉眼识别，一定会有误差，即使经验非常丰富，也要谨慎小心。另外，材色的差异在同一种材料中，商业价值差异很大，比如有纹理的会更加有价值、宽板要比窄板有价值等。

在《木材学》的范畴里，当光线照射到木材表面时，木材吸收了一部分光，又反射一部分光，反射光给人们的视觉和心理感受就是材色和光泽。木材的化学成分、提取物以及内含物等因素，都会影响到材色的形成。木材大多数是黄或黄褐色，也有白或黄白、红或红褐、栗或栗褐、黑色、紫色及绿色等，并伴有深浅不同的条纹。这些材色的形成，最主要的是由于木质素的原因，木质素中的苯环、羰基、乙烯基、松柏醛基等发色基团中的共轭双键基结构即 C=C 和 C=O 等。

激发共轭双键基所需要能量要比激发单键基小一些，木材对可见光进行吸收和反射，从而会呈现出颜色。若存在—OH、—OR 等助色基时，甚至可以吸收整个可见光区光谱，从而颜色变深。另外，经过氧化后木质素中的颜色基与其他化合物会发生反应。木材抽提物中含有酚类化合物，导致心材显示多种颜色，而沉积后的色素会使木色变深，如檀香紫檀中的色素可以作为红色染料，桑树种的色素经氧化后呈黄色。

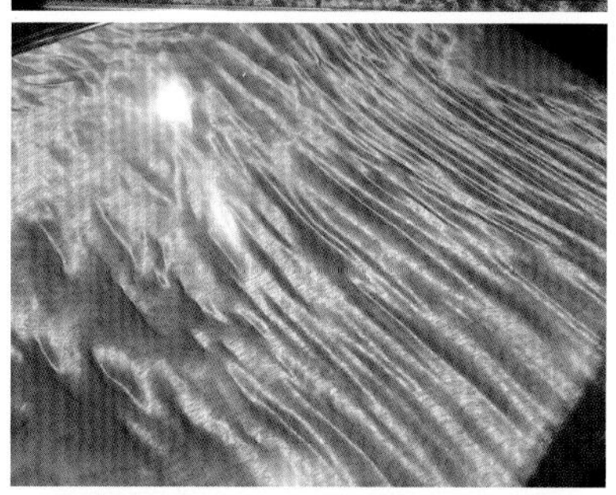

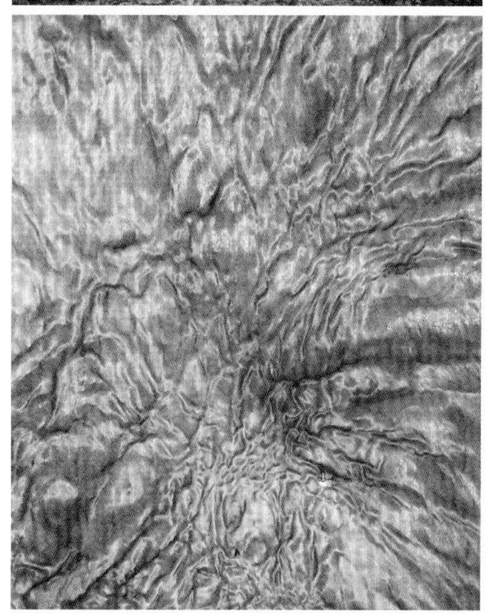

● 金丝楠木丰富的纹理

非常具有奇幻色彩。其他木材也会形成这种纹理，但是材色上却没有移步换影的效果，也没有这么夺目。

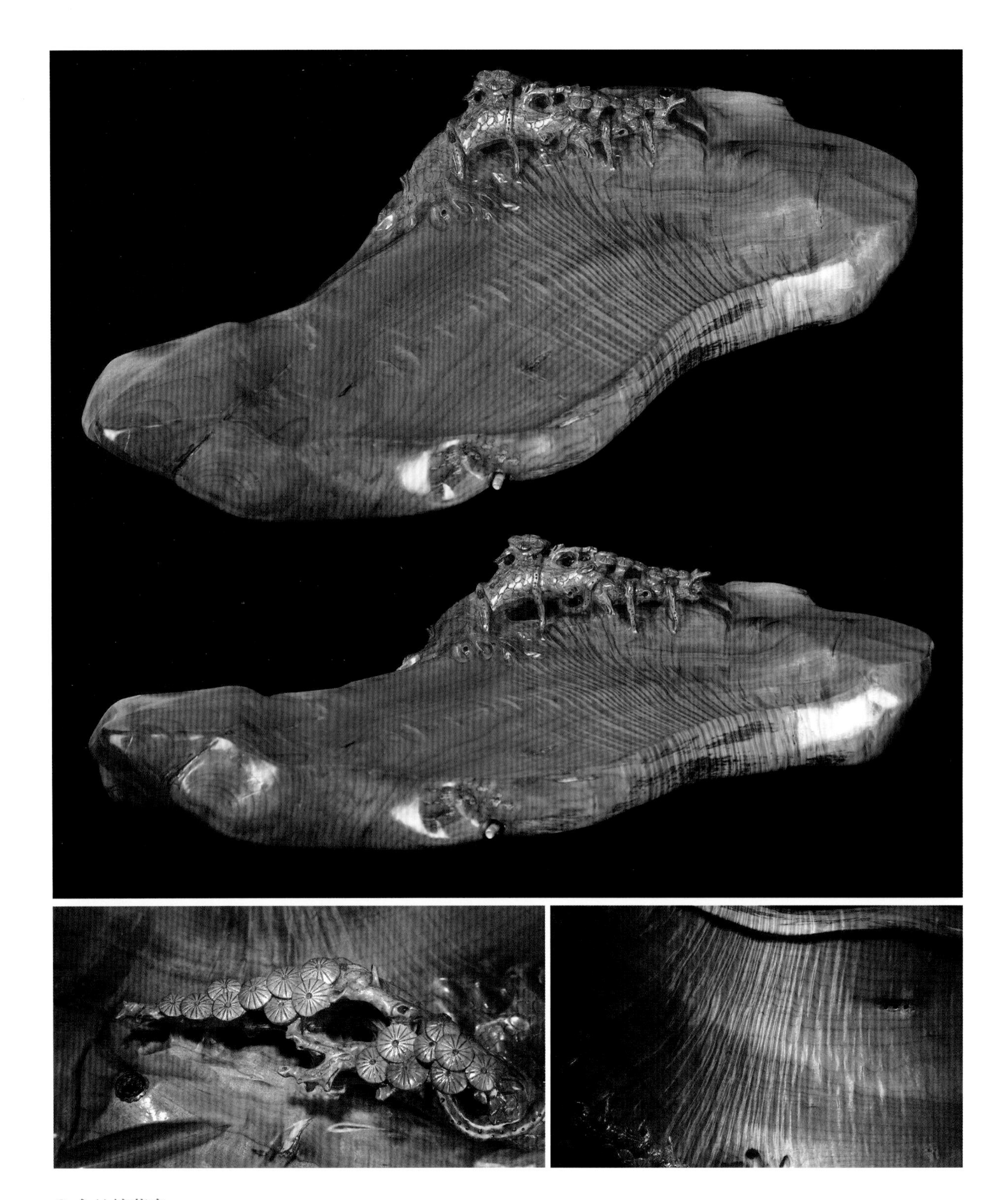

● 金丝楠茶盘

老树盘根百载果，金科上榜少年恩，金丝楠独有的美感，犹如水波粼粼的湖面，喝茶之时，水光顺着茶壶流到茶盘上，水影流光，岂不妙哉！在松树旁还设计了倒流香，更妙！

金丝楠的木色以暖黄色为主，略带冷绿色，含而不露，明快中略显沉稳，不喧不闹。它的这种颜色最能跟紫檀或红木配在一起，所以用金丝楠制作的家具，代表的其实是一种很谦虚的高贵。楠木的纹路还有一种节奏感，它有一定的方向性，不乱也不断，这一点也决定了《三希堂法帖》《四库全书》等的封皮、夹板都选择使用楠木来做。

木材的气味成因的主要来源是心材中细胞所包含的挥发性物质、单宁、树脂以及树胶等。生材的气味浓于干材。金丝楠木所散发的香味是淡淡的，它不像樟木那么强烈而快速，而是缓缓地，很悠扬，让人容易接受，时常若隐若现，静雅而清透。它的香味没有沉香的气味浓郁，有些沉香的味道会让人觉得腻烦，但金丝楠木的味道是通透的，配合上书斋里的墨香，那种感觉才真是难以言表，油然而生一种气质，不温不火，不燥不热，顺其自然，胸有成竹，淡然于世的大气。

金丝楠的稳定性

木材结构主要由细胞的大小和排列构成。金丝楠属于阔叶树，而阔叶树材根据导管平均直径、树木以及木射线的大小可以分为均匀结构和非均匀结构、细致结构和粗疏结构、光滑结构（板面光洁度）和粗糙结构，金丝楠应该归属于均匀结构、细致结构和光滑结构。

这样的结构造就了金丝楠木性稳定且多直材，我们很少见到金丝楠木弯弯曲曲的，即使是民间用的小径金丝楠木也是直的。传说胸径粗大者直径甚至可以接近两米，为明清以来国家宏大建筑物最重要的栋梁之材。所以故宫的三大殿、长陵、天坛还有原来的城门等，最初都是用金丝楠木建造，只是解放后修缮时换下来好多柱子和其他构建，据说都卖给了家具厂或雕刻厂做了金丝楠木佛像或家具出口。

金丝楠木木性稳定是不是就不会发生开裂呢？当然不是。

我们先科学地分析一下木材开裂的成因，开裂是木材的不良性质，但要求木材不开裂又是不可能的。比如木材放置在干燥的窑中，或者即便是天然干燥中，其外部的水分逸散都是先于内部的，所以水分先从外部干燥，就如同煮饺子一样，不点凉水，由于内外温差的原因饺子是不会熟的一样。由于内外部的水分差异，导致不均匀应力，造成木材的开裂等，木材的表裂和内裂都是由于干缩应力造成的，当木材表层的水分逸散快于内部时，在木材的表层就会产生拉伸应力，这种应力的强度超过了该含水率下木材垂直方向的拉伸强度，从而使得表面开裂。

故宫博物院宫殿的金丝楠柱子，表面的髹漆已经龟裂。

这时水分继续逸散，内部和外表所含水分的差异减少，尽管表层的拉伸应力已超过极限，但受内层的牵制并不能充分干缩，即处于已不能再随含水量变化而胀缩的一种拉伸状态，随着木材含水量的继续下降，内部已开始干缩，但外层形状已经固定，表层的拉伸应力会转变成对内层的压力，内层原来所受的压力转变为拉力。当这种拉力强度上超过了横纹的抗拉度，木材就会开裂。木材内外部所含有的水分差异，也就是梯度的不同，必然会造成不同程度的干缩，从而产生不均匀的应力。日常放在干燥窑中干燥的弦锯板，因其在木堆中受其他板材的重压，其干燥自由受到限制，内应力转变为拉力，当超过其横纹抗拉度时，该木板表面会裂。同时，木材本身也存在生长应力，应力的释放也能引起木材开裂，木材开裂最严重时，可贯通整根原木。

翘曲和变形同开裂一样，也属于木材常见的不良性质，很难避免。

那么金丝楠木在翘曲和变形方面又有哪些特殊性呢？

首先，我来为大家讲一下翘曲和变形的原理成因。

在对生材进行解锯时，由于树木所具有的生长应力，会出现弯曲现象。由于木材内部的含水率不均、干缩会在干燥过程中导致翘曲现象。也就是说，当径缩小于弦缩，特别是差异干缩时，会使木材发生扭曲和变形，且程度是成正比的。另外，不同树种在径弦向干缩和差异干缩方面是有差异的，所以不同树种的变形和翘曲程度也不尽相同。

木材在干燥过程中，木材内部和外部的湿度梯度不同，不但可以造成木材的开裂，而且不均匀的干缩还会产生不均匀的应力，当这种不均匀的应力不能释放时，特别是木材相对两面的应力，由于纹理、密度等显著不同，就会随之产生翘曲。由于木材内部的含水率差异和不均匀塑性变形，造成了不同应力下的差异干缩，并且与变形、翘曲的程度成正比。

木材变形和翘曲分为横向和纵向两种，而两者与所处木材横断面上的位置有关。由于径弦向干缩的差异，径弦缩不一致，除干缩后弦向比径向尺寸较小外，不会引起各个部分不均匀的变形。但除小块菱形、椭圆形外，大多数的条状是横弯，并且越是靠近外部（即离髓心越远）向外弯曲得越厉害，即越与年轮不平行，弯曲得越厉害。纵向变形和扭曲显现在长条木材的材面和材边上，主要原因是条状板材的纹理与原木本身纹理倾斜的角度太大而形成扭曲。

● 金丝楠阴沉料原木

即便是栋梁之才的金丝楠木也会开裂，图片中是笔者在四川雅安实地考察时见到的一根金丝楠原木沉料，表面龟裂非常明显，是炭化和充分干燥导致的，内部的开裂也非常多，药香味十足。

图为金丝楠已经完全干燥的木料，木材中的内应力不同，会影响木材的密度、强度，同时对胀缩、翘曲、开裂和变形影响甚大。树木本身的密度不同、纹理不同，干燥程度不同，干燥速度不同，会造成不同的开裂程度。

综上所述，木材的干缩湿胀、开裂、翘曲和变形都与木材中的内应力相关联。水分的排出或吸入量的多少以及出入过程的情况不但影响木材的密度（重量）、强度，同时对胀缩、翘曲、开裂和变形影响甚大。树木从地下吸收大量的水分，经光合作用制造树木生长时所需营养，使木材的细胞腔和细胞壁内都充满了水分。含水量是指木材中水分的重量，含水量占木材的物质重量的比值就是含水率。木材中的水分有两种，即自由水和吸着水，其中细胞腔和细胞间隙中所含的水分是自由水，而在细胞壁中不同方向排列的纤丝内所含的是吸着水。木材是由不同种类、形状、大小、数量和排列的细胞构成，而细胞又由细胞壁和细胞腔构成，细胞壁还有内、中、外三层。细胞壁主要由纤维素构成，其次是半纤维素和木质素。在组成细胞壁的纤维素链、基本纤丝、微纤丝之间都有极微细的间隙，它们互相间沿着系统的通道向纵横方向移动。由细胞腔和纹孔等所组成的大毛细管中，所含水分受到的约束力小，容易蒸发，所以称之为自由水。自由水数量的减少不会引起木材的干缩，而仅仅是重量的减小。细胞腔无法从大气中吸取水分，但是细胞壁内的各级微毛细管系统具有吸湿能力，可以从大气中吸取水分，称之为吸着水，吸着水的变化能影响木材尺寸和体积。干缩是指由于木材含水率降低到纤维饱和点以下时，木材进行的收缩。当外部蒸气压比饱和蒸气压低时，木材表面的蒸气张力等于外部蒸气压，此时湿度平衡，这种状态下的木材含水率叫作平衡含水率。通常，在大气中相对湿度平衡的状态下，木材此时的含水率叫气干含水率，一般数值在12% 到 15%。

不同木材的纤维饱和点是不同的，大致在20%—35%，平均为30%，因为木材是三维结构，所以木材的干缩与膨胀在方向上有差异。其中干缩可以分为体积干缩和线干缩，而线干缩又有纵缩、弦缩和径缩三种。体积干缩率大约在8.9%至26.0%。沿树干方向的收缩为纵缩，干缩率很小只有大约0.1%—0.9%；弦缩是与年轮平行方向上的木材收缩，其干缩程度最大，比例在3.5%到15.0%；相反，与年轮垂直方向的干缩为径缩，即比例介于纵缩和弦缩之间，约2.4%到11.0%。三者的比率约为(0.5—1.0) ：5 ：10。

在加工实木制品时，一定要将木材干燥到适宜的含水率，所以要在干燥之前计算生产实木板材时需要留用的干缩余量，一般气干干缩率约为全干干缩率的1倍。实践中我们得知，膨胀比干缩的危害要小得多，所以在技术规定上，要求木材的最终含水率要比使用时低一些。

差异干缩的比值约为1.4 ：3.0，这也是弦缩与径缩之比（T/R）；一般比值越小，木材的尺寸变化就越小。木材的干燥过程中，水分蒸发是没有直接的通道的，要经过细胞间的纹孔和穿孔进行传导来完成。当木材的含水率大于纤维饱和点时，木材尺寸不变，只有含水率降低到纤维饱和点之下，木材才会随着含水率的降低而收缩，也就是干缩，干缩率是收缩后木材尺寸与原尺寸的百分比。其中，全干干缩率是由湿材到全材的干缩；气干干缩率是从气干材到全干材的干缩。线干缩率表示的是长度尺寸上的干缩，而体积干缩率则用以表示体积数量上的干缩变化。线干缩率又分为弦向和径向两种不同情况。

图为金丝楠木端面如果出现开裂，有较大概率在椭圆的短半径方向开裂，一般木材生长都是个不规则的椭圆，因为日照面会生长较快，开裂的位置一定会在木材的最薄弱位置。并且差异干缩会促使横截面形成的椭圆短边开裂概率增加。

干缩系数即平均干缩率，代表了木材含水率在纤维饱和点至0时，气干材每变化1%，相应的木材尺寸干缩变动百分比，不同树种比值不同，一般为25%—30%。这个概念最先由苏联提出，我国在20世纪20年代开始时也提出过。从实用意义上讲，当时提出这个概念主要是为木材干燥服务的，是为了木材干燥时能够留有余量；理论上讲，平均干缩率与木材胀缩性关系密切，影响着干材尺寸的稳定性。

那么具体讲到金丝楠，树木高直，纹理顺直，承重性好，而且木性稳定，又有淡雅香气，是木结构建筑的最佳用材。我们来看一组权威数据，2010年国家人造板与木竹制品质量监督检验中心曾对70多块木样进行实验，前后历时4个多月，得出桢楠的平均干缩率为2.7%，桢楠阴沉木干缩率为2.0%。在《世界重要阔叶树材手册》中对木材尺寸稳定性的评判做出了标准性的规定，即平均胀缩率小于3%，表示胀缩性小；如果平均胀缩率在3.0%至4.5%，则表示胀缩性中等；如果是大于4.5%的话，就代表胀缩性大。

金丝楠木的开裂现象

每根金丝楠木的开裂程度不同，一般情况下开裂可以达到1—2厘米，图中较大的裂痕达到了7—8厘米，这不仅和金丝楠木本身的木质有关，也和存放条件有关。通常情况下，新木要在阴干条件下放置10—20年，充分蒸发水分，释放内应力，才能达到木性稳定。但相比其他红木类别的名贵木材，金丝楠的稳定性是非常好的。

从这些实验数据可以看出，桢楠干材胀缩率小，木性稳定，不易开裂变形。经过科学实验，也证明了桢楠可以抗腐木菌和白蚁侵蚀，抗海生钻木性动物蛀蚀，具有很强的耐腐蚀性。另外，易切削，切面光滑有光泽，金丝美观大方，是制作家具不可多得的良材。

由此可见，金丝楠比一般的阔叶林木料更抗压，而且抗径疲劳度高，少压弯，其做梁柱的房子能屹立几百年不倒。而且金丝楠所做的雕件，不易发生变形和劈裂。明清遗存的金丝楠佛龛和花板，这两类都雕刻有大量的图案和纹饰，这正是利用了金丝楠良好的加工性能。金丝楠软硬适中，横凿竖锯加工起来得心应手，可以开榫也可

金丝楠木的横切断面

在砍伐时，没有完全砍断，“撕”下来交错的木质纤维。

以起线，同时对加工工具的损耗也较小。另外，金丝楠的横顺纹不明显，适合不同方向的雕刻，若用其他木材，如松木等顺纹雕刻没问题，但横纹雕刻时很易断裂。

金丝楠的木性稳定的例证，就是它常用来做漆家具的胎骨。漆家具的胎骨必须保持稳定，不易变形。很多古籍碑帖的夹板函套，绝大多数使用金丝楠制作，流传至今已经几百年，依然平整如初。还有清宫好多隔断，很薄很精美，仔细观察，很多是用金丝楠做胎，再用紫檀贴皮或者包镶的。那么这里就出现了一个疑问，为什么不直接选用紫檀木？当然不是因为材料昂贵稀缺，而是因为如果整体用紫檀来做，风一吹容易裂，也容易松动，金丝楠虽然轻，但榫卯很结实。所以用金丝楠木做胎而用紫檀贴皮，既稳定又不失尊贵，材质利用得更合理。

金丝楠手工雕刻的木雕半成品，金丝楠非常吃刀，可以雕刻出非常复杂的纹饰。

2008年夏天，笔者在元懋翔木雕厂跟雕刻师傅学习如何使用木拍了和雕刻刀。

金丝楠非常适合雕刻，这些都是纯手工加工的家具半成品。

金丝楠不仅木性稳定，而且耐腐蚀，所以古代都用金丝楠做木胎，像湖南长沙马王堆汉墓以及浙江余姚河姆渡出土的部分漆器。要不是因为用金丝楠制作的，即使大漆有保护性能，也早就只剩漆壳了。还有很多金丝楠阴沉木，也是因为其抗腐蚀性强，能够成千上万年埋藏于地下或江河湖底之中不腐，别的木材早就腐烂了。只有少数几种木材可以变成阴沉木，金丝楠是其中之一。

金丝楠阴沉木原木，表面的木材纤维已经变成丝状，有点像牛肉干。

四 金丝楠鉴别

金丝楠的宏观鉴别

可以从宏观、微观和亚微观三个方面对木材加以识别，而且在实践中往往是宏观和微观方法结合运用。宏观鉴定是我们传统的鉴定方式，鉴定专家根据自己所涉足的门类，分析所需鉴定实物的特征，比对经验和标准物得出结论。这种方法相对简单，效率高，不过误差也大。除非经验丰富的专业人士，因为不能只看一点，就断定真伪和品种。

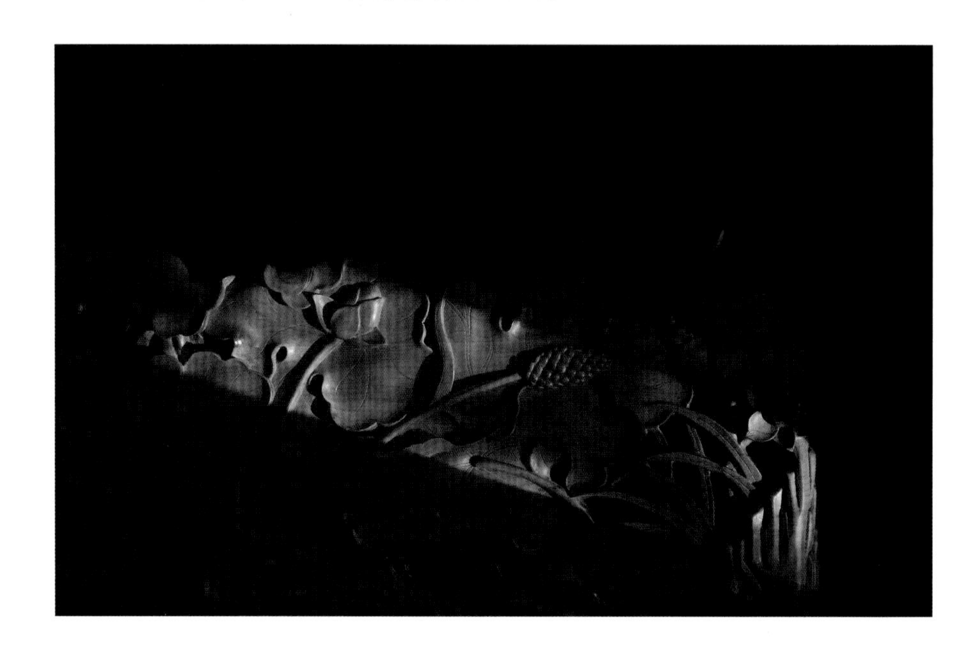

从笔者的经验来看，应该使用排除法，如有不符之处就应被排除。但是在实际的鉴别过程中，很多木材无法准确地判断出具体种类。比如说，需要鉴定者提供样本鉴定是否为金丝楠，或者是否为某一种木材，这就好比考试时的判断题，相对容易。如果是鉴别属于哪种木材，这就成了填空题，需要有专业的知识和丰富的经验。当然在很多宏观鉴定中是无法做出准确的判断的，这种情况十分常见，一旦发生就要果断地说明情况，绝不能滥竽充数，如果事后被人查证翻盘才是真正的颜面扫地。所以一件事物的宏观鉴定，不仅是能力的问题，更是态度的问题，谦虚谨慎的态度是鉴定的行业操守和基本原则。

从宏观层面观察桢楠原木，可以看到它的树皮相对薄，上面有深色的点状皮孔；内皮与木质交接的地方有一圈黑色环状层，几乎没有石细胞或不明显，气味清香。上述几个知识点尤为重要，简单地说，金丝楠的树皮非常薄，上面有黑点，里面有一层黑色的夹层。像一些缅甸和云南产的假冒金丝楠的木材，树皮非常厚，而且靠近树皮的木材会有非常明显的深色部分。相对比润楠，会发现外缘石细胞多且明显，还有白色纤毛。润楠木材重量较轻，光泽度弱一些，而桢楠的气干密度较大，相比而言略显重，光泽性也强。

左图为金丝楠木表皮外侧，可见深褐色斑点及白色块状斑。
右图为金丝楠木表皮内侧，可见金丝楠皮很薄，呈现丝绒般的观感。

金丝楠的宏观鉴定方法有三个，分别是鉴别通透感、细腻感、清香感。

1. 通透感

金丝楠给人一种通透质感，而且有立体感，透彻、澄明，光照下犹如琥珀猫眼般，有流光影动。每个角度呈现的花纹和光泽效果都有所不同，所以说是移步换景的效果，普通的楠木是不具备这种特性的。这点比较好把握，相对于黄金樟、大叶楠、黄心楠几种木料，金丝楠的通透感非常强烈，反光也非常到位。而且黄金樟结节明显，黄心楠颜色艳俗，都较易判别。与桢楠对比，香楠、水楠、“缅甸金丝楠”（黑格）以及“缅甸金丝柚”（黑心木莲）等木材的底色略显暗哑，光泽度要差一些。

2. 细腻感

对金丝楠原木进行初步打磨后，其表面就会细腻如脂，用手触摸光滑如绸缎一般。摩挲其上，入手即温。相比之下，普通楠木木纹就显得毛孔粗糙。细腻感主要体现在两方面，第 ，棕眼小、木纹紧实，虽然相比黄花梨、紫檀密度稍小，但是纤维排列得很密，不松，比其他楠木要好得多。第二，手感细，像抚摸小孩子的皮肤，打磨下来的木粉也非常光滑。金丝楠的木制品质地温润、柔和，夏天接触肌肤清凉舒适，冬天触之不凉，不会伤身，非常适合随身佩戴和把玩，这是其他硬木家具所不具备的。但阴沉金丝楠和金丝楠木有所区别，密度就是其中之一。阴沉金丝楠有些棕眼偏大，可能因为木材直径过大导致的，或者有可能几千年前的品种和现在有所差异。

3. 清香感

桢楠属于樟科植物，一般樟科属植物都会有淡淡的天然药香，尤其是老料，香气更淡，缕缕幽香，若隐若现。桢楠味道相比其他楠木，有一股芳香，给人以清幽之感；而阴沉金丝楠则更偏重药香，不同的个体其香味也有差异，有的是沉香气，有的是花果香气，又或者带香甜之感，或香气偏浓烈厚重，实不相同。其他楠木的味道会略发酸，且味道很微弱，甚至闻不到香气，水楠往往略带一股酸臭味，香楠气味较为辛辣，普通的樟科树木其香气均不如金丝楠那般清凛，往往浓烈一些，久闻后有晕沉之感。

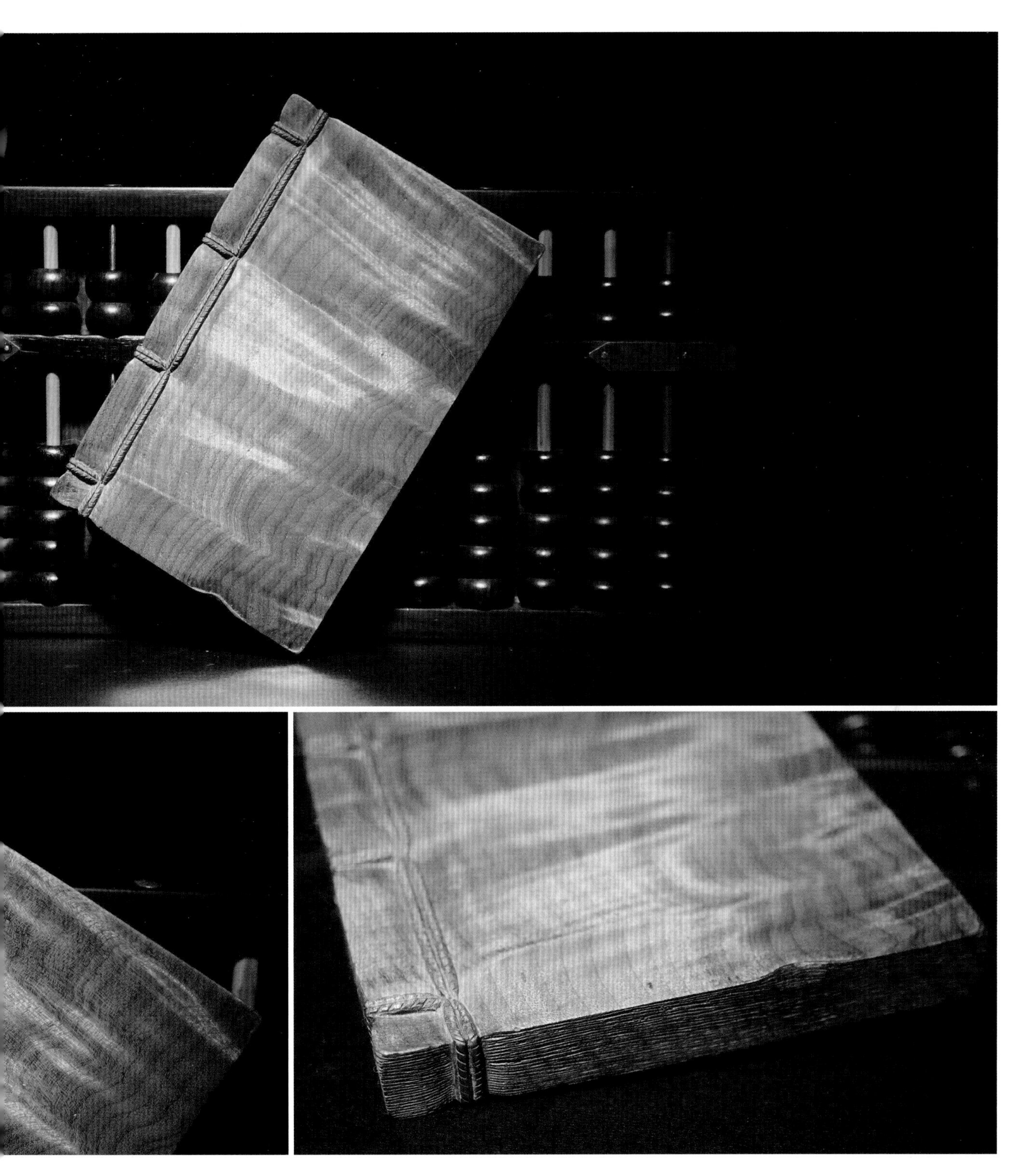

金丝楠水波纹书摆件，做工细腻，雕刻得栩栩如生。金丝楠暗含“书中自有黄金屋”。

金丝楠帖架，可以把字帖倚靠在上面，不用时可以收起。

金丝楠的纹理鉴别

这一节我们来重点讲金丝楠的纹理鉴别，纹理前文已经非常浓墨重彩地细细讲过了，这一节和前文的区别是对比其他替代品的区别，而之前的内容主要为阐述、分类、评价金丝楠的纹理，并没有提及其他材料。

每一种木材都会有自身独特的纹理，树轴会有直纹理、斜纹理、螺旋纹理和交错纹理；而木板则易产生对角纹、波状纹、皱状纹以及带状纹；纹理形成原因归纳为天然和人工纹理，斜纹理、螺旋纹理和交错纹理都属于天然形成的，对角纹理则是由于加工时人为产生的。很多纹理都是多种木材所共有的，如因为切割方向导致的，我们上文讲纹理的时候也提过，弦切面、横切面、纵切面，都会让木材产生不同的纹理。这给金丝楠的纹理鉴别增加了难度和复杂性。难度在于如果都是金丝楠的水波纹（波状纹理），非常相似，很多人会认为水波纹就是金丝楠的金丝所在，这是概念不清晰导致的。金丝其实是由木材特有的结构所形成的一种光学现象，纹理与金丝不同，它是木材显微结构的宏观表达。

图为金丝楠木切面，纹理十分清晰、美丽。

那我们如何从非常相似的纹理中，来区别本来就非常相似的金丝楠与其替代品呢？答案就是找不同，找由于木材种类不同造成的一些表象的不同。

首先讲讲金丝楠木的“金丝”形成原因，它是以木材纤维的同向、有序排列为前提的。换言之，楠木都有所谓的“金丝”，但并非有“金丝”就是金丝楠木，这么说是非常片面的，两者在价值上有着天壤之别，就因为强度差异。明清时期内务府选择金丝楠有特定的选料标准，即光照下，整体金丝达到 80% 以上的才可以被认定是金丝楠木。打磨之后，金丝楠木的金丝明亮，光泽度较强，呈现“猫眼”效应，熠熠生辉。金丝楠木的金丝可以随着视线和光线的变动而变动，它的花纹不会只停留在一个地方，并且立体感非常强。有一种非常强烈的丝绒质感，像是抚摸绸缎一般。

我们再来看看其他楠木，相对没有金丝楠明显，也没有金丝楠“亮”，其金丝移动的距离很短，甚至是不会移动的，而且其立体感不强，偏于平面化，通透感和立体感都和金丝楠有较大差别。况且其他楠木经常可以看到非常明显的年轮，而金丝楠就不明显，这也是非常重要的判别标准，稍加观察，就可以掌握。

再者，金丝楠的纹理饱满度和层次感更加突出。饱满度、层次感是判别是否是金丝楠木的两个重要指标。与其他的木材相比，同样都是水波纹，金丝楠的水波纹更立体、更密集、更漂亮。

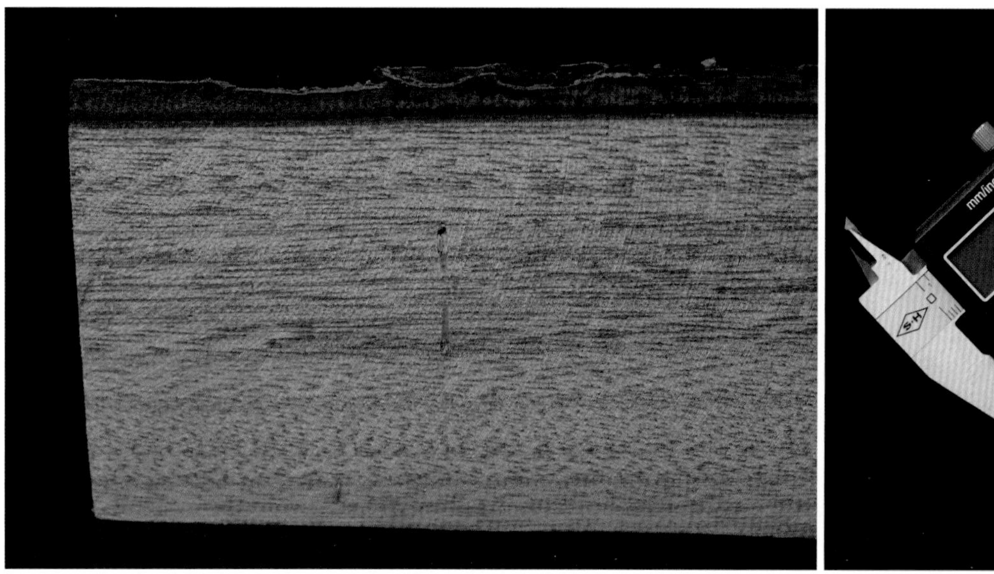

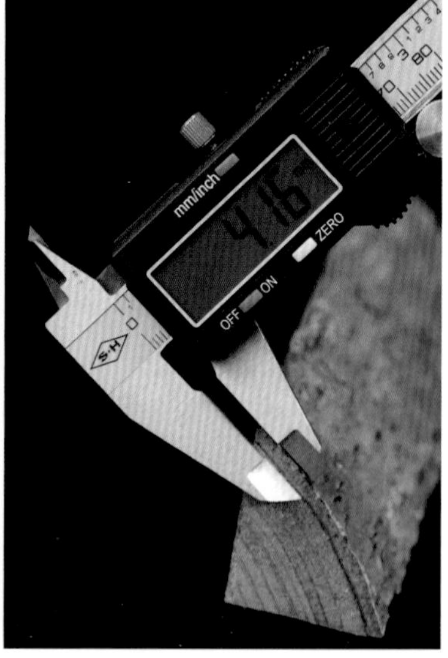

图为金丝楠木一膘料的剖面，皮质、木质部分清晰可见，并且木质纹理有明显的层次感，不同层次位置的纹理也是不同的。左图能明显看到纹理从中间分为两层，而且颜色有所变化；右图显示此块标本的树皮厚度为4.16mm。

同样都是满架葡萄纹，区别就是金丝楠里面的“葡萄籽”会更清楚，而且纤维非常连贯，流畅自然。说得再通俗点，就是金丝楠的纹理都“活”起来了，其他楠木或者其他科属的替代品的纹理都相对“死”一些，不够活跃，不够清晰。仿佛金丝楠的纹理赋予了金丝楠新的生命，在木工手中，以不同的方式锯解，就会得到不一样的呈现。金丝楠的纹理在阳光下仿佛有了生命，跳跃着、舞动着，它的美得用心去体会。

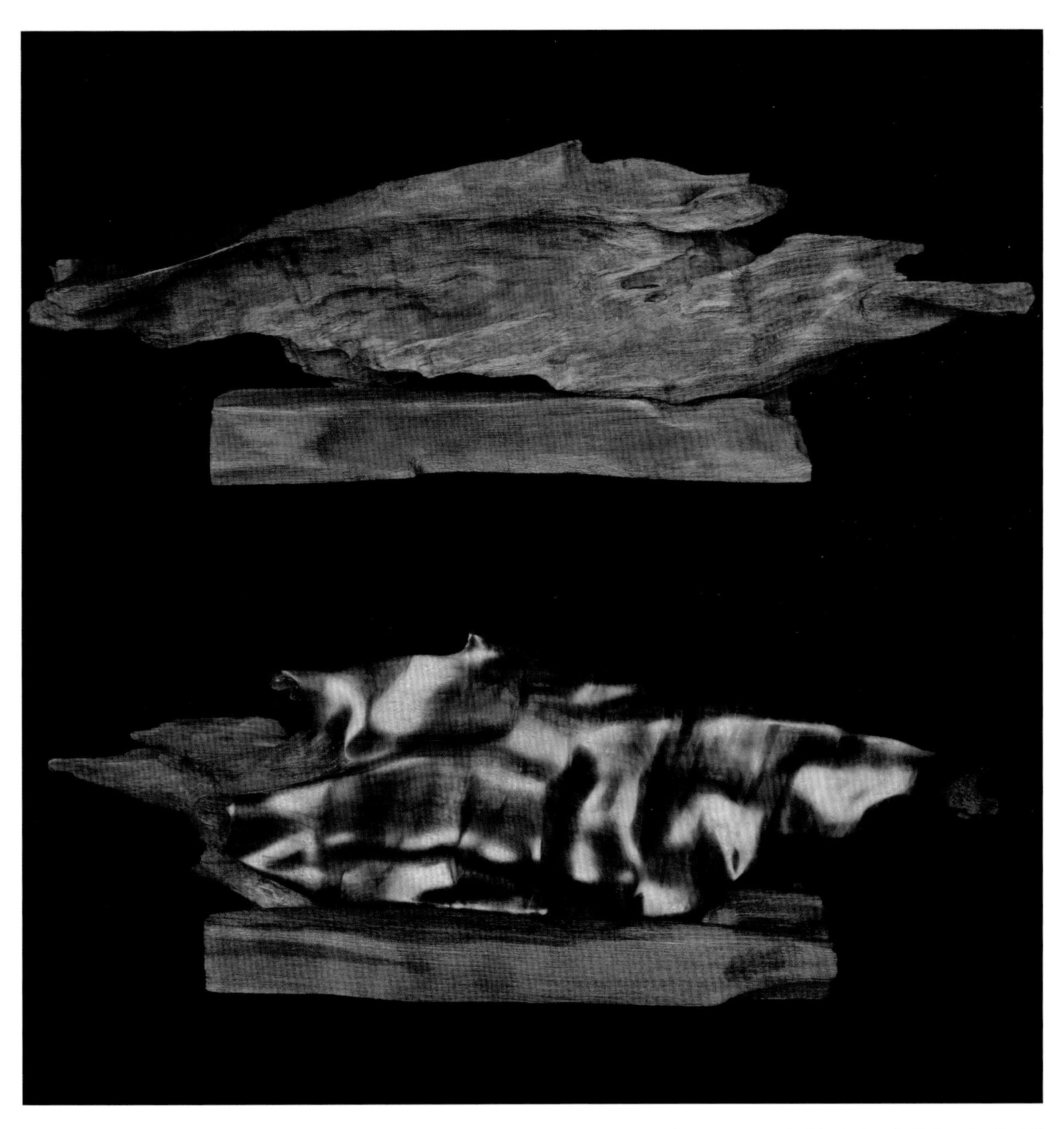

金丝楠阴沉水波纹摆件，打磨抛光后灵动的水波纹仿佛轻风拂过的湖面，微波涟漪，背面没有进行抛光，但隐约可以看到粼粼波光。

金丝楠的色泽鉴别

所谓色泽，实际上可以拆分成颜色和光泽。光泽是以质地为前提的，没有细腻光滑的质地，是无法打磨出光泽的。如果料子太糙，就是再精细的打磨也无济于事。打磨后的金丝楠木不用上蜡、上漆，便会有婴儿肌肤般的光滑和细腻感。而其他木材如果结构不够致密，那么质地不可能细腻，也就谈不上莹润的玉质感，好的金丝楠木料就像一块温润的古玉，会有光泽由内而发，和上漆感觉完全不同。很多人会给金丝楠做漆，我一般不建议这么做。笔者所经营的老字号“元懋翔”的金丝楠家具，除去一些必须罩漆的茶盘，起防水作用之外，全部都是手工打磨，然后再烫蜡处理。这样金丝楠细腻光滑的手感也能触得到，而不是漆面那种涩涩的感觉。同时，金丝楠的光泽应该是一种蜡状光泽，和玉石的描述是一致的，属柔光。漆面的那种贼光在所有行当里都是不受欢迎的，比如瓷器行，老瓷器也有一种柔光，这是一个道理。

金丝楠光泽的主要体现，除了刚才提到的“柔”，还有就是“亮”。“亮”是用来描述“金丝”的反光好不好，金丝满不满的。从整体上看，金丝楠的色泽是古朴内敛的，给人一种端庄、沉稳的厚重感。具体到新料、老料和阴沉料，又有所不同。新料氧化时间短，缺乏充分氧化，树脂结晶固化时间不足，故金丝效果弱，光泽度一般；老料多为明清遗存下来的栋梁之材，砍伐后氧化时间长，金丝结晶饱满，金丝效果十分明显，若加以彻底的打磨和抛光，金丝会非常好，在三种料中，老料的金丝也最稳定、最优质；阴沉料实为炭化木，颜色偏深，因为阴沉木时间跨度非常大，所以金丝成色略有差异。三五千年的料，金丝非常饱满，一旦时间过长，木纤维就酥了。以专业角度来解释就是木质细胞中细胞壁的果胶和纤维素会分解，木质从而失去了韧性和强度，打磨抛光后的光泽度和质感都会差强人意。从宏观上来看，色泽深沉的阴沉金丝楠，一般都埋藏超过5000年的时间，炭化程度过高。阴沉金丝楠的色泽黄里透绿、绿里泛金的才是佳品，其成色更优于老料。

金丝楠木的颜色一般为浅黄色，老料金丝楠偶尔会有金黄色泽，而且最外层呈现有褐色。经阳光照射，金丝楠老料的新切面会折射出缕缕金光，大多是黄褐色中略显浅绿，这也就是我们常说的金丝。氧化程度会直接影响到颜色的深浅度，两者基本呈现正相关，即氧化程度越高，其颜色也越深。从新料的泛白色，到阴沉的墨绿色，这点与小叶紫檀颇为相似，小叶紫檀的新切面是呈橘红色的，久置之后会变为紫黑色，这一过程大约需要两三年，而金丝楠相似的变化过程则需要几千年。目前只发现有金丝楠的阴沉木，而黄花梨、紫檀、沉香、檀香都没有阴沉的，这也是金丝楠的独特魅力。

那么，我们是不是可以认定金丝不明显的一定不是金丝楠木？还真不一定。在以下这几种条件下，金丝楠是没有金丝显现的。第一，没有光照，再好的金丝楠也没有金丝，因为金丝本身就是一种光学的折射效果。这和黄花梨一样，没有光，再好的黄花梨都看不见光泽。最好是选择射灯，光源集中，而不是散光。第二，木材、工艺品、家具本身打磨抛光必须得到位，有时是因为做工不到位，木材表面不够光滑，自然没有镜面的效果，金丝从而不明显。打磨的话，每一层砂纸必须打透，而且要没有死角。

当然也要谨防其他木材的以假乱真，自然就没有金丝了，即使有微弱的金丝，也不是很明显。比如水楠，密度不及金丝楠，光泽也不及金丝楠强。

图为水楠与金丝楠木剖面对比图，上图为水楠，下图为金丝楠。在没有打磨的时候差别确实不明显，但打磨之后的光感差别很大。

水楠是指除去金丝楠以外的楠木的合称，也就是一类的名字。取自古籍“香楠、水楠、金丝楠”的概念，这类木材有时和金丝楠木很相近，确实容易混淆。水楠不管你打磨多到位，做工再好，只要和真正的金丝楠放在一起比较，马上立竿见影，高低立判，所以不怕不识货，就怕货比货。黄心楠的木质纤维较粗大，所以表面会显得粗糙。相比较金丝楠，其木质纤维细腻，这也是影响金丝成色和通透感的主要原因。还有一种木材看着颜色像酸黄瓜，那就是润楠。樟科有很多属，桢楠属和润楠属是其中两个大属，润楠属简单地说也是一类木材的合称。

桢楠属与润楠属都包含在樟科内，其中的很多木材都用来制作家具、船舶、建筑。但在日常生活中，容易混淆不清，一是因为两属树木在树木形态、树皮和木材的构造、用途上都很接近。二是名称只是从古代典籍中流传的，并没有经过现代科学的细致研究。三是不法商家用润楠冒充桢楠销售，以次充好。四是一直没有权威的著作出版，笔者相信随着此书的出版，市场的乱象会得以改善。

图1

图2

图3

金丝楠变身记：一块金丝楠的原木，经过笔者的手工打磨和抛光，变得金光闪闪，金丝万丈。图1、2、3分别显示不同打磨阶段。

金丝楠的气味鉴别

金丝楠属樟科桢楠属，富含挥发性油脂腺，香味“静、雅、清、长”，介于若有若无之间，飘散淡淡的幽香。和樟木相对比，可以说是沁骨的一缕缕幽香，樟木味烈，过于浓郁；相比水楠及其他楠木，香味不偏不酸，正气十足。“静、雅、清、长”可以说准确地描述了金丝楠的味道。

“静”，是味道越品越觉得自然、越觉得舒爽，安静得像平静的湖面，缥缈静谧。静是一种境界，显然内心浮躁之人是无从欣赏并将其忽略的。在如今喧闹的都市之中，人来人往，人们拼搏忙碌，在快速的节奏之下，即使金丝楠香得沁人心脾，却是无人能感受到。只有在疲惫了一天之后，拖着沉重的脚步回到家中，推开房门的一刹那，才会感受到一股温馨的味道，这是家的味道，更是金丝楠的味道。金丝楠从不需要张扬炫耀、招摇过市，而是留给自己的一份享受，它的味道清雅内敛，却是最体贴的一抹宁静，我想拥有金丝楠家具的人，都会有同样的感受。

“雅”，雅当然和俗是对立的关系，雅是一种若有若无，似曾相识的感觉。我和很多家中有金丝楠木的朋友倾谈，大家都公认金丝楠的味道清香、舒服，甚至可以闻香识木。在居家生活中，金丝楠特别适宜放置在书房，古有故宫博物院的金丝楠书阁书架，今有闲人墨客的金丝楠文房雅集陈设，金丝楠的味道仿佛有了“书香”，书香中更显文气十足。这种品味，切实到位，深入骨髓，是一种精神和气质的外露。

“清”，清幽，悠然自得，这种味道不复杂，干干净净，简简单单。就从味道而言，复杂的未必好，简单的却易受欢迎，金丝楠的味觉让人有放松之感，在心静之时更能感受到这种“清雅”之味，如果有一种实物能让你完全沉迷其中不能自拔，那一定是金丝楠的“清”。我曾有段时间长期工作在原料库房，库房内多种原料混杂其中，如樟木、楠木、草花梨、阴沉木等，但每每踏入库房，金丝楠的清幽之香总能清晰地分辨，确是奇事一件。这就好比一种日式合香，以几十种香料混合后加热或熏燃，这种合香虽然看似变化复杂、百感交集，但其味道绝不会浑浊混沌，每种味觉都非常清晰，富有层次。这正与我在库房时的感受有异曲同工之妙，即使不同味觉的香味同时出现时，金丝楠的那种清幽也绝对不会和其他香味混杂，清者自清，说的正是金丝楠。

“长”，长久，持久，有耐力。在香味的品鉴中，我在《品真——三大贡木》一书中详细地讲述过金丝楠和沉香，在沉香中持久非常重要，不同产地的沉香味道也绝不相同，但能被称为一炉好香，持久力是非常重要的标准和属性。如果香材的香气不能持久，很难被推崇，也无法传世。金丝楠味道的持久力非常之“长”，一套清代的金丝楠顶箱柜，至今依然芳香扑鼻；明代的金丝楠建筑，比如避暑山庄的澹泊敬诚殿，也绝无蚊蝇，阴雨天香味沁人心脾；持久力最长的当属金丝楠阴沉木，掩埋数千年至今仍香气浓郁，而且有愈演愈烈之势，真的是世间罕有。

香力持久是优质木材的共性，同时也是东方哲学的共性。比如形容一个人腹有诗书气自华，香是气质，这种气质，是祖辈的薪火相传，能有多大福报，就能多持久，就能载几代之福，一脉相传，薪火不断。笔者的祖辈和家族正是如此，一家人都从事着传统行业，虽然内容不尽相同，但从未离开传统这个圈子。笔者的祖父是金石篆刻大师，一辈子和印章打交道，交友甚广；父亲是著名的收藏家和鉴赏家，是国内最早一批从事珠宝行业的开拓者；到了笔者这一辈，偏爱木器杂项、珠宝玉石，从小笔者就秉承家人的教诲，孜孜以求，学无止境。如今，笔者也是小有所成，希望下一代日后也能继承笔者的爱好和事业，和金丝楠一样，流芳百世，香历万年。

金丝楠的微观鉴定

微观鉴定根据使用的工具和手段的不同，分为对分检索法、穿孔卡检索法、电子计算机检索法、物理和化学检索法（包括离析木材检索、燃烧法、荧光法和化学法）。可以裸眼观察木材的特征，也可以借助10倍放大镜或者显微镜来鉴别，还可借助解剖分子测计尺来计量木材的特征。

微观识别金丝楠木材时，要抓住主要的、稳定的和明显的特征，但也要辩证对待次要特征。需要从横、弦、径三个不同的解剖面对分子进行观察，而不能片面地观察，避免误差大。应尽可能搞清产地，尽可能地缩小检索范围，最后还要与正确的金丝楠木材标本比对。经过科学定名的金丝楠木标本是辨识的基础。

简单概括，对木材进行科学鉴定，在高倍数放大镜下观察木材切片，根据观察到的特征进行检索，把对应的结果套入植物学数据库里，寻找组后的结果。这种检测方法误差相对较小，金丝楠微观鉴定的核心为“解剖构造及识别研究”，先解剖，再识别。目前新的木材识别方法有DNA识别、稳定同位素识别和化学成分鉴定识别，虽然传统解剖学识别方法并不是最准确的鉴定方法，但却比肉眼识别靠谱得多。

笔者通过查阅相关书籍资料，对桢楠及钓樟、木兰、槭木这三种市场上常用来冒充桢楠的木材，进行了实验室取样及解剖，归纳它们的性状、构造、木性和用途，分别从宏观和微观构造的角度，分析桢楠与假冒木材间的差别，实验材料及所用标本严格筛选，主要来自中国物流与采购联合会木材与木制品质量监督检验测试中心标本馆，期望为大众提供识别依据。从实验结果得出：(1) 在实验中所选的木材，只有桢楠具有独特的香气；(2) 肉眼观察下很难看出假冒木材与桢楠的不同之处，外观相似，纹理和色泽多变，板面可见不规则花纹；(3) 微观法观察，发现只有桢楠射线和薄壁组织中具有丰富油细胞。

图中是笔者在古建修复现场鉴定金丝楠，主要就是通过金丝的成色和木材的味道来辨别。但是这种宏观鉴别是有一定误差的，只能作为一种辅助的鉴定手段。

金丝楠的结果与分析

木材名称	桢楠
科属名称	樟科楠木属
别称	金丝楠、豆瓣楠、香楠、龙胆楠、楠木、光叶楠、巴楠等
保护级别	国家二级保护植物
宏观特性	属于常绿大乔木，成树的高度能够达到 40m，胸径大约达到 1m。主要分布区在我国的西南和华南。边材和心材的界线几乎没有或者说不明显，但是可以看到明显的生长年轮。材色黄褐略带绿。切面之初明显有香气，但也容易消散，味苦。散孔材。轴向薄壁组织环管状。木材结构细致紧密，有明显的交错纹理，光泽度较强。可以在韧皮部看到火焰状的花纹。
微观构造	会有单管孔并两三个径列复管孔。导管分子为单穿孔，偶尔也可以观察到梯状复穿孔。管间纹孔式互列。轴向薄壁组织呈环管状排列，其中富含油细胞。木射线非叠生，局部较整齐地排列；单列射线较少，至多有两三列，高度在 10 个至 20 个细胞之间，偶尔会发生同列射线内 2 次多列；射线内含有丰富的树胶和含油细胞，属于异形 II 型或异形 III 型；具有分隔木纤维。 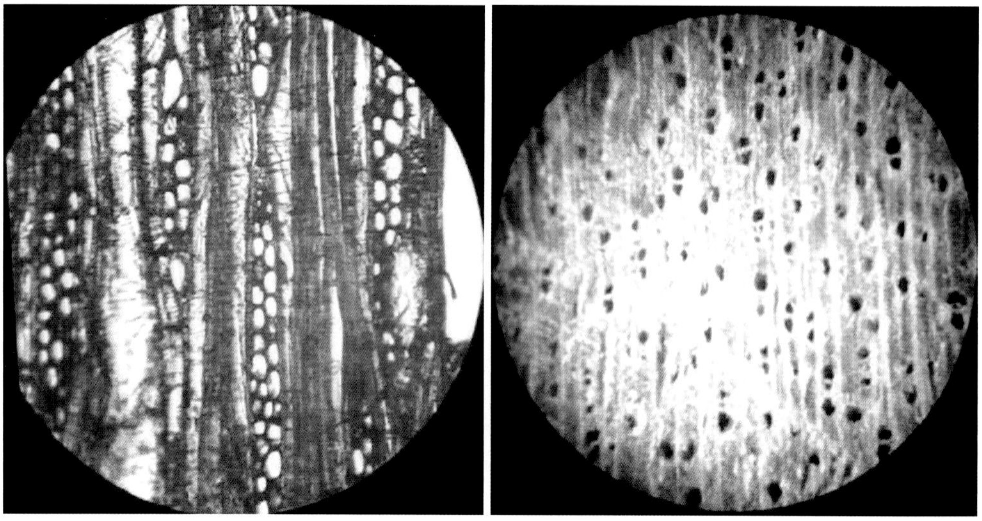 左图桢楠微观横切面（40倍放大）右图桢楠微观弦切面（100倍放大）
材性及用途	金丝楠木质紧密，抗腐蚀、抗虫害，使用寿命长，强度低，硬度大，在很多地方被广泛使用。气干密度为 0.51—0.68g/cm^3。切面光滑，板面美观。木性温润平和，细腻通达，纹理淡雅文静，有的显现水波纹或虎斑纹，水波荡漾，沁人心脾。尤其是在灯光下，金丝楠木弦切板面透露出若隐若现的缕缕金丝，其高贵华美，摄人心魄，光亮动人。用金丝楠制作的家具或工艺品等，材色俱佳，纹理多变，淡淡清香。金丝楠一直是首选良材。胶粘容易，切削容易，也非常适合作为高档家具、钢琴外壳、船身以及雕刻用材。

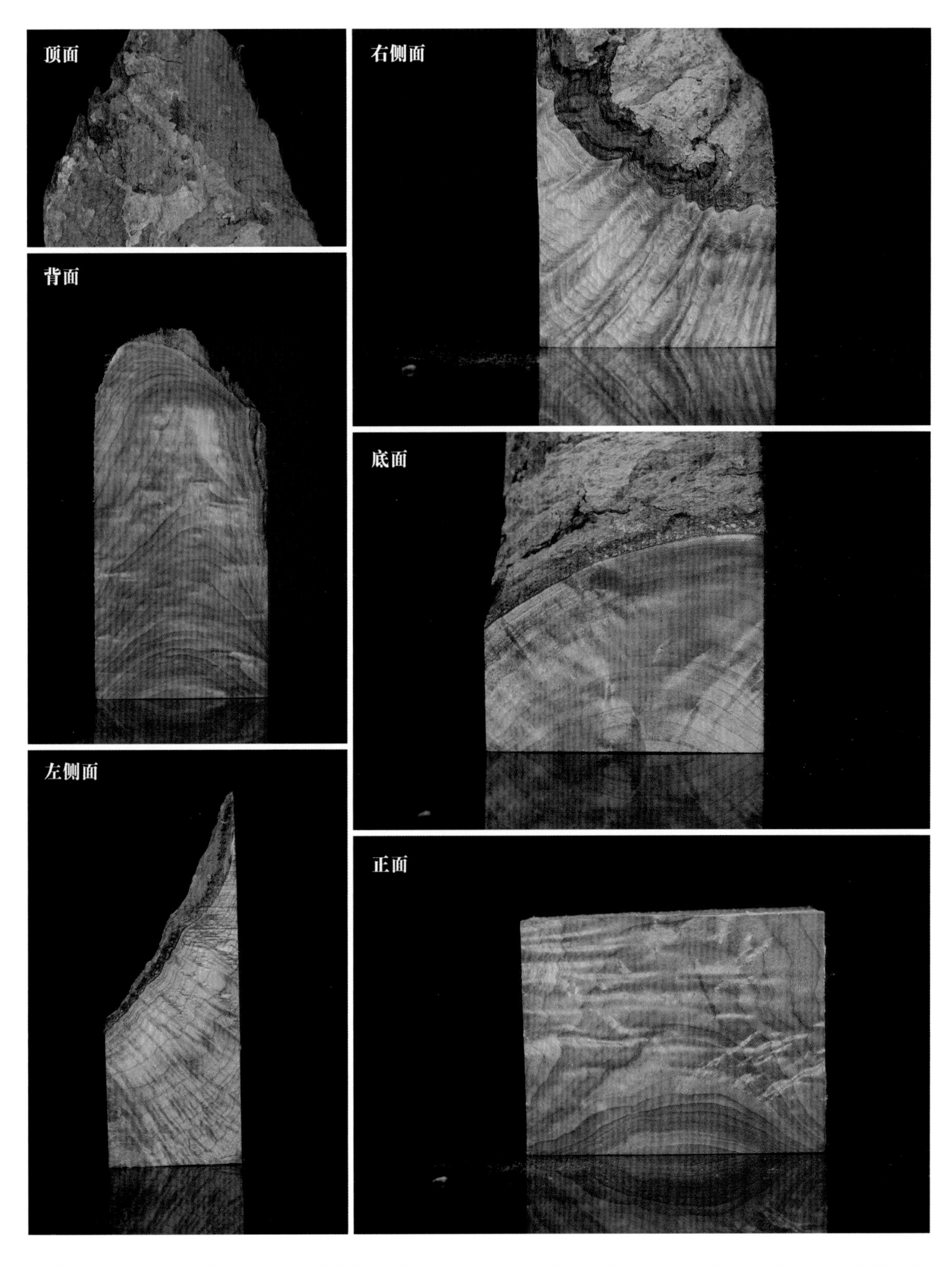

此套图片是桢楠树根部分的标本图，6张图片分别为标本的顶面、左侧面、背面、正面、右侧面、底面。通过图片可以明显地看出各个弦切面的花纹皆不相同，有明显的山峰纹和水波纹。

假冒金丝楠树种的实验结果和分析之一

<table>
<tr><td>木材名称</td><td>钓樟</td></tr>
<tr><td>拉丁名</td><td>Lindera sp.</td></tr>
<tr><td>科属名</td><td>樟科钓樟属</td></tr>
<tr><td>别称</td><td>猪母楠、花楠、枇杷楠、黄金樟等</td></tr>
<tr><td>宏观特性</td><td>属于常绿乔木，我国西南、华南等是主要产地，成树高达 6 米左右。散孔材至半环孔材。可以分辨出心边材的隐约界线，心材呈草黄色略微显绿，而边材呈黄白色。裸眼隐约可以观察到略小至中的管孔。轴向薄壁组织傍有管状。在放大镜下可以观察到明显的木射线。通过对钓樟与桢楠对比，它们材色接近，呈现出金丝和水波纹等纹理。不同之处在于钓樟有半环孔趋势，气味微弱，桢楠为散孔材，气味清新，略带樟脑味。
上图为钓樟的标本，分别是不同斜切面的不同纹理，隐约可见水波纹。</td></tr>
<tr><td>微观构造</td><td>可以观察到单管孔并 2 个至 3 个径列复管孔。管间纹孔式互列。轴向薄壁组织呈环管状或略稀疏；含有少数较大的油细胞。具有分隔木纤维。单列射线较少，高约在 2 个至 10 个细胞之间；多列射线宽 2 个到 4 个细胞，高度在 10 个至 22 个细胞之间。射线组织属异Ⅲ型及异Ⅱ型。通过微观对比，二者有相似的构造，不同处在于钓樟射线中油细胞少，几乎可以忽略。
图中为钓樟微观横切面40倍放大图（左）和100倍放大图（右）</td></tr>
<tr><td>材性及用途</td><td>钓樟质地温润，用途也较广泛。气干密度 0.55—0.65g/cm³，香气微弱。强度适中，硬度较小，容易加工；油漆、抛光性能良好，纹理多变，光泽性强，光照下板面可观察到金丝花纹；干缩性较好，不易变形。切面比较光滑，所以容易胶黏，耐腐蚀，会有轻微的翘曲、开裂现象。适合制作中高档家具、农用器具、雕刻品等。</td></tr>
</table>

假冒金丝楠树种的实验结果和分析之二

<table>
<tr><td>木材名称</td><td>木兰</td></tr>
<tr><td>拉丁名</td><td>Magnolia sp.</td></tr>
<tr><td>科属名</td><td>木兰科木兰属</td></tr>
<tr><td>别称</td><td>隆楠</td></tr>
<tr><td>宏观特性</td><td>木材黄褐色带绿。散孔材。管孔略小，甚多，分布均匀。生长轮明显。木射线放大镜下明显，稀至中。轴向薄壁组织放大镜下可见，轮界状。通过比较，不难看出，桢楠与木兰的木材材色略有相似，但放大镜下二者的宏观结构差异较大，最明显的差异在于，木兰横切面上薄壁组织呈轮界状，而桢楠无此特征。此特征差异同样可作为宏观识别樟科与木兰科木材的关键要素。

上图为木兰的实物图（左）和10倍放大的宏观体视图（右）</td></tr>
<tr><td>微观构造</td><td>单管孔并 2 个至 5 个径列复管孔，管间纹孔呈梯状及对列，复穿孔呈梯状；轴向呈轮界状薄壁组织。木射线不属于叠生，射线组织通常为异形Ⅱ型。单列射线极少，高约 1 个至 10 个细胞，多列射线有 2 个到 4 个细胞宽，高则至少 5 个到 32 个细胞或以上。油细胞不常见。对比之后发现，其与桢楠存在较大差异。其一，木兰微观横切面上油细胞几乎不可见，而桢楠横切面上可见丰富油细胞。其二，木兰管孔径列较多，而桢楠管孔多数散生。

图中为木兰横切面微观40倍放大图（左）和100倍放大图（右）</td></tr>
<tr><td>材性及用途</td><td>木兰生长迅速，树干通直且粗壮，所以出材率比较高，有较广泛的用途。气干密度 0.45—0.60g/cm^3，没有特殊气味。强度、硬度均小，易加工，纹理多变，油质感微弱，板面经抛光打磨后，光照下金丝花纹略见。干缩性较好，不易变形。油漆、抛光性能良好，光泽性中等，易胶黏，但不耐腐蚀，干燥较快，适合制作中高档家具、农用器具、雕刻品等。木兰是一种观赏性树种，花期是在每年的早春时节，白色花朵气味芳香。木兰花蕾含丰富挥发油，可提炼来调配皂用和化妆用品的香精。</td></tr>
</table>

假冒金丝楠树种的实验结果和分析之三

木材名称	槭木
拉丁名	Acer sp.
科属名	槭树科槭树属
别称	色木
宏观特性	落叶乔木，高可达 20m，胸径达 60 厘米。产自西南、华南、东北等地区，本树种垂直分布幅度很大，天然分布在海拔高 1600m 至 2800m。散孔材。管孔略小，散生。灰褐色的树皮，纵列，木材部分是由黄褐色至红褐色渐变。板面光滑，旋切面可见水波纹理或山水花纹，光照下波纹更明显。生长轮容易辨别，在年轮之间有较深色的带状纹。放大镜可以明显观察到，它的轴向薄壁组织呈轮界状，木射线细至中，与桢楠材色差异较大，槭木呈黄褐色至红褐色，而桢楠木呈黄褐色带绿，可以将木材是否带绿色纹理作为区分二者的简易方法。 上图为槭树的标本，左图可见明显的木纹，右图为宏观体视图（10倍放大）
微观构造	单管孔，有少数径列复管孔。单穿孔，管间纹孔式互列。轴向薄壁组织量少，轮界状及环管状。木射线非叠生，单列射线少，高 1 个—10 个细胞；多列射线常 2 个—5 个列，高 3 个—20 个细胞。射线组织同形单列及多列。通过比较发现，微观下槭木与桢楠结构差异较大，弦切面是否含有油细胞是区分二者的最主要特征，其他微观结构均有差别。 上图为槭树横切面40倍放大微观图（左） 和弦切面200倍放大微观图（右）
材性及用途	气干密度为每立方厘米 0.700—0.830g/cm^3，斜纹理，结构细且均匀。偏重，质硬，干缩偏中。强度中偏高，具有较强的承受冲击的韧性。干燥速度算中等，表面易微裂，沿射线易劈裂，稍有翘曲。防腐处理较难。较易切削，切面光滑，旋切板面可见水波纹，油漆后板面具光泽。胶黏性属于中等，握钉力强，用途广泛。原木可做枕木、单板及胶合板等，板材适宜制作中档家具、地板、车厢及军工材等。

总结：

通过对桢楠（金丝楠）及 3 种假冒金丝楠木材的宏观与微观对比研究，发现虽然肉眼看它们之间确有相似之处，其颜色和板面纹理与桢楠近似，尤其是樟科钓樟与木兰科木兰，几乎可达到以假乱真。

通过宏观特征比较，钓樟与桢楠差异较小，显著表现在管孔类型，横切面上钓樟有半环孔趋势，而桢楠为散孔材。木兰、槭木的差异较大，表现在薄壁组织类型和香气两个方面，两者均有轮界状薄壁组织，无特殊气味，而桢楠不具轮界薄壁组织，具有特殊香气。

通过以上微观层面的对比，发现钓樟与桢楠在木质构造上的差异较小，主要表现在油细胞位置不同。桢楠的木射线与薄壁组织中都富含着油细胞，但是钓樟的射线中少有油细胞，而薄壁组织中的油细胞较多。木兰和槭木在木质构造上与桢楠有明显的差异，桢楠轴向薄壁组织主要呈环管状及星散状，含有油细胞；而木兰与槭木的轴向薄壁组织主要呈轮界状，且不含油细胞。因此，笔者建议大家在判别金丝楠时要依据科学的方法。

由于缺乏花果等进行实证，所以对当前楠木种属的鉴定造成一定的难度；尤其是对于一些楠木属近缘种，这些木材在木质结构与枝叶形态方面很相似，按照传统植物学的鉴定方法，一般只能确定到属，而种是无法进一步鉴定的。这使得新技术发展迫在眉睫。不同的楠木种携带着各自不同的 DNA 信息，可以利用这些信息对种进行准确的鉴定。除此之外，红外光谱、高效液相色谱成分分析等手段也有待开发与成熟，这些都是可以加以利用的。

金丝楠的常见替代品

金丝楠木早在明末就濒临灭绝，现存活树极少，属于我国二级野生保护植物，目前市面上流通的金丝楠木多出自拆迁旧房、古代庙宇等用的老料，小件居多，由此可见它的珍贵与稀有，同时，金丝楠木的市场价格也逐年上升，居高不下。许多不法商贩也从中洞察到“商机”，投入金丝楠销售市场中，但是金丝楠木数量有限，怎么办？于是乱象丛生，用金丝柚、普文楠、黄金樟、水楠等木材伪装成金丝楠，鱼目混珠，从中牟取暴利。

1. 金丝柚

金丝楠木是中国独有的，属于国宝之一，缅甸并不生长金丝楠木，市场上所谓的缅甸金丝楠，其实是金丝柚木，也叫胭脂树、紫柚木或者血树等，是落叶或半落叶生大乔木，属于柚木中等级最高的，品质也最好，其中也有金丝闪现的佳木，但相比金丝楠密度差一些，味道也有差异。

颜色上，金丝柚略偏绿，有些许抹茶色，不似金丝楠呈金黄色，老料中也会有偏色，偏绿或者偏褐色，不能一概而论，因此颜色上依靠经验要综合判断；木材的纹理宽，是明显的条带状，棕眼比金丝楠大，密度差；香气上，柚木没有楠木的那股清香。现在市场上存在一种处理方法可以混淆视听，极有杀伤力，很多专业的木材商人都作难。大致的处理方法是，将金丝柚木的根部料挑选出来，金丝柚木的相对密度较大，用双氧水进行漂白，褪去偏绿的底色，这样就会呈现金黄色，和金丝楠十分相像。根据笔者在实践中的经验总结，可以从两个方面识破这种处理方法，其一，将这种木材的表面喷湿，也可以直接浸泡水中，然后借助双氧水试纸进行检测，结果就一目了然了；其二，通过气味辨别，金丝柚木不归为楠木属，没有挥发性油脂腺体，所以没有气味。不过，笔者曾做过一个实验，将这种根部料经双氧水漂白后，再用浸泡金丝楠木粉的水煮，这样就有了香味。当然，终究是道高一尺，魔高一丈，无论怎么造假总会找到破绽。不过，金丝柚木极具诱惑性和杀伤力。

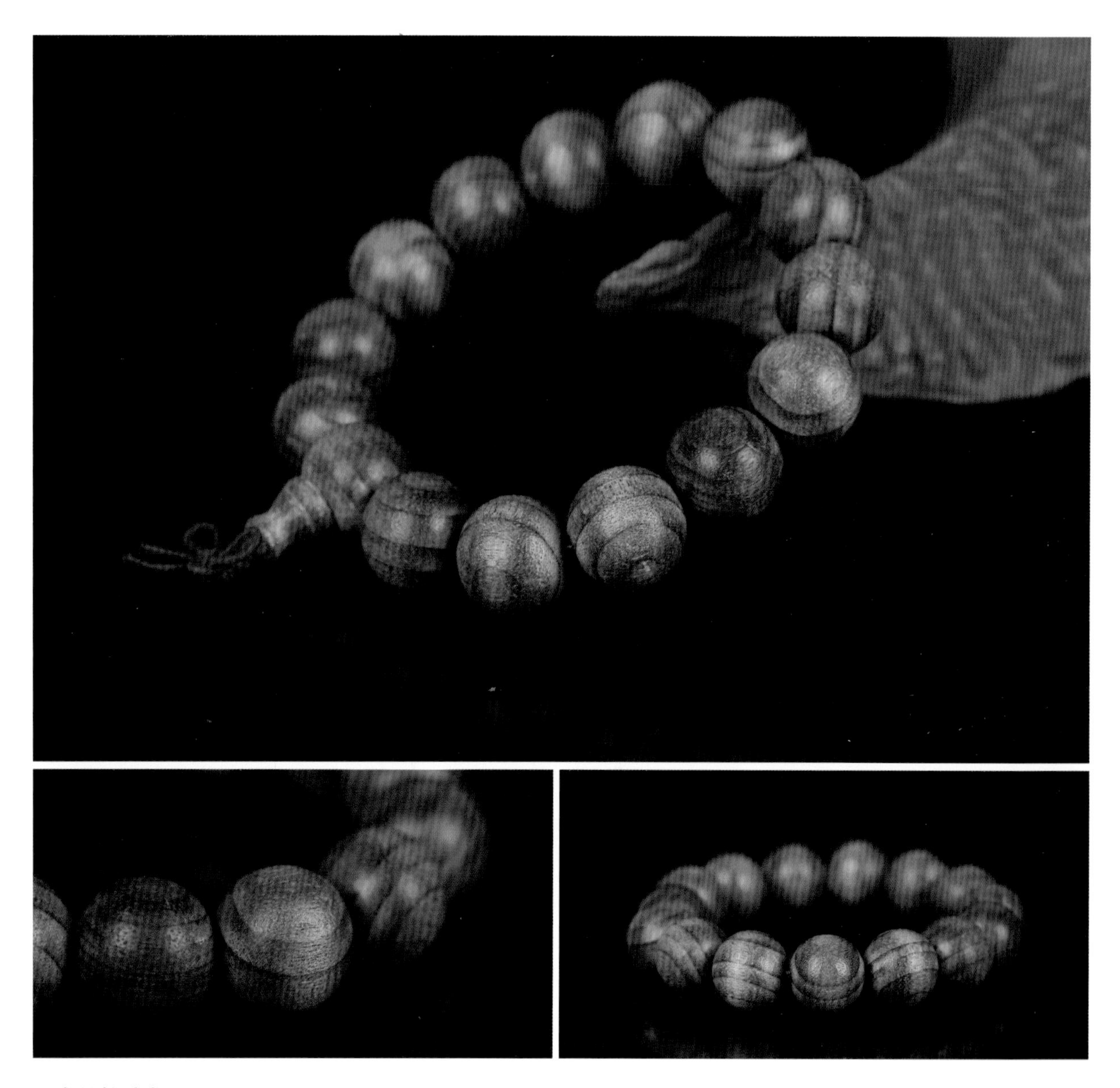

● 金丝柚手串

这种柚木的陈化料和金丝楠老料非常近似，但纹理更宽，味道也不同。

● 金丝楠替代品——金丝柚木

这种木材和金丝楠最大的区别就是棕眼比较大，而且比较密，且味道不同。但是同样有金丝，要非常小心。

2. 普文楠

如果有的“金丝楠”颜色有点像酸黄瓜，您可要小心了。这可能是黄心楠，学名叫普文楠。普文楠是大叶楠属乔木，属于樟科，所以生长轮明显，在轮间有深色条纹可辨识，边材呈浅黄褐色并带绿色，心材会呈深黄褐偏绿色，有光泽感。新切面的香气中略带微酸，闻久便觉恶心，时间久会消失。多生长在缅甸、云南，所以在缅甸和我国南方的福建仙游等地有不少工厂，制作加工家具和工艺品，工人工作时间长会觉得恶心乏力，相反金丝楠闻起来会觉得神清气爽，简直是天壤之别。

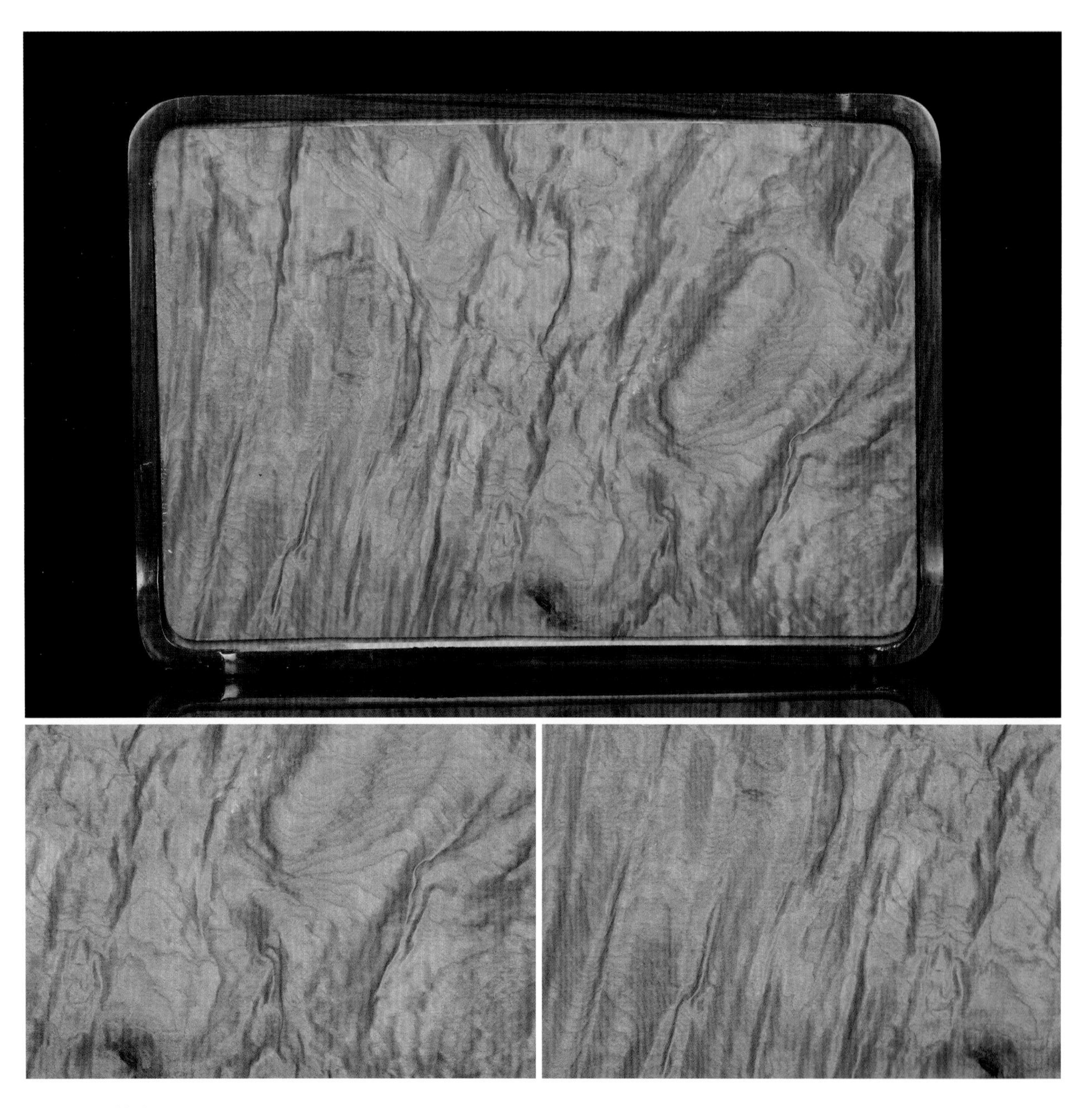

● 普文楠茶盘

● 普文楠镇纸

要注意的是各种楠木都有水波纹，不是只有金丝楠有。

3. 黄金樟

黄金樟，别名山香果，有黄金色的纹理，与金丝楠木的“金丝”十分相像，都属于樟科，只是黄金樟属于樟属，而金丝楠属于楠属。黄金樟色浅，通常是金黄、赤金和咖啡色，还会伴有双色的分色现象，会有类似樟脑的刺鼻香味，有不规则的纵裂纹。切面略涩，不易打磨。

从花纹的角度讲，黄金樟结瘤多，且木材直径粗，瘿木纹理行云流水，花团锦簇，十分漂亮。可以作为红木家具的镶芯板材。表面上与金丝楠并不好分辨，只不过味道浓烈些，但本质上两者是完全不同的。

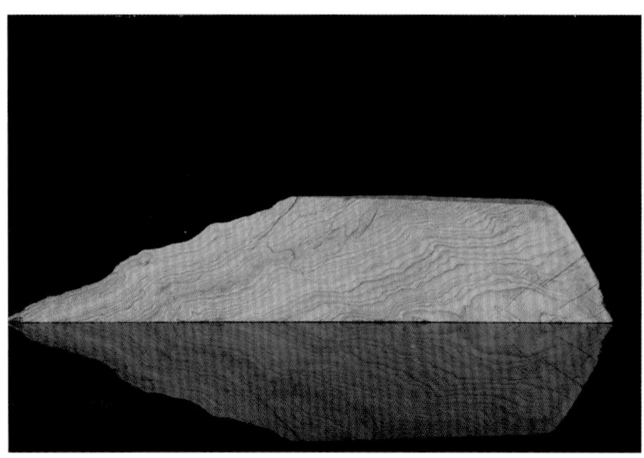

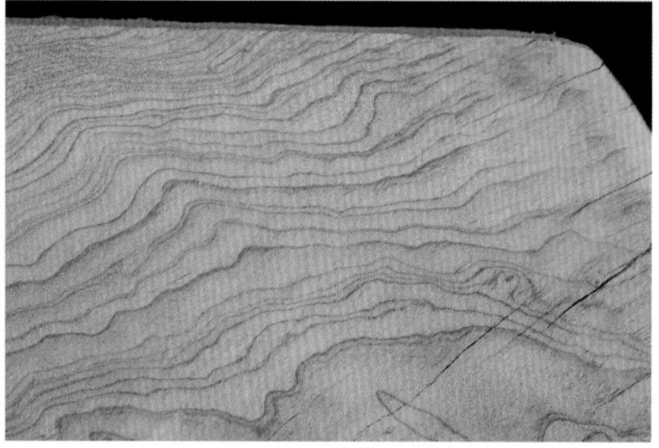

● 黄金樟标本

因为黄金樟本身的纹理清晰，但呈现的花纹也很漂亮，是从不同的角度观察其花纹，偶尔会有黑色素的沉淀，形成云状纹理。所以现在市场上将它作为金丝楠木的替代品，但是并不能把黄金樟归为假货，那样就否定了黄金樟的价值。

● 黄金樟瘿子木原木

图中可以看到清晰的黄金樟瘿木花纹，如果经过打磨，也会非常漂亮。但是可以看到有空洞，的确完美的瘿木很少。

4. 水楠

水楠并不是一个独立的树种，而是一个泛指的概念，除去金丝楠的其他十几类楠木归纳为水楠，这些楠木的味道很淡，几乎没有气味，木色多为黄白色，偏浅，用来冒充金丝楠时一般都要进行上色处理。水楠的密度小于金丝楠，所以同样规格的一条手串，水楠的不会有压手感。区分水楠和金丝楠，一看颜色，金丝楠的颜色金黄或者偏绿，两者很容易辨别；二闻味道，水楠味道较淡，也较容易辨别。

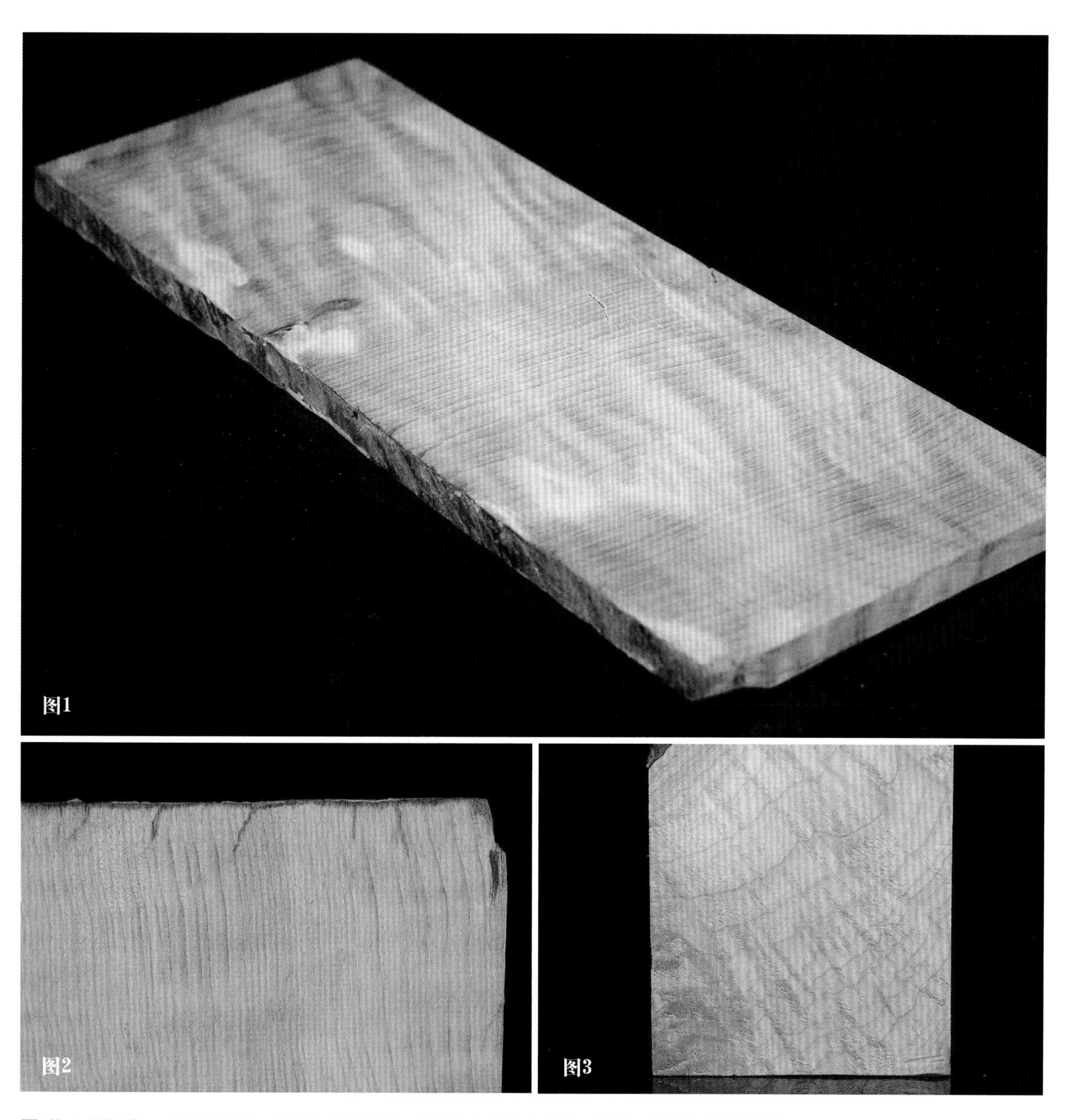

图1为水楠标本，水波纹很美；图2为水楠纹理；图3为金丝楠木纹理，对比一下可以看到差别。

5. 黄心楠

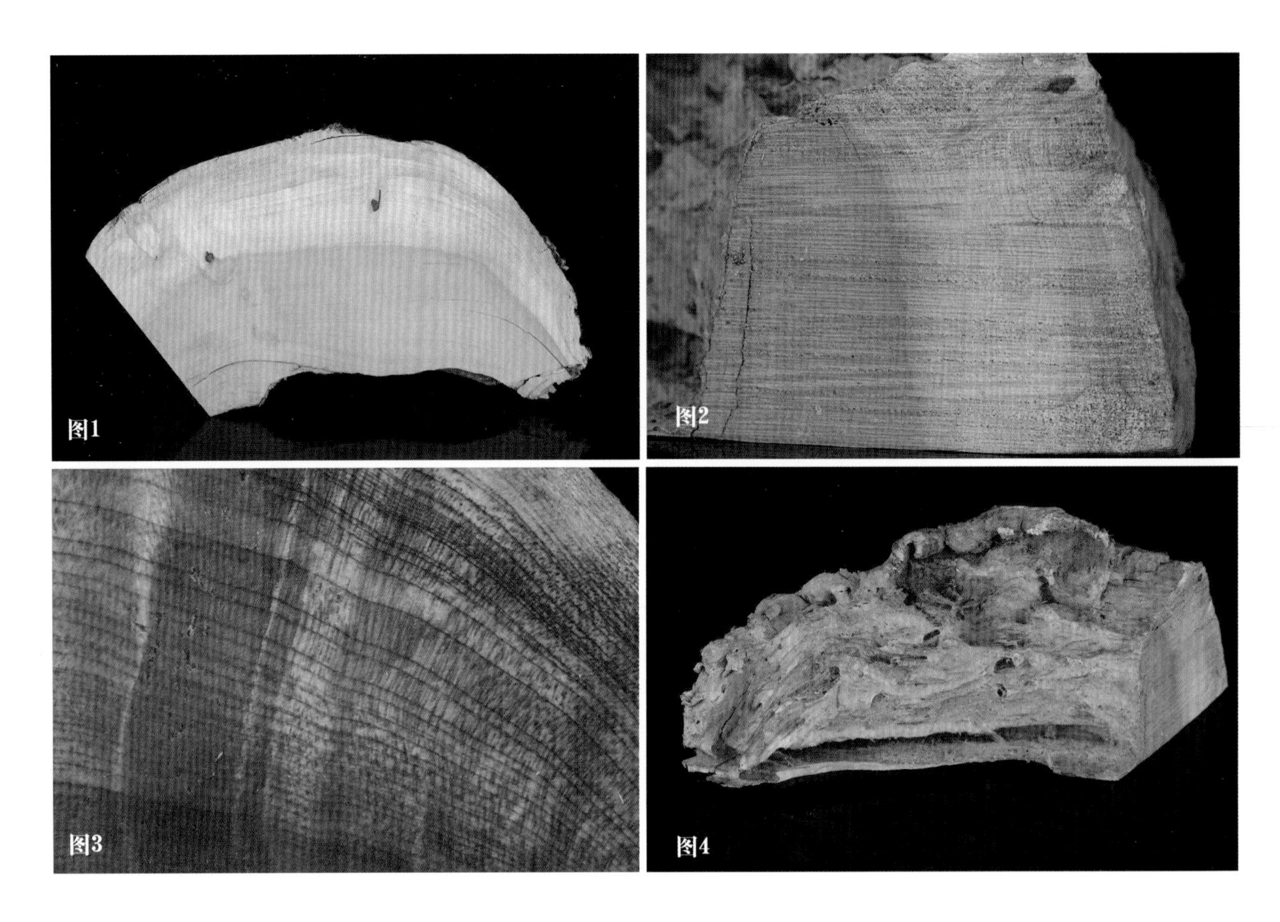

● 黄心楠原木锯解标本

图1、2反映了黄心楠的原木特征，木质分为两层，有10厘米左右的白皮层（边材），“白皮层”边材和金丝楠非常相似，内部的黄色部分（心材）有酸臭味。图3为黄心楠纹理放大图，年轮纹的间距有差异，这说明不同时间段生长速度不同。图4可以看到黄心楠的皮层，有节瘤的情况，皮部颜色与金丝楠木十分相似，有褐色颗粒状及白色斑点，但是皮质较厚。

6. 其他替代品

● 黄金楠笔筒

此类木料比金丝楠沉，而且纹理宽大粗糙，毫无细腻温润的特点。但如果附和了水波纹等纹理特点，就较难判断了。

● 杂木手串

在地摊上较为常见，一般会上一层带颜色的漆，纹理也非常呆板，没有金丝楠的猫眼和金丝的动感。

在海南岛发现的一种，当地称之为沉楠或黄檀的木料，确实有金丝闪现，但密度非常大，可沉水，密度比金丝楠大一倍，此种木料和金丝楠关系不大。

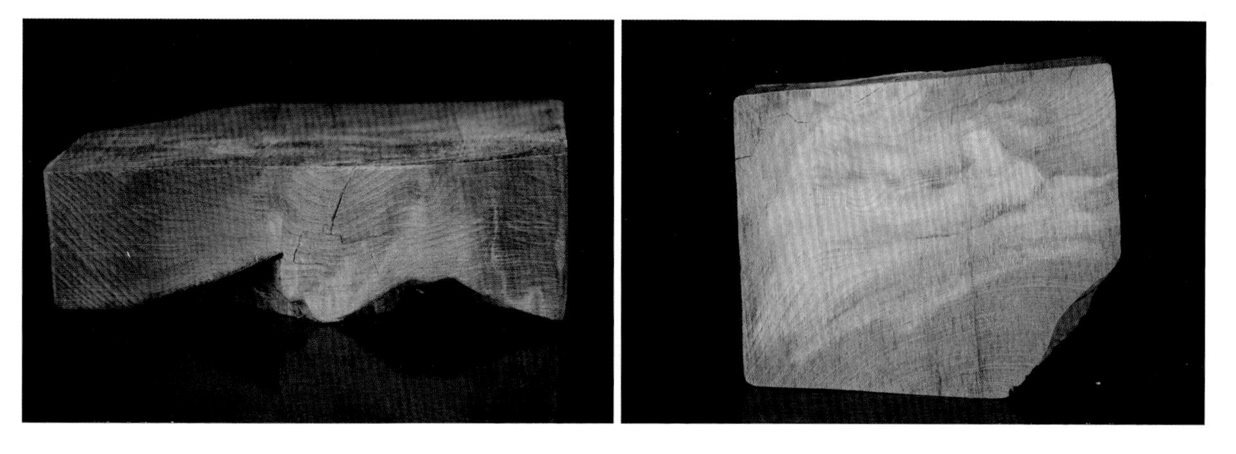

图为黄檀木原木标本，木质为双色，会有香味。但密度明显偏大。

7. 水楠贴皮

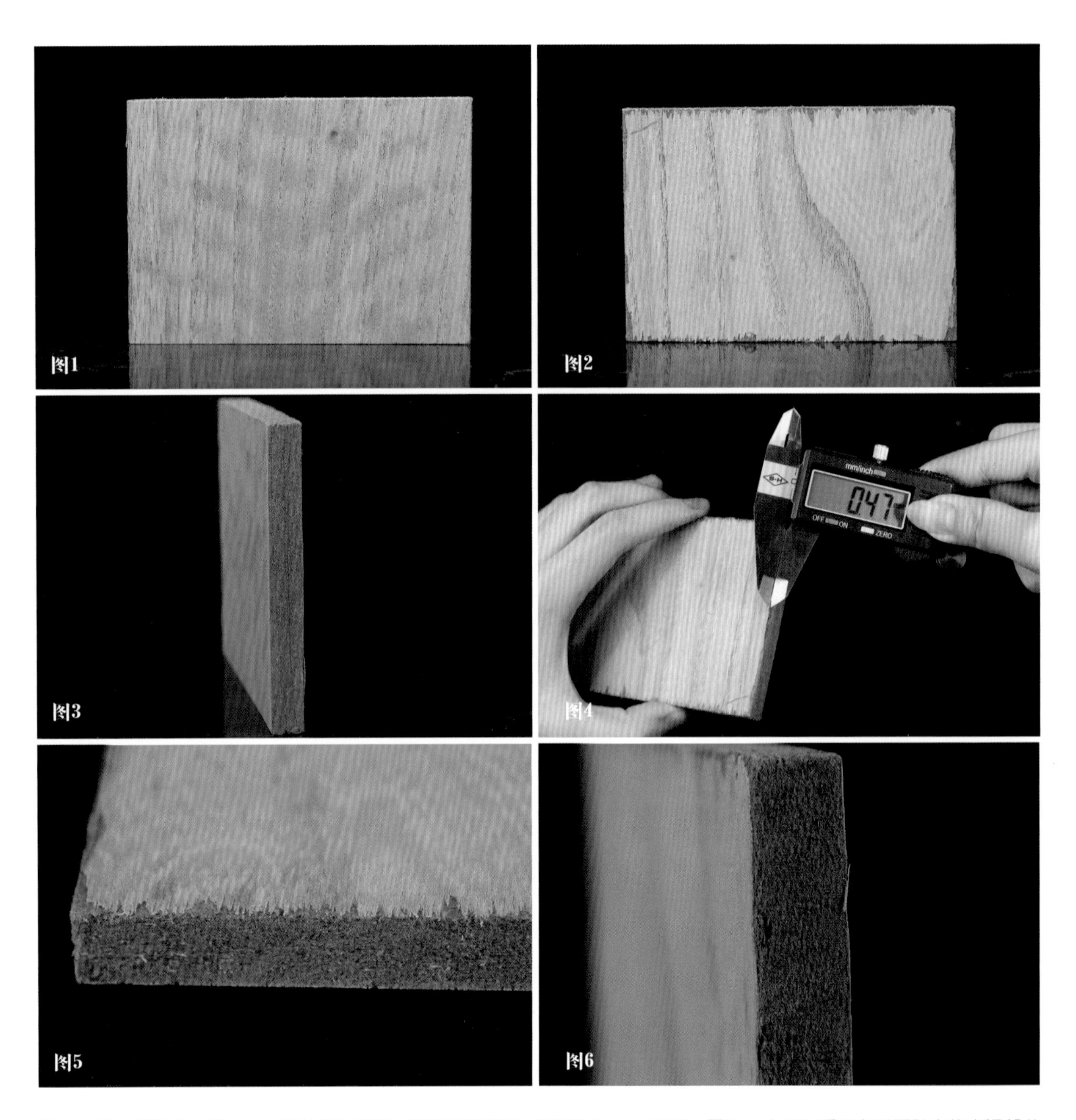

图1、2是水楠贴皮；图3、4中可从侧面看到水楠贴皮非常薄，仅仅为0.5mm不到；图5、6中可以看到在两面贴皮的中间部分是木屑压制的压缩板。

五 金丝楠用途

金丝楠在古代家具中的应用

楠木是古代皇室大量御用家具、宫廷装饰品的主选原材料之一，历代为皇家所钟爱，元代《南村辍耕录》一书中也有记载，“寝殿楠木御榻”。文震亨在《长物志·榻》中也建议依“旧式”，即明末仿古用楠木制榻。因为金丝楠木特别

香，又能防潮防蛀的特性，经常被做成盒、箱、柜、书格等用来庋藏字画、毛笔、布料、书册等。也因楠木这一特性，有不少以黄花梨、紫檀为主要材料的家具内部也会使用楠木的隔板，可以增加防止虫蛀的功能，而且气味非常好，以增加其实用性和功能性。

明清可以算作楠木家具发展的鼎盛时期。当时宫殿中摆设的床榻椅具等常常是用楠木制作的，相比其他硬木，冬季触之不凉；尤其是古时没有暖气、空调，即使是皇家宫苑内室温也很低，如果用硬木或者其他导热快的材质制作椅凳卧榻，那人体是很容易受寒的。所以金丝楠弥补了黄花梨、紫檀两大传统硬木的缺陷，被广泛地应用。

在明代遗留的历史文献中，记载楠木为上等良材，常用来制作箱、柜、书架等文房用具，以及装饰柜门，当时皇家藏书楼、金漆宝座等木胎都是用楠木制作。此外，明式家具中显著部位所镶嵌的瘿木，大多是“满面葡萄”纹的楠木瘿子，花纹细密瑰丽，精美绝伦。《格物要论》中记载一种斗柏楠，其实就是今天所说的斗瓣儿楠，“骰柏楠木出西蜀马湖府，纹理纵横不直”“有山水人物等花者价高，四川亦难得”，这其实特别好理解，就是因为金丝楠的纹理实在是太美了，大料多、规格大的瘿木也多，就适合做镶心板，增加家具的观赏性，把天然之美发挥到极致。尤其是文人，不喜欢用太多“矫情”的雕工，更喜欢这种自然而然的美感，有助于冥想、静心、反思。

金丝楠雕刻荷花图案，清晨的阳光洒入室内，映在金丝楠木上，十分有意境。

晚明以前的皇家器物基本上都是楠木胎，披麻上灰再罩大漆，比如故宫中轴线上太和殿里的金漆雕龙宝座，楠木胎贴金，清亡后不知去向，是解放后朱家溍先生从文物库房里翻找出来重新修复的，还有宝座后的屏风以及仪仗等，基本都是楠木做胎的。晚明以后一直到清初，这段时期开始大量使用黄花梨、紫檀家具，清代故宫中除三大殿的陈设外，几乎所有的皇帝居室内都摆上了黄花梨、紫檀的清水家具，所谓清水家具，就是不上大漆的家具，用烫蜡代替。但是中轴线上的三大殿永远是“楠木”金漆的，这代表着中间的传统不能动，虽然清代取代了明代，但是他们也继承了明代的很多礼教体制。金丝楠的这种主导地位是不容撼动的，也是客观的事实。

与此同时，受晚明江南社会审美倾向的影响，清水楠木家具也开始顺势出现，因为它更能体现江南文人追求清新雅致，崇尚自然的审美；入清后尤其是雍正乾隆以来，紫檀家具开始大量出现，从这时起，楠木便开始与紫檀相伴相随，使中国古典家具进入一个新的审美阶段。开始出现经典的“紫配楠”，即紫檀黄花梨作为边框，镶嵌金丝楠面心板的混搭家具设计风格由此而生，开创了一个新篇章。

● 明代・金丝楠描金披麻挂灰龙凤屏

金丝楠色金黄，用来与紫檀等红木相配制作家具，比如桌面的芯板等，相得益彰。比如清代活计档中记载，乾隆亲自审阅定制了一系列的金丝楠木家具，并常与紫檀搭配，故宫文渊阁、乐寿堂、太和殿、明长陵等建筑中的楠木装修及家具一直保存至今。另外，从传世的楠木家具来看，民间也有用楠木，尤其是福建遗存居多，有罗汉床、拔步床和雕刻的飞罩、牌匾、楹联等。

金丝楠木是我国特有的珍贵木材，历朝历代皇家都将其视为御用之材，几乎垄断了金丝楠木的采伐，还专门设有部门负责置办事宜，又称为“皇木”。当时，进贡金丝楠木成为官员考核业绩和晋升的重要指标，更有甚者，平民若能进供一根金丝楠木便可做官。明清两代均规定，除皇家和特别恩准外，其他建筑不可以使用金丝楠木，如果私人擅自使用楠木被发现，会因逾越礼制而获罪。清嘉庆帝杀和珅，公布了其二十大罪状，条条死罪，其中第十三条便是因为和珅所盖房屋使用楠木，僭侈逾制。当然，也只有像和珅这样富可敌国的人物才有可能建造得起楠木建筑。但是，对于楠木家具的制作来讲，则要普遍得多，民间多有发现。而今，不论是宫廷的还是民间的，不论是楠木建筑还是楠木家具，都已经成为我国重要而珍贵的古代文化遗产。

● 明代 · 金丝楠描金披麻挂灰龙凤屏

深浮雕，背面披朱漆，正面描金。两凤凰对首相望。

在明代，大部分显贵家庭都喜欢摆放及使用髹漆家具。因为髹漆家具需要木性稳定、着胶（漆）力强的木胎体，所以通常首选杉木为材，虽然楠木的防蛀特性令其更适合制造柜箱之类，但因楠木的着胶、着漆的能力没有杉木好，所以楠木胎大漆家具比杉木胎的少，而大部分楠木胎的髹漆家具使用的都是推光漆工艺。推广漆的漆面除了先打底漆三遍、然后再面漆三遍，一般都用布来擦漆，采用天然大漆，其中最好的叫“鸿锦漆”。用木棒搅动漆液，拉出木棒，拉丝拉得越长，证明漆的质量越好，最好的漆拉一米多都不会断，细如蚕丝。这种推光漆，主要是增加金丝楠家具的亮度和透明度，根据不同的题材和形制，偶尔会在表面再彩绘一些纹饰或者描金等更加复杂的工艺。在光线下金丝楠木反射的金丝，再加上推光漆上的描金，同时在光线下，两金重叠，虚实相映，实在有趣。笔者用金陵金箔古法贴金的方式做了几件类似的艺术品，意在追溯古人之情怀和意趣。

●清早期·金丝楠独板面条柜

披麻挂灰，髹朱红色大漆，有非常明显的使用痕迹，包浆保存得非常完整。

作为建材，金丝楠木在明清两朝一直被皇室垄断性地选择为建筑材料，皇室采办楠木修建宫殿、陵寝，发展至清代，楠木仍是首选的皇家建筑材料。我们现在看到的紫禁城，除中轴线上的主要宫殿外，金丝楠木家具还遍布在东西六宫、内廷苑囿、礼神敬佛的佛堂等处，可见金丝楠家具在皇室日常生活中十分重要，仅宫廷档案中就收录了两百多件金丝楠家具。金丝楠木家具使用范围广泛，种类繁多，几乎涵盖了所有家具类型，尤以案桌和书格等实用家具最多。金丝楠木金黄的色泽，受到皇室垂青，常常与紫檀等红木搭配，成为皇室家具的首选材质。

从故宫博物院现藏的物件及当时造办处档案盒进贡档案可见，清代早期宫廷，除了使用楠木作为漆家具的胎骨以外，楠木还有两个主要的用途：第一是作为家具的主材；第二是作为家具的镶嵌用材，仅第一类在宫廷档案中就能看到两百多件。由于楠木优良的特性，被选作皇家御用材料，在明清两代达到顶峰，大量用于宫殿、庙宇、城楼之中。笔者曾在故宫中工作过四年多，毓庆宫、古华轩等处，金丝楠或用于几腿罩子，或用于隔扇门，或用于天花藻井，大量的金丝楠木宫廷家具充盈着各个宫室，成为清代宫廷的重要陈设，这些都是当时经内务府造办处制作的。可以看出，楠木在我国历史上有重要地位和应用价值。

从上述的档案记录中能看出，楠木家具被皇室使用的数量前所未有地繁多，而且其种类庞杂，涵括：案桌、书格、香几、屏风、杌凳、插屏、床、吊屏、案几、剑架、宝座、衣架、柜、围屏、挂屏龛、炕罩、靠背、亮轿、镜架、痰盂等，其中又以案桌及书格最多。这可能和大家想象的宫廷家具的用材有所不同，和一般的黄花梨、紫檀木的宫廷家具相比，金丝楠木家具的数量其实也不少，只是在近20年，黄花梨紫檀木的价值暴涨，被人无数次地强调，印象比较深罢了。金丝楠作为传统的名贵木材，却少有人问津，更少有人系统地成体系研究。楠木家具更加朴素简练，相比黄花梨家具，有自己独立的风格和特征，但又在总体的明清时代背景下，风格近似，具体待下文研究。

在明代《鲁班经·雕花面架式》中有“雕刻花草此用樟木或楠木”的记述，其实以楠木雕饰围屏及床的雕花围板的例子也不少。查阅雍正、乾隆两朝档案，可知有八十件左右的家具是采用楠木为镶嵌用材的。这种做法沿袭了明代或更早时的传统，比如高濂在《遵生八笺》中曾建议香几面镶心使用豆瓣楠。其实，这类硬木边包镶楠木心的家具，在古典家具实例中经常能看到。从档案可知，乾隆四十七年（1782年）曾有一大批紫檀家具自粤海关进贡，包括一套紫檀镶楠木雕洋花山水人物纹榻，紫檀镶楠木雕洋花罗浮图三屏风。故宫博物院典藏的一件紫檀边镶楠木心床，就属于这一类。

金丝楠备受皇家钟爱

金丝楠的高贵、典雅无时不与皇族的贵族气质联系在一起。那为什么皇帝如此钟爱金丝楠木呢？究其原因笔者概括为“蝇飞虫走，内在天成”。

金丝楠木木性优良，不仅“水不能浸、蚊不能穴”，而且不腐不蛀，质地温润，木性稳定，收缩性小，且有淡淡幽香。色泽呈浅橙黄色中略带青，光泽度很好，犹如锦缎一般，纹理绚烂而淡雅，历久弥新。这些优良的特性在《博物要览》中就有过比较详细的记载，“木纹呈金丝光泽”“出川涧中”“材质细密、松软”“色黄褐微绿，向明视之，有波浪形木纹，横竖金丝、烁烁可爱”。

其实皇帝的生活起居，同样脱离不了俗世的约束。秦汉阿房宫、明清紫禁大内，冬日靠炭盆取暖，如果用密度较大的硬木如黄花梨、紫檀做宝座、床、榻等坐具，那么家具本身就会很快地吸取人体的热量，让坐上宾感觉冰冷异常，然而金丝楠温润，木韧性很强，密度适中，导热性较弱，冬日不冷、夏日不热。现存于故宫博物院的紫檀嵌金丝楠浮雕山水纹罗汉床，就是一个特别恰当的例子，这件罗汉床是典型的乾隆时期代表作，记载在内务府造办处活计档中，当时乾隆帝特别要求将芯板改成楠木，耄耋之年的乾隆帝，确实已经无法承受冰凉的硬木宝座。

清中晚期·金丝楠木炕案

长93.9厘米，宽57.8厘米，高30厘米。
故宫博物院旧藏。这件家具就相对朴素了些，比例不是十分得当。也被明显修缮过，此类明显“短腿”的家具，有一部分是因为腿足长时间使用有一些磕损、腐烂，在后期被人为地锯掉了。如果把这件家具腿足加长30厘米，比例刚刚好。

而夏日，宫廷中为防蚊虫叮咬，一般会熏艾草驱蚊，但是其浓烈的味道往往也让人吃不消，金丝楠的另外一个神奇的功效就是趋避蚊蝇。金丝楠是至阳之物，一片山林之中最高大的许多都是金丝楠木，顶天立地。而它天然的芳香可以让蚊虫远离，更无虫蛀之事了。因为没有其他任何一种木材可以同时拥有金丝楠所拥有的优点，这种实实在在的实用性让金丝楠在各个朝代都成为皇帝最为喜爱的木材。

中国儒家文化推崇“内敛平和、恬淡虚泊”，而金丝楠木木性温润平和、不喧不噪，两者相契合，这就使得它与皇室贵族结下不解之缘，成为皇家建筑的重要木材，需求量居高不下。特别是在明清两代，楠木明令规定为御用之材，朝廷专门设有部门垄断了楠木采办等事宜。现存北京的明代宫廷建筑，初建之时几乎全部是使用楠木建造，只是清代中后期，楠木资源匮乏，所以翻修扩建时才不得不部分地改用其他木材。

从清代内务府《活计档》资料来看，造办处在清中早期所制的楠木家具，在清宫家居陈设中占有较大的比例。目前，在故宫、颐和园、避暑山庄等处保存有很多楠木器物，都出于这段时期，比如雍正时期的安九寸靠背的楠木方杌、乾隆年间的楠木雕龙顶箱柜、楠木青花瓷座面鼓墩等，在清代帝王礼佛敬神的主佛堂中有楠木制作的佛龛供案等，另外太和殿、中和殿、保和殿内的宝座及带底座屏风，都是使用楠木木胎，木胎外罩金漆、髹饰龙纹，内廷各处的陈设包括床榻、佛龛、坐椅、书格、屏风、香几、供案等也多用楠木，由此可见，金丝楠木在清宫内廷陈设中占据举足轻重的地位。

楠木享誉世界，在英、法、美、德以及瑞士等国营造中国式园林建筑时，也都被要求使用楠木，大约是考虑到楠木树干粗壮通直，尖削度小、韧性好、抗虫抗蛀，阵阵幽香，让人心旷神怡，灵秀之气，郁为人文。

金丝楠用作建筑装修

我国现存规模较大、保护完好的明代金丝楠木大殿有两处，一个是坐落于北京北海公园的大慈真如宝殿，另一个是明长陵祾恩殿。其中，大慈真如宝殿算得上当时金丝楠建筑的优秀代表，在清代乾隆初期建于一座明代藏经殿的基础上，支撑整体的金丝楠木巨柱有二十余根，均高达十米、直径半米，堪称我国古建史上的奇观。在此书中，笔者也就这些古建筑实地考察过，详文请看后述。

虽然封建帝王拥有绝对权力，并对金丝楠孜孜以求，不过限于当时交通不便，造成物流成本巨大，也让很多无辜百姓为此丧命。据史料记载，明万历三十五年即1607年，对金丝楠木的采伐人力和财力成本进行过统计，“拽运辄至七八百人，耽延辄至八九月，盘费辄至一二千两”。在采伐过程中也常会出现人员伤亡，在其主产地蜀地流传有“入山一千，出山五百”的说法，可见采木艰辛，劳民伤财。在康熙初年，也派官员前往南方进行楠木采办活动，当时康熙帝就深感这项活动耗资过多，劳民伤财，对国事无益，所以下旨改用东北黄松替代金丝楠，故宫现存的很多大殿木柱就是黄松的，只是外表由楠木拼接。

但封建帝王将相对于金丝楠的迷恋并未减弱丝毫，更有甚者另辟蹊径。据传，当年乾隆为修建寿陵，需要使用大量金丝楠木，但是当时金丝楠木已经极少，于是假借修葺明陵，拆大改小，偷梁换柱，挪用了明陵中的金丝楠木。现代考古发现，也确有历史资料中记载着乾隆修葺明陵，运输明陵物料中包

故宫珍宝馆中金丝楠木炕

● 故宫珍宝馆中金丝楠的装修和格栅

● 故宫博物院中皇极殿的主要建筑构件皆是由金丝楠制成

括金丝楠木等。另外，考古人员在清陵的建筑材料中，发现了部分明代木料和砖石等。

多少年来，金丝楠以其特有的价值，成为中华传统文化的重要载体，向世人展示着中华文化的无穷魅力。如今，封建帝王连同他们对于金丝楠的“垄断”已经为历史所湮没，金丝楠木制成的工艺品、家具已经成为每一位民间喜爱者可触可及的“平常事物”，受到收藏家们的追捧，成为业界新贵。虽然目前围绕金丝楠出现的是波涛汹涌的商业大潮，但谁都无法否认，金丝楠有着厚重的历史积淀和丰富的文化内涵，它已经成为一个中华传统文化的重要符号。因此，我们期待着更多的人从文化的角度对其进行更深层次的鉴赏和发掘。

历朝历代，楠木都作为陈设器物的理想材料。制作器物时，可用整块木料，如大室、宝座、屏风等，并不一定使用包镶技术，这样更容易发挥工匠的手艺和造型流畅的美感。《元史》记载“祝册，亲祀用之”“藏以楠木镂空云龙匣”，宗庙用的祝册是体面之物，自然要用高规格的包装盒去盛装，用楠木制作的缕空云龙匣盛装，光听名字就觉得很霸气了。

元代陶宗仪在《辍耕录》中记载过，“后香阁一间”“阁上御榻二，柱廊中设小山屏床，皆楠木为之”“寝殿楠木御榻”，可见香阁的御榻、床都是楠木制成的，金丝楠气味芳香，而且又有安神镇定的功效，做床榻再合适不过了。

明代从嘉靖以后，奢靡之风盛行，明人范濂在《云间据目抄》中说：“兼之嘉隆以来，豪门贵室，导奢导淫。”皇宫之内更是穷奢极欲，大量使用楠木制作的各类器物，非一般的豪门贵室可以相提并论。清代皇宫亦然，它不仅承袭了明代遗留下来的大量楠木器物，还不断地根据帝王自身的喜好制作楠木器物，以供玩赏，到乾隆时已登峰造极，琳琅满目，充满了各个宫殿。金丝楠木儒雅之风，与明清两代崇尚汉文化和儒家思想的帝王们非常契合，结合黄花梨、紫檀的清新、硬朗、肃穆的风格，构成了明清两代木材历史的重要部分，而明清古典家具，也对现代审美产生了较大的影响，也影响了国外对中国文化艺术形成的标签型概念。在各大展览中，中式古典已经成了不可替代的经典。

故宫经典古朴的皇极殿，在故宫地位仅次于太和殿，是故宫最具标志性的建筑之一，是清乾隆皇帝为自己归政后修建的宫殿。

史料对此有详细的记载，乾隆三十八年即1773年，拆盖太庙内房屋二十七间时，“木料颇大且间有楠木”“查有楠木二十一件”“应照依原奏统交宁寿宫工程处运用”。由此可见，宁寿宫、养心殿、乐寿堂、颐和轩、景祺阁以及皇极殿这些宫殿都有一定的金丝楠木，虽然乾隆年间楠木的采集和数量已经非常有限，但乾隆皇帝给自己养老用的宫殿还是留了点家底儿的。

金丝楠的药用及养生功效

在我国传统家具中，楠木是重要的原材之一。对楠木的相关研究也主要集中在古建筑中的应用、楠木生长的分析、楠木的微观构造和力学性能，以及阴沉桢楠木与现代新木的比较研究等。另外，对楠木的利用方式比较单一，主要是加工制作家具、雕刻艺术品等，剩下大量的加工余料没有合理利用，大多是直接焚烧造成浪费，楠木的养生价值并未得到完全开发。

现在医学对楠木的药用研究较少，即使是中医界也没有过多关注。而在古代，楠木是祛疾除患的良药，有很多医书中记载楠木入药、养生的。金丝楠木之所以成为皇室御用之木，自然有其原因，其中对于皇帝最为重要的因素便是健康，金丝楠的几个特性更使其具有独特的养生效果。

1. 金丝楠具有抗癌活性功效

近期四川农业大学“桢楠精油、精气化学成分及精油生物活性研究”最新的研究成果为楠木养生价值的开发利用提供了参考。这项研究以通过科学的实验手段进一步检验楠木精油的抗菌、抗肿瘤活性，为开发和利用楠木的养生价值提供了科学支撑。

此次的研究材料采用四川省的桢楠，树龄 37 年，树高 18m，原料取自根以上 1.3m 处，含水率大约为 30%，将样块磨粉后冷藏保存。采用水蒸气蒸馏法提取楠木精油，首先用分析天平精确称取桢楠粉末约 200g，装入 2000mL 的圆底烧瓶中，加入五分之三的蒸馏水和玻璃珠数粒，连接装置后开始加热，至精油体积不再增加。采用固相微萃取法提取楠木精气，是用分析天平精确称取桢楠粉末约 4g，放置在萃取瓶中，插入手柄伸出萃取头，加热后使温度保持在 85℃左右，大约 40 分钟后退回萃取头，拔出手柄取精气样品。然后对两者进行 GC-M 分析，研究各自的化学成分及生物活性。

通过研究桢楠精油与精气的成分，证明了两者有一定的相似度，只是精气的成分更复杂一些。桢楠精油的主要成分是沉香螺旋醇，其含量约占四分之一；含量占比第二的是愈创木醇，大约为 21%；排在第三的是 γ-桉叶醇，含量约占 9%。相比之下精气的主要成分虽然也是沉香螺旋醇，但是含量占比只有大约十分之一，成分含量占比排在其次的是 α-姜黄烯和愈创木醇，含量占比分别为 7% 和 6.7% 左右。

使用气相色谱质谱联用仪分析桢楠精油、精气的化学成分，以白血病 HL-60 株、肺癌 A-549 细胞株、肝癌 SMMMC-7721 细胞株、乳腺癌 MCF-7 细胞株和结肠癌 SW480 细胞株 5 种癌细胞株作为标本，评估桢楠精油的抗肿瘤性，发现确实有较好的抑制癌细胞的作用，IC50 指标均在 50ug/mL 以下；而测试金丝楠对大

四川农业大学宁莉萍教授科研团队提取金丝楠木精油，再次证明了历史上所说的“楠香寿人”：空气中的金丝楠木香气，通过呼吸道和皮肤表皮进入人体内，并为人体所吸收。萜烯类化学成分透过皮肤的速度是水的100倍、盐的1000倍，而且有适度的刺激作用，可促进免疫蛋白的增加，有效调节植物神经，促进平衡，从而增强人体免疫力，达到抗菌、抗肿瘤、降血压、驱虫、抗炎、利尿、祛痰、强体的功效。该课题组也已经通过实验证实了金丝楠木精油的防癌抗癌作用。图中为长9米的金丝楠水槽，相传距今有一千多年的历史，非常具有研究价值和历史文化价值。

肠杆菌（ATCC259922）、金黄色葡萄球菌（ATCC29213）、肠沙门氏菌（ATCC14028）、铜绿假单胞菌（ATCC27853）4种细菌的作用，证明了其抑菌活性，并同时发现其对革兰氏阴性菌和阳性菌均具有不甚明显的抑制作用。实验结果表明了进一步开发利用其抗菌、抗癌活性的必要性和可能性。

另外，楠木是一种重要的天然芳香资源，从楠木的种皮中可以提取到特殊的芳香精油，用来制作化妆品等。

2. 愉悦身心、延年益寿的作用

自古就流传有“楠香寿人”的说法，认为楠木“闻之令人心旷神怡”，久居楠香的屋室之中，可益寿延年。在用金丝楠器物布置的房间中，会有一股幽香扑鼻、心旷神怡之感。金丝楠味清香、静雅，不必刻意去闻，那种缥缈的香气，只在蓦然回首时，会突感馨香。现代的科学研究则认为，由于金丝楠木的香味持久，可以刺激人的神经系统，有助于身心健康。

在古代多本中医古籍中都有楠木作为药用的记载，“楠木性味辛，微温，无毒”，作为药材，随阴阳而灵动，子午时浓淡有别，其香清、雅、通、透，能醒脾化湿、开窍醒脑、升清化浊。在夜里常常可以闻到金丝楠阴沉木摆件散发的淡淡幽香，弥漫室内久久不散，沁人心脾。明朝李时珍在《本草纲目》中对金丝楠阴沉木也有记载，“乌木甘、咸、平、解毒，又主治霍乱吐痢，取屑研末，用温酒服”，可见当时已经对楠木的药用价值有了一定的认识。

3. 抑菌作用

上文提到楠木可以用来治疗霍乱，在北宋医家唐慎微所著的《证类本草》中也可以得到印证，书中记载楠木“枝叶味苦温、无毒、主霍乱，煎汁服之”。霍乱是烈性肠道传染病，发病急，传播快，上吐下泻，多发生于夏秋季节，主要因感受暑湿、寒湿等秽浊之气，饮食不洁致病，引起的一系列剧烈肠胃道反应，严重时还会导致肾衰竭，致死率极高。治疗时采用楠木枝叶煎汤汁服用，可见楠木能直接或者间接地抑制霍乱弧菌。在明代，明成祖朱棣组织编写《普济方》，其中收录了大量历代名方，详细地载明了楠木的药用功能。《普济方》“霍乱门”中也记载楠木具有治疗霍乱的功效，“治霍乱转筋，用楠木皮，煎汤洗之”。

我国古代常发生疫情，特别是明清时期，传染病频发，造成人口的大量死亡。《黄帝内经》《伤寒论》《诸病源候论》《千金方》《外台秘要》《瘟疫论》等古代典籍中都记载有疫情的治疗方法。民间也有传说，明代一次霍乱流行，皇帝为了赈灾，抑制流行病，就命令皇木厂把金丝楠木的碎料、锯末扔到井里，百姓取之，烧水服用，很快就清除了瘟疫。

4. 抗感染作用

北宋官修《太平圣惠方》中记载，“治聘耳出脓水久不绝方”，就是使用楠木，“一分烧灰，花燕（胭）脂一分，右二件药细研为散，每取少许，内于耳中”，说明楠木及花胭脂共同配伍可以治疗聘耳出脓水的症状，也就是今天医学界所说的化脓性中耳炎，说明楠木的水煎液可以抑制细菌繁殖、抗感染。

在四川当地的家具厂中，偶尔可以看到金丝楠的身影。金丝楠木屑都可以入药，可以说全身都是宝。有一些中药的商贩会来收购金丝楠的木粉木屑，在中药市场贩卖。

5. 改善循环作用

《普济方》“脚气门”中记载楠木对治疗脚气也有功效，“樟木三斤，楠木二斤右件药细锉和匀”，也就是用楠木与其他药品配合来治疗脚气，这是我国中医的一门绝技，估计不仅能去除脚气，还可以减缓脚臭。而且使用金丝楠，应该也是件挺奢侈的事情。

古代中医认为脚气即脚弱，是由于外感湿邪风毒所致，或因饮食厚味，积湿生热，“流注腿脚”。脚气的症状开始只是腿脚麻木、酸痛、软弱无力，或挛急、肿胀、萎枯、发热等，发展下去入腹攻心，就会出现小腹不仁、呕吐不食、心悸、胸闷、气喘、神志恍惚、语言错乱等症状。治疗脚气应以逐湿为主，并且调血行气，清热祛风，樟木与楠木配合使用可以治疗脚气病症引发的水肿等，这说明楠木入药有改善血液循环，促进新陈代谢的功效。

6. 温胃理气作用

北宋医书《小儿卫生总微论方》中记载楠木入药治疗小儿胃病，“楠皮汤，治胃冷吐逆正气，右以楠木皮煎汤汁服之”。《本草拾遗》和《日华子本草》都记载着金丝楠味辛、温、无毒，可平逆正气、宁心定志。煮汁内服可治霍乱及吐泻，煎汤外洗可治疗扭筋和足肿。

综上所述，楠木入药可以治疗霍乱、胃病、 耳出脓水（中耳炎）、脚气、霍乱转筋等病症，药用范围从传染性疾病、内科疾病到皮科疾病。楠木气味若有若无，沁人心脾，有益人体，川楠和闽楠以及紫楠都是桢楠属里最优秀的几种木材，它们的气味略有差异，川楠以药香味为主，紫楠以果香味为主，闽楠是淡淡清香，而阴沉木常带有类似沉香的味道。中医有“土爱暖而喜芳香”的说法，就是指香味入脾，醒脾化湿，同时辛能行气，香能通气，辛香温燥，消除湿浊。而且楠木与其他中草药配伍可以祛疾除疴，可见楠木在中国古代养生史的重要地位。

既然金丝楠木具有养生功效，那么如何有效地利用呢？曹荻明老师研制了金丝楠木绣花枕，并申请了国家专利。这套枕头的内胆采用百分百的纯天然金丝楠木超细粉末，外部用四层环保高级纺织材料精工细制。摆放在家中既可提神、定气，也可防蚊虫、防蟑螂，另外金丝楠的香气有助于缓解紧张情绪，有辅助安眠，增强记忆力、理解力的功效。

用金丝楠木粉做成的枕头，有安神降压的作用，笔者的国家专利。

● 金丝楠木凉席

金丝楠软硬之辩

金丝楠的生长极为缓慢，其黄金生长期有60年到100年，造就了金丝楠光泽强、木质细致、木性稳定等优良特点。早先的楠木多大料，树干通直树节少，纹理顺达，不易发生变形，不腐不蛀，除硬木外被列为白木之首，其木质价值甚至高于一些硬木。

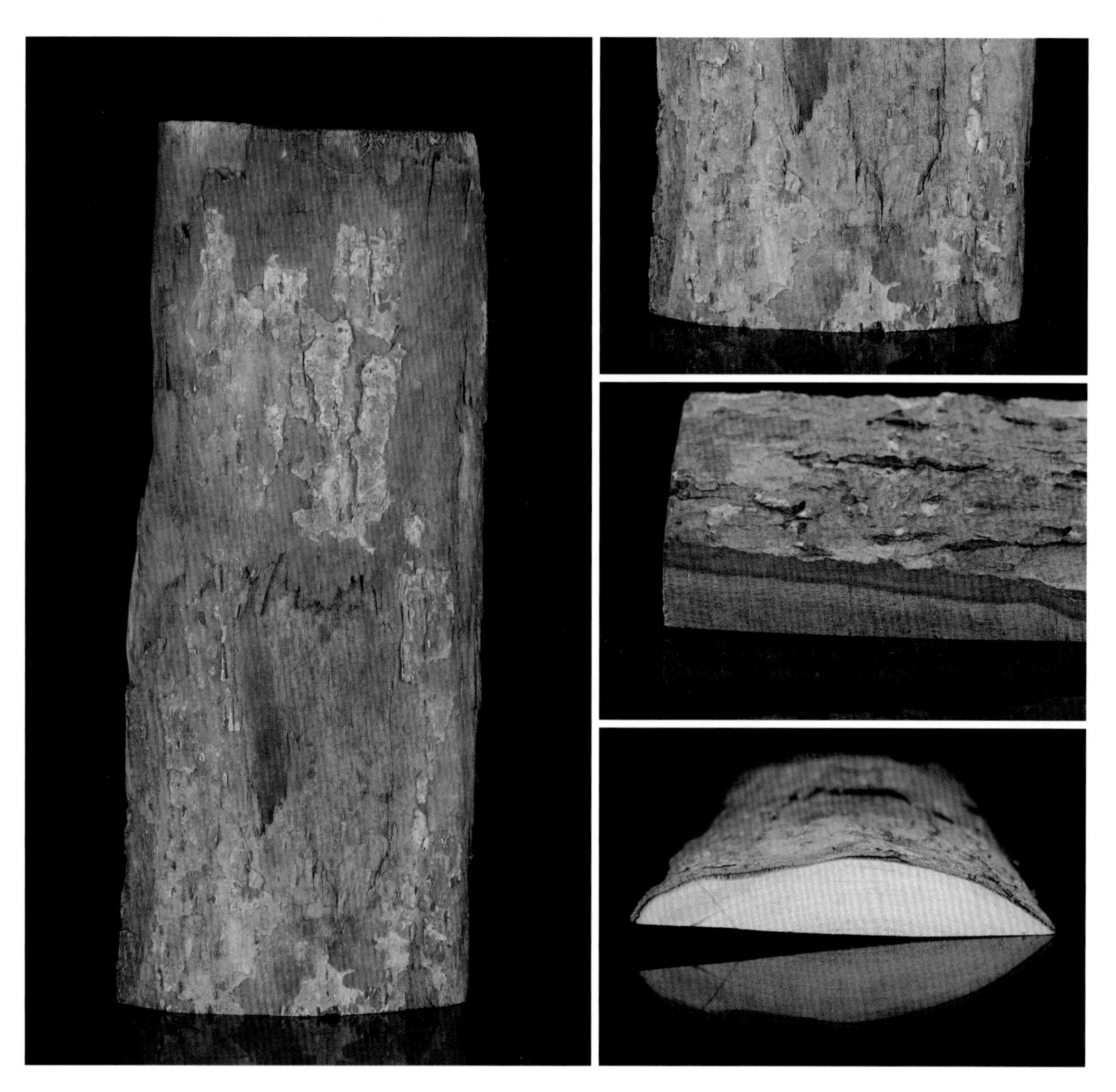

图片中是金丝楠原木的皮层，可以看到深色点状皮孔。而皮层侧面树皮薄，内皮与木质相接处有黑色环状层。

● 清中晚期·金丝楠木折叠条桌

故宫博物院旧藏，这件清代家具采用了比较有趣的组合拆分的结构，炕桌的腿可以下放变长，结构科学合理，唯一的遗憾就是在清宫内院几十年不用，缺乏滋润，一旦清理，烫蜡保养之后就可以恢复金丝的光泽，光彩照人。

● 清晚期·金丝楠木云龙纹扶手椅

故宫博物院旧藏。此椅包浆非常好，局部雕刻纹饰，是金丝楠家具实用器的主要体现之一。使用了两百年，仍然经久耐用，十分牢固。

所谓木者，何为软？何为硬？人们向往的那扁舟一叶的宁静和花掩柳护的柔情飘洒，一切都觉得柔软而不生硬。而在屋脊梁柱之间，软硬便显得十分有趣。紫檀木质坚硬，但长度不够，而且过于沉重，无形中使得立柱的压力承重太大，何况质坚者脆，恐不能承受。松木虽长，却易虫蛀，且过于疏漏。金丝楠木虽显得硬，韧性却强，且在受伤之后，如遇阴雨潮湿，居然能自我膨胀修复伤痕，不仔细观察竟看不出来，这种强大的自我修复能力，确实让人折服。这是因为金丝楠的木材纤维较一般木材要长很多，在受伤之后其纤维并非折断，而是被拉伸，在高温或潮湿状态下，纤维会膨胀，于是受到磕碰的小坑就自然而然地填平了。其他硬木受伤之后纤维便折断了，无自我修复的可能。

清朝宫殿中的梁柱使用楠木，而经常以紫檀或黄花梨木与楠木搭配制作家具，如桌面的芯板用楠木镶嵌，而抹边等框架用紫檀或黄花梨。雍正帝于1719年为圆明园题赋“园景十二咏”之一，便是深柳读书堂，陈设有32件家具，其中七件是金丝楠木所制，包括赤金铜件紫檀木边豆瓣楠心桌，寿意花楠木面紫檀边大桌，包镶银饰花梨木边楠木心桌，一封书楠木桌，一块玉紫檀面楠木胎洋漆桌，难能可贵的是均为榫卯结构。

家具的制作、生产和加工，是一门大学问，既要考虑到家具物理结构的科学性，又要考虑到美观性。家具可以成为设计者诠释理念、表现个性、抒发情怀的物质载体，承载着文化与生活。榫卯结构有效地分割家具各部分之间横纵方向的受力，使其坚固耐用。而对于架子床、罗汉床、大画案等体量较大的家具，高度契合的榫卯，可以使家具活拆活卸，使用起来非常灵活方便。同时榫卯还可以使家具克服冬夏之间的热胀冷缩，利用木与木之间的摩擦关系，克服木与水之间的相生相克，几百年依然牢固耐用。

有人认为金丝楠属软木，不适合制作床榻椅凳等家具。但事实证明，明清两代的金丝楠木家具文物超过两百件，其中有几十件都为坐具，坚固耐用没有问题，这些文物已经经过了时间的检验。金丝楠制作的家具芳香温和，冬暖夏凉，坐着舒服，不吸人的热气，太和殿的龙椅就是金丝楠木做的，外面髹漆。这把宝座是全中国最重要的一把坐具，皇帝专用，而且放置在紫禁城前三殿最重要的宫殿——太和殿，是权利和地位的象征。

● 故宫博物院乾清宫陈设

● 乾清宫金丝楠金漆雕龙宝座

笔者也听到有人传说，金丝楠没有价值，只不过是一介柴木，外面才髹漆，以示体面。还有人说因为要髹漆，里面必须是软木，好附着大漆。这些实在是本末倒置。历史没有偶然，软木这么多，为什么非要选金丝楠不可，一定有其中的道理。而且单纯讨论附着漆面的能力，楠木也不是最好的，如在做古琴的时候桐木就会比楠木更加适合着漆，那为什么不用桐木呢？这逻辑是说不通的。

髹漆是家具制作、装饰中常用的一种工艺，是一种美化手法。举个例子，如今汽车有钢架的，更好的为全铝，再好的使用碳纤维，目的就是轻量化和高强度兼顾，相对来说喷漆面肯定没有结构材料来得重要。所以金丝楠家具髹漆也是同样的道理，外在更多的是起到一种修饰和美化的效果，内在的品质才是价值的根本。如果本末倒置，不免荒唐。

● **明代·故宫博物院太和殿髹金漆镂雕云龙纹宝座**

长158.5厘米×宽99.5厘米×高172.5厘米

太和殿正中上陈列的髹金漆雕云龙纹宝座是皇帝的御座。宝座通体为髹金漆雕云龙纹，四面开光透雕双龙戏珠纹。座上圈椅共有十三条金龙盘绕在六根金漆立柱上，椅背正中盘正面龙一条。

我们看到紫禁城中，除了主要宫殿陈设有金丝楠木家具之外，东西六宫、内廷苑囿、礼神敬佛的佛堂等处也有很多金丝楠木家具，作为宫殿内的重要陈设，在宫廷日常生活中金丝楠占据着核心地位。历史摆在我们面前，就应该用严谨的态度去研究、去思考，而不是要推翻、去质疑，如果不学会尊重历史，怎么进步呢？鉴古，知今，方能识天下。

● 故宫博物院太和殿髹金漆镂雕云龙纹宝座局部细节

这个明代宝座形体非常美观，椅背两柱的龙造型十分生动，椅背采用圈椅的基本制法，座面下不用腿足，而采用须弥座形式，使整个宝座具备坚实稳重的风格。龙纹和云纹都具有浓郁的明式风格。

六 金丝楠家具概述

中国家具发展简史

中国家具起源何时难得定论，但可以肯定的是，席，作为一种古老且原始的家具，不仅在周代影响深远，周朝讲究礼制，对席的材质、装饰和使用方式都有严格的规定，由此形成“席地而坐”的方式，并在中国延续两千多年。

考古人员发现，我国最早的家具主要是漆木的，大约可追溯到史前时期，战国时得到大规模的发展，当时社会有几、案、床、箱、屏风等品种，既具有实用性，又有精美的装饰工艺，只是一直以来受制于“席地而坐”的生活习俗，没有摆脱漆器和青铜器工艺的影响。在这个时期出现了一种十分美丽、十分精致的青铜器装饰方式，叫作错金银，也叫金银错。实用铜器制成凹槽，用金银搓进去，这个凹槽肚子大口小，进去就出不来了，但用金银量极大，材质上呈现出极大的色彩对比和反差，非常之美。

漆木家具在两汉时期依旧是主流，只是形制上衍生了床、榻、几、凭几、案、屏风、柜、箱、衣架等品种。这段历史时期仍然延续席地而坐的风俗，所以最普遍的坐具依然是席，多以蒲草或蔺草编制，北方也流行在席上缀上兽皮。

从三国两晋南北朝到隋唐五代十国，朝代更替在这段时期很频繁，而且有少数民族与汉族的进一步融合，坐的姿势也发生了转折。魏晋南北朝前，家具因席地而坐的生活起居方式决定了其停留在低型家具，而到了隋唐五代十国时期，受到外来文化（主要是佛教文化）的影响，先起于贵族阶层的垂足而坐逐渐成为自上至下的观念变革。生活起居习俗的改变，促使家具造型设计发生变化，两者相互影响，在漫长的变革中，席地而坐与垂足而坐有过一段时期的共存，其中高型家具以桌子与椅子为代表。

2010年元懋翔老店里的金丝楠家具陈设。

中国家具设计发展到宋代，到达一个小高潮。当时家具的造型多样，单桌类就包含有长桌、方桌、圆桌、供桌、琴桌、折叠桌、炕桌等数十个品种，用在不同的场合，而且造型、装饰设计方面与建筑风格和谐统一，形成一个整体。而家具的结构设计也发生了重大改变，出现了梁柱式框架结构，与高型化的造型尺度共同奠定基础，促进了后来明清家具的更大发展。在由少数民族统治中原的辽代、金代、元代，家具变化很小。

清式家具可以说是在明式家具基础上的继承与发展，形制等变化不大，但是装饰较之明式家具更豪华，明式家具起源于苏州私家园林建筑，崇尚自然，相比之下，清式家具起源于宫廷建筑，更类似于洛可可式设计风格。清式家具是我国家具发展的集大成者，荟萃了广作、苏作和京作的工艺精华，代表了我国传统家具工艺的最高水准。但其设计上也有明显的缺陷，主要在于实用性差，缺乏创新，一味地追求装饰设计上的繁缛艳丽，在审美上刻意讲求皇家气派和装饰技巧，反而矫揉造作，显得俗气。

中国古代家具设计发展史，倚靠时代背景，可以说各具魅力，但都围绕着其功能性，说白了就是怎么能让用的人用得舒服，这都是无论皇亲贵族还是平民百姓的共同诉求。每个朝代因为民族和地域的细微差异，使得使用的具体纹样必然有所差异，我们在判断和评价概括性的课题时一定要跳出这个圈子，不要就家具而论家具，需要公正、客观、正确的评价。

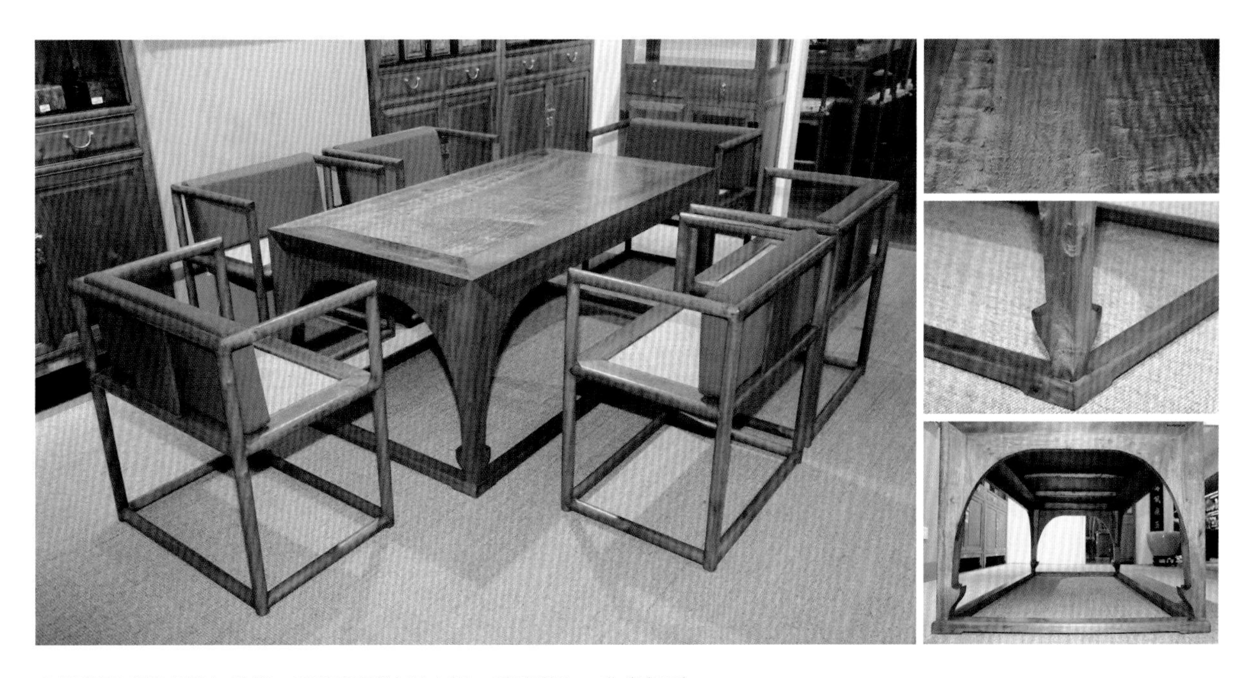

金丝楠宋式茶桌椅七件套，面板采用独板大料，藤编攒心，非常舒适。

从古代家具发展可以一窥如今现代发展的趋势和方向，1919 年德意志魏玛共和国包豪斯现代设计学院成立，这标志着现代设计的起点。我有幸在 2016 年 4 月去参观学习，无论古今，一件优秀的作品都要达到“理性与实用的统一”“艺术与技术的统一”“人与产品的统一”“自然与客观的统一”，而这四个标准也成为笔者今后设计的标准和追求。对于中式家具，我们要用最传统的纹饰和图样，合理的结构，标准的制式，溯古而不拘泥于古，才能有发展和创新。同时不要太做作，为了设计而设计，要从实用的根本来思考问题，以人为本。

中国名贵木材应用历史上，金丝楠木是唯一可以贯穿中国家具史始终的木材品种。因为它的应用非常早，在前文中，笔者已经讲过，在各个历史时期中，早至春秋战国、秦汉、五代十国、唐宋元明清，都有金丝楠的历史痕迹。从这一点上，金丝楠木不愧是王者。黄花梨从明代开始应用，紫檀从明代出现在历史舞台上，清代开始大量应用，金丝楠的历史较之足足长了将近 2000 年。其实说到中国家具历史，金丝楠就像影子，如影随行。任何一个朝代，离不开皇家文化，离不开宫廷贡木，也就离不开金丝楠。

明式家具概述

明式家具是明代经典式样的传统家具。明式家具在全国很多地方都生产，但以苏州为中心的江南地区汉族能工巧匠制作的家具最得大家认可。因为江南地区自古水路亨通，人杰地灵，较为富庶。文化比较发达，江南地区才子颇多，参与设计使用的也多为文人，因此，人们公认苏式家具是明式家具的正宗，也称它为苏式，或者苏作。作为作坊的意思，就是产自苏杭一代的作坊。后来宫廷设置造办处，就抽调招收了一批苏杭的木匠进贡佳品，或者直接搬到京城工作，就形成了京作，以燕京为核心，即今天的北京。京作家具代表了明清两代家具的最高水平，不计工本，是其他产区难以达到的物质标准，又有皇帝督办的各级大臣把关，可谓形材艺韵俱佳。

在明代晚期，明式家具的艺术风格已经完善成型，但其发展的黄金时期并不仅限于明代晚期，还包括清早期，即清代康熙之前的一段时间。可以简单说明式家具的黄金时期，是明代后期的一百年和清代前期的一百年。在清康熙之后，清代开始形成自己独立的艺术风格，以繁复唯美的装饰为主，外来民族开始占主导地位，同化汉族，这和明代以汉族为主的文化产生了差异，但在清康熙以前，明末清初时期尚未有独立的风格，依旧沿袭明代的风格和体制。

● 金丝楠明式独板亮格柜

顶板独板，门板独板，侧板独板，白铜合页平镶，可以用作茶室陈设，放一些茶叶罐和书籍非常实用。

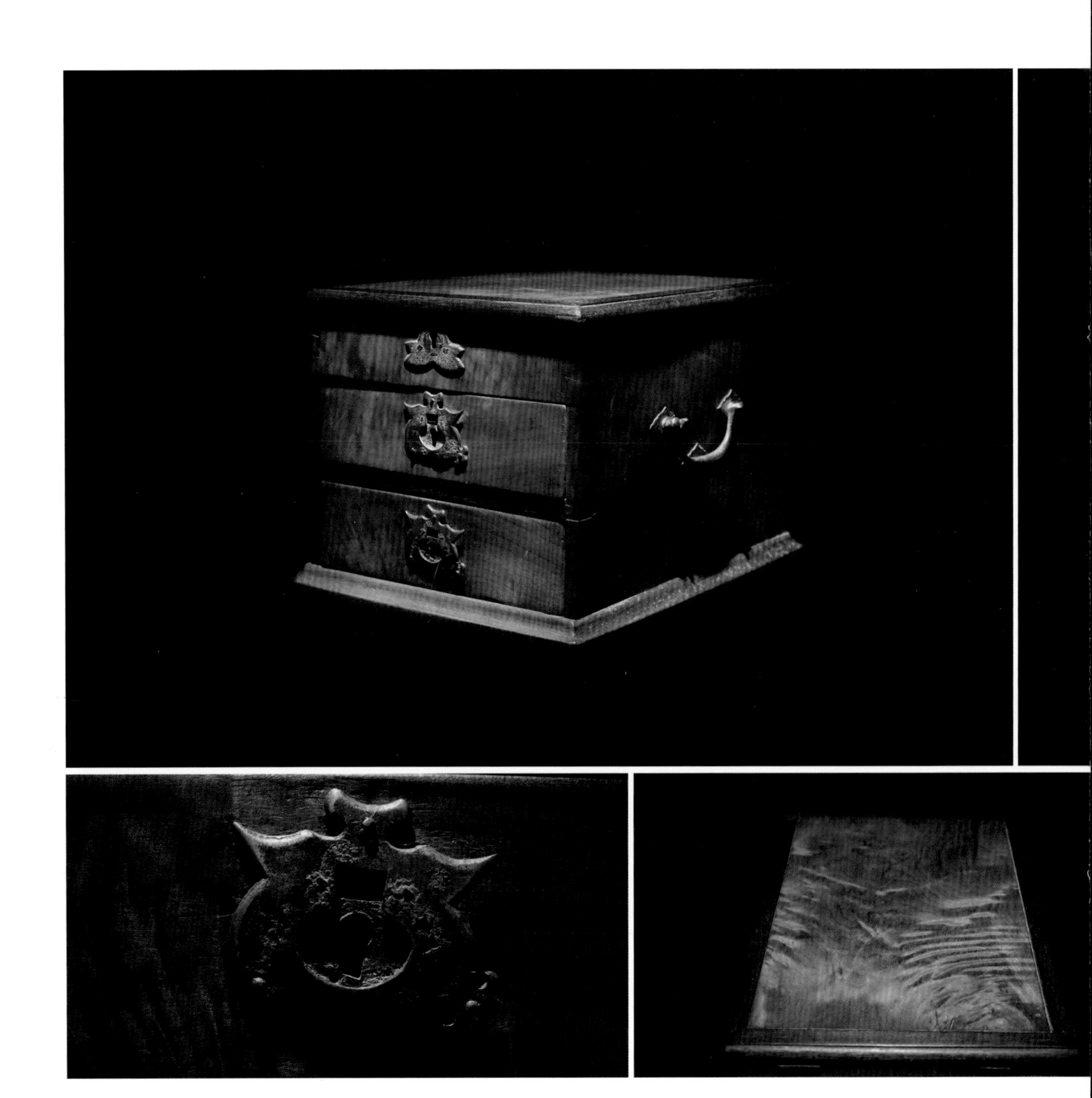

● 清末民国・金丝楠镜箱

面板独板，带水波纹，黄铜铜活已经锈蚀，内髹红漆，是闺女出嫁时的随礼，也称妆奁，一般内置化妆时所需的胭脂水粉。

在明末清初明式家具发展的黄金时期，在文人圈内明式家具盛极一时，成为当时的一种时尚风潮，这种风潮是中国文化经过了几千年积累，在16世纪升华出的一种高级的审美趣味。我们现在讲明式家具，有广义和狭义之分，广义的明式家具，就是指外观造型比较简约的一类家具；而狭义的明式家具，仅指黄金时期经典制式的明式家具。狭义比广义更加准确，也更能体现出时代风格和特点。

金丝楠所制作的明式家具，用现代人的话说，那就是加持，就是它本身的气质特别契合，金丝楠素雅、文气、内敛，这些印象都和明式家具非常契合，显得格外的恬静和淡雅，好似一抹清新的风，吹到了我们的生活里。笔者在前文提到过，金丝楠在明代的大量应用，故宫有200余件金丝楠家具的文物，形制各异。还有制作的各种内檐装修、装饰部件，也都极为精美。“材质”和“制式”是家居中最重要的两个要素，相得益彰很重要，也很难得。历史没有偶然，金丝楠之所以被推崇，古人应该会比我们想得更透、更明白。

● 金丝楠明式万历柜

也称之为亮格柜。雕刻螭龙，门板独板水波纹。柜体宽大，比例得当。

金丝楠在明式家具中所占的位置，其实会在“主角”和“配角”之间转化。黄花梨、紫檀、金丝楠的各种组合，也被称为经典。三种颜色，三种质感，它们之间的碰撞，真正是让明代的文人玩透了。无论是宫廷士大夫，还是村头的教书先生，抑或县太爷师爷们，这些文化人不仅是在使用家具，而且在享受定制家具、花稿子、陈设屋子的乐趣，并且把这种乐趣和生活融到了一起。皇帝和为皇帝服务的造办处则利用他们的特权“使用金丝楠”玩得更洋气，笔者认为，在研究文化的时候，不能太死板，一定要设身处地，把自己放置在所研究的环境中，去体会当时古人的状态和情怀，才能得到真实、可靠、有趣的答案。

明式家具崛起的历史条件

到明朝时期，中国传统家具在梁柱式框架结构与高型化的造型尺度上已基本定型，而且当时的工艺水平有了很大的提升，自明朝起社会经济复苏，特别是商业发达，市场贸易繁荣，手工业达到空前的发展高度。当时的皇室贵族和富商豪绅盛行兴建私家庭院，这对家具的需求量巨大，是明式家具发展的历史机遇和社会条件。前文我们已经说过，明式家具的黄金时期在明朝晚期，为什么会在此时呢？主要有以下几个原因：

第一个主要原因应当是文人的推动。明朝晚期，经济已经有了一定的积淀，但是政治腐败，宦官专政，造成了许多文人远离官场、南下吴地，也就是以苏州为中心的“鱼米之乡”江南的社会现状。苏州吴地聚集了当时最大的文人群体，一时成为文化中心，许多能书善画的文人墨客兴建私家园林，并往往亲自参与设计，对园林风格和家具设计有独到的审美，家具与园林的建筑风格和谐统一，这影响了明式家具的发展与风格形成。

其实中国的多数历史时期是不存在脱离官场的独立知识分子阶层的，因为自隋唐以后科举是文人唯一的上升之路。明代晚期可以算历史上少有的存在独立知识分子阶层的时期，当时的经济和社会条件，使得文人远离官场、追求生活和艺术创造成为可能，当时全国书画家中近四分之一的人集中在经济富庶的苏州地区。

第二个原因是明代施行“纳银代役”的赋役制，所谓“纳银代役”，即允许农民以交纳现银的方式抵除自己的徭役和兵役，一部分役银与田赋合并征收，部分役银按人丁征收，由政府出钱雇人应役，一定程度上取代了当时的徭役制度。解放了劳动力，激活了市场，大量的优质劳动力和手工艺人重新回到自由市场，导致了工商业的繁荣，促进了手工业的发展。晚明时期各种手工作坊十分发达，这使得家具的制作和流通的兴盛成为可能。

第三个原因是明隆庆时开始的开放海禁，随着国际贸易的发展，很多海外硬木流入中国。在此之前海外的硬木很少流入中国，但到了晚明时期，随着硬木种类和数量的增多，文人们逐渐开始关注这些硬木的纹理和光泽，而大量的优质木材也为明清家具的兴盛提供了物质保证。硬木花纹变幻多，契合了文人的审美和兴趣，而且硬木的质地坚韧，这也为家具造型提供了更大的想象和创作空间，所以硬木家具开始流行。明式家具造型简洁，与硬木的材质有极强的关联性。

众所周知，船只的吃水量越大，船行越稳。明初永乐宣德年间郑和下西洋，返航时船只的自重降低，吃水量减少，为了补充吃水量，需要携带重物压船，因此从南洋带回了大量的黄花梨、紫檀等木料，并由此打通了南洋进口木材的通道，丰富的物质基础为手工匠人的高超技艺提供了用武之地。

第四个原因就是工具的进步，特别是能够处理硬木表面、能够搜出各种线脚的刨子的普及，都成为明式家具发展的重要原因。以往，家具制作的工具有斧头、凿子、锛子等，在刨子出现之后，可以处理硬木家具的表面以及各种精细线脚。明代刨子种类较多，有线刨、平刨、蜈蚣刨等，仅仅文献上有记载的就约二十多种，在明代晚期得到广泛应用。

第五个原因是园林建筑的发展。明朝时非常流行修建私家园林，特别是在富庶的苏州地区，需要大量的家具，这些园林建筑受到当地的环境与文化影响，也影响了所用家具的风格样式，可以说明式家具就是以此为基础发展的，同时在宫廷及民间广泛流行。

图片为元懋翔会员俱乐部讲座活动现场，整齐摆放的金丝楠圈椅，既美观又舒适，彰显老字号的待客之道。

明式家具的特点

明式家具作为中国家具史上的巅峰之作，经典之作，其影响极其深远。对于后期的设计者都有着非常强烈的影响，明式家具有非常强的实用性功能，形成并遵循科学严谨的造型制式，主要有橱柜、床榻、坐具、几案、台架及屏座六大类，这几乎涵盖了古代家具的所有形制，明式家具是我国古代传统家具发展的集大成者。

明式家具有一个重要的特征，造型尺寸依据人体设计。人体工程学兴起于20世纪50年代，是以人与机器、环境关系为主要研究内容的技术科学。而早在明代，我们的手工匠人就已经在古典家具中运用了相关知识。明式家具讲究"材美工巧"，这是我国传统工艺的一贯原则，选用质地坚硬、色泽明朗的木材，利用天然的纹理和技巧增加装饰情趣。家具制作工匠注重装饰与结构的结合，许多装饰部位往往也是结构的一部分，而且吸收传统雕镂与镶嵌的装饰手法，疏密有致，简繁相宜。古代家具选用的金属配件多为开启、提携、加固功能，并以吉祥的图案造型起到装饰作用，而且金属与木材在质感与色泽上的对比也是画龙点睛之笔。

1. 造型突出线条

在中国的传统艺术手法中，"线"几乎是最重要的一种表现形式。构图的三要素是点、线、面，线是其中之一。线条的美感是无可替代的，在明代我们的祖先已经开始感受这种最纯粹的力量，线条到现在仍然非常流行，也就是说，四五百年前的古人设计的东西现在还是不落伍，看起来很时尚。明式家具主要以线作为语言表达各种结构和造型特征。比如，明式家具多采用的曲线与直线，往往两者形成对比变化，凸显各自的优点，柔中带刚，虚中有实。另外，明式家具对线条的运用方法也吸收了青铜器、古玉器、陶瓷、建筑、书法、绘画等艺术形式的精髓，刚柔并济，流畅舒展。

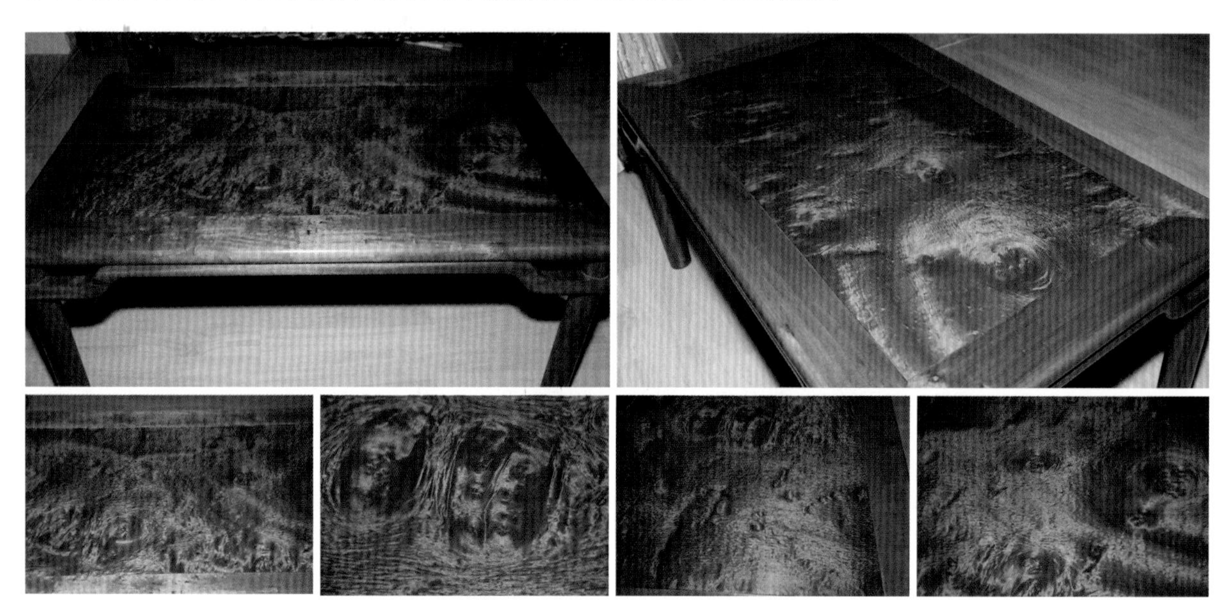

金丝楠独板茶几，圆包圆经典明代式样，中间金丝楠美轮美奂的纹理，确实让人心旷神怡。

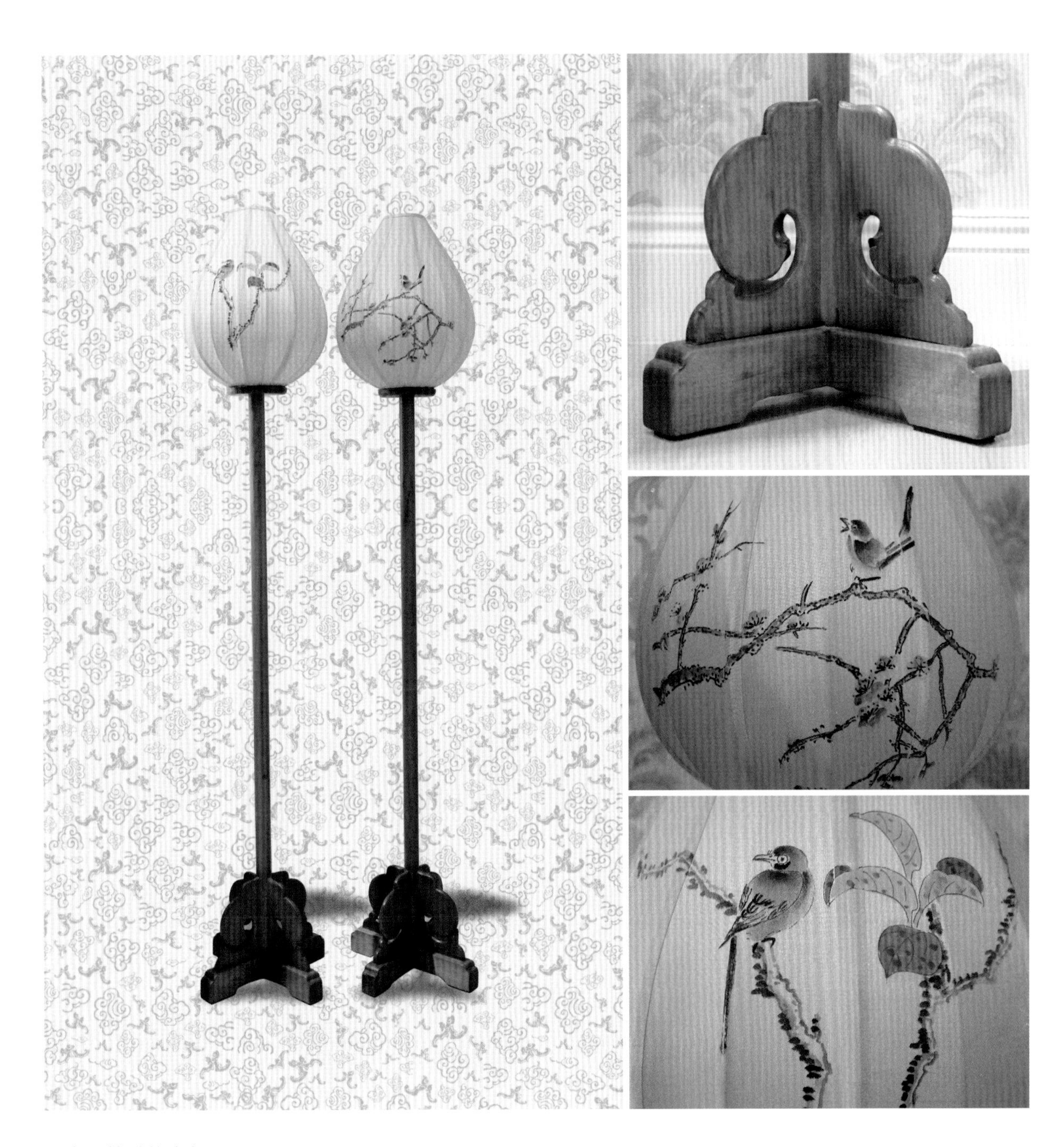

● 金丝楠手绘宫灯

这件金丝楠手绘宫灯，在设计时遇到的最大问题就是如何引线。因为古时使用蜡烛照明，而现在使用电力照明，需要从灯杆中打洞穿线，而普通的钻头没法完成这项工作。最后想到了办法，把一块大料从中间劈开，挖槽。再用卯榫连接起来，形成一个中空的管用来穿线，终于完成了这件宫灯作品。

2. 选材纹理优美

明式家具之所以能在海内外亨有美誉，其大量选用色泽沉穆雅静、花纹生动瑰丽、质地柔和细腻、肌理华美的珍贵木材是一个重要因素。黄花梨、紫檀、金丝楠等都是明式家具常选用的木材，木质所具有的色调和纹理是一种自然美。其中黄花梨显得温润，紫檀透着静穆，乌木则显得深沉，金丝楠有着绸缎般的立体质感等。这些木材经过打磨上蜡，本身展示了自然美，加之铜饰件等的相互衬托，精美绝伦，具有很强的艺术感染力。天工造物，任何雕琢都是有形的，而天然变化的纹理是无迹可寻的，变化就是有生命的，明式家具之所以能够给人以充分的视觉冲击力和百看不厌的感觉，最大的功臣就是选材好！而且金丝楠木的应用，使得平面纹理变成了立体纹理，木头的花纹都有了空间感，实在是很奇妙，我相信，在四五百年前，古人看到这一幕一定感觉很震撼。

明代家具的纹理有天然美，令人遐想到羽毛、兽面等，充分利用木材的纹理优势，展现其自然美，这是其十分显著的特征。工匠们专注于精工细作，但不加漆饰，少有大面积的装饰，追求木材本身的色调、纹理特点的发挥，形成了独特的审美趣味。

3. 结构严谨合理

明式家具的构件多样，在结构中起着重要作用，既考虑到受力情况，也要有形式效果，在比例和关系上达到和谐。对一些结构构件进行加工，使其看起来只有装饰性，家具的造型更加自然、紧凑。明代同样是我国传统家具结构的辉煌巅峰。宋朝之后，家具结构经过进一步的改进和发展，各部位造型简单，功能明确，既符合力学原理，又实用、美观。所以，明式家具的制作经过不断更新发展，已经形成为精炼合理、实用美观的完整体系，表现中华民族特色。

4. 装饰繁简相宜

明式家具不仅仅注重结构、功能、造型和材料，也讲究进行适度的装饰，运用雕刻、镶嵌、髹饰等手法来装饰结构，刻画细部，使结构、装饰与家具巧妙融合，适当的装饰与家具的简洁相得益彰，增色不少。装饰用材范围很广，珐琅、螺钿、竹、牙、玉石等都得以运用，既不堆砌，也不曲意雕琢，对局部做恰当、灵活的装饰，如在椅子的背板做透雕或者镶嵌，对桌案施矮老或者卡子花等，不破坏家具整体的朴素和清秀，适当装饰，锦上添花。总之，装饰讲究“得体”。

木雕艺术发展到明末进入了辉煌阶段，这与建筑发展和明式家具的流行息息相关。常在明式家具中小面积地运用木雕手法，精微雕镂，点缀恰当，与整体的朴素风格形成对比，凸显明快简洁。

5. 造型比例严谨

明代的家具讲求尺度适宜，追求严谨的比例关系，在此基础上紧密结合实用性，力求形制与功用的完美结合，在造型设计上都常运用曲线，不论是大曲率的着力构件，还是小曲率的装饰线脚、花纹、牙板等，简洁流畅，得体挺劲，不做矫饰。这是明式家具的另一个显著特点，在一些古代雕刻或插画中常常可以看到宋代家具，实际上宋代时期家具形制更简约，只是少有成熟的结构比例，可见家具的结构比例和线脚美学在当时并未发展完善。

严谨的比例关系是我国传统家具重要的构成基础。明代家具在局部比例、装饰与整体的比例上都力求匀称、协调，整体展现线的组合，挺拔清秀，不赘饰。线条不僵不弱，刚柔并济，造型简练质朴，不失典雅大方。比如椅子、桌子的上下部对比，腿子、枨子、靠背、搭脑之间的搭配，无论高低、长短，还是粗细、宽窄，都无可挑剔，这也符合功用的要求。

6. 榫卯科学坚固

明代家具采用科学的卯榫结构，运用攒边等工艺，不用钉子，少用胶，免受自然条件的限制。单纯地运用嵌套结构把各种木制零件结合并固定，不另加五金件或者胶粘，可以说榫卯工艺是古代的高级立体拼图，是中国传统建筑与家具工艺的精髓，是每一位木工匠人毕生的追求和探索。当局部跨度较大时，可以采用镶牙板、牙条、圈口、券口、矮老、霸王枨、罗锅枨、卡子花等手法来加固，非常美观。明代家具的结构完成了科学与艺术的巧妙契合，即便经历上百年的历史变迁，仍牢固不散，见证了榫卯结构的科学性和合理性。对比金属部件，榫卯结构具备良好的伸缩性能，通过榫卯结构木制构件相互传力，使得各部件均衡受力，从而家具更加牢固。无论南北气温、湿度的差异如何，榫卯结构都具有很好的应变性，它热胀冷缩的程度与家具的其他零部件相仿，家具部件整体的“发胖”或“缩水”，可以有效地避免受力不均导致的木板撕裂。

古董家具收藏圈中有一句俗语，“摔断胳膊摔断腿，不能摔断榫”，我们从流传下来的明清家具也可以看到，有些部件已经破损，但是关节榫卯依然坚固。榫卯工艺是中国传统木作中让人叹为观止的技艺，而且没有书本可以完全照搬，而是根据材质、形态的变化，计算相关数值，判断采用不同的榫卯结构，其中分毫大多依靠经验的积累判断，口传身授。

7. 铜活增生风采

明式家具的又一特色在于使用金属饰件。根据功用需要，在柜、箱等家具上配置金属饰件，材质多为铜。铜饰种类多，用处广，造型多变，主要有合页（铰链）、钮头、抢角、提手、画页、吊牌、环扣等，材质大多是白铜。既起到保护作用，如抢角，还具有连接作用，如面页、合页。尤其是橱柜等有大面积的光面上，配上白铜饰件，不同的质感、色彩和体量形成对比，为明式家具更添亮丽的风采。铜饰件的式样也是千变万化的，有圆形、长方形、如意形、海棠形、葫芦形、环形、桃形、蝙蝠形等，都富有传统文化色彩，至今仍大量引用，深受喜爱。在明代之前，金属构件只是单纯的结构而已，而非有如此浓重的装饰属性。总之，随着明式家具的大放异彩，金属配件也得到了传承和发展，既增强了家具性能，又起到装饰作用，概括言之即“画龙点睛”。

8. 文化内涵丰富

对于明式家具的文化内涵，首先要说王世襄先生，他总结了明式家具的“十六品”，即简练、淳朴、厚拙、凝重、雄伟、圆浑、沉穆、浓华、文绮、妍秀、劲挺、柔婉、空灵、玲珑、典雅、清新，这也是

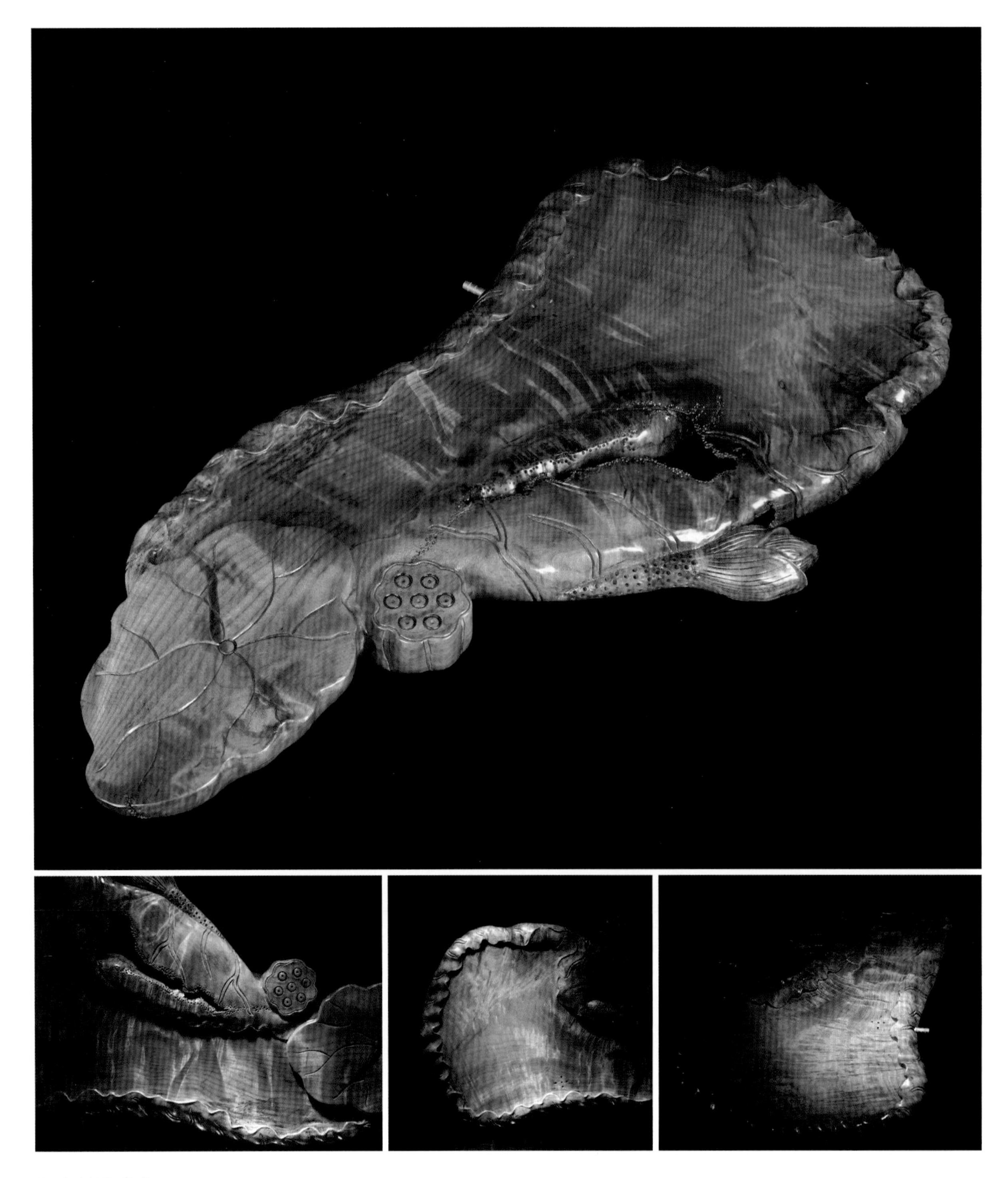

● 金丝楠茶盘

这只金丝楠茶盘给笔者的感觉是，莫奈的花园，静波涟漪，莲花荷叶围起一汪清水，不同的部位有不同的水波，舒缓的同时又有着变奏的感觉。有时，静下来是件挺难的事，一个人的时候，聆听静谧歌声，细品一杯清茶，梳理自己的故事，分享内心的世界。

中国文人一向推崇的品格。古时文人也曾赋予了家具丰富的文化内涵和品格。王先生赋予了家具性格，这些形容人的形容词形容在家具上，它们迅速地被赋予了生命。在设计、加工家具的过程中，仿佛匠人们在和作品对话，饱含情感。

明式家具的发展伴随着历朝历代文化、思想、行为习惯的包容、变化和演进，不会是一蹴而就的。我们要发扬传统文化，要从根本上发现并继承不同时期人文精神的精髓。

● **清中期·紫檀嵌楠木山水图宝座**

故宫旧藏。长128.5厘米，宽80厘米，高115厘米，座高54.2厘米。

● 清中期·紫檀镶楠木花卉图插屏

故宫旧藏。长68.5厘米，宽35.5厘米，高109厘米。
这是非常经典的“紫配楠”的作品，紫檀和金丝楠都进行了非常精美的雕刻，整体风格相得益彰，颜色对比又很鲜明，非常雅致。

清式家具概述

从最初的席地而坐，发展到床榻的出现，再到椅凳时期，从战国发展到宋元时期，经历了漫长的发展过程，家具的时代特征也不断变化。中国传统家具在明清时期到达发展的繁荣阶段，至今为海内外的收藏者所追捧。特别是明式家具，以其简洁的造型和质朴的装饰风格，符合东方文明的含蓄典雅，加之榫卯工艺的运用，是公认的我国传统家具的精华。

清式家具以其端庄、绚丽、豪华的风格取代了明式家具的朴素和典雅。北京、苏州、广州是清式家具的主产地，逐步发展成为“京式”“苏式”“广式”三种地域家具风格。后来受到外来西方文化影响，清式家具开始吸取西洋家具的设计理念，一时间中西合璧之风盛行。

随着我国文化事业的发展，传统家具受到国人越来越多的珍视与敬重，伴随着不断的精彩发现，“清式家具”的特征越来越明确，它所追求和体现的艺术风格，是特定历史时期的格调与意趣的反映。

家具与人们生活密不可分，是社会物质文化的重要构成。我国传统家具源远流长，形成了明显的民族风格和体系，无论是浪漫色彩的矮型家具，还是简洁隽永的高型家具，明清家具独具魅力，吸引着人们的目光。近些年，我国传统家具艺术研究取得了很多可喜的成果，尤其是很多散藏在民间的优秀的“清式家具”出现在大众的视野中，也让大众逐渐明确了这一时期的主要特色。

我们所说的“清式家具”，一般是康熙末年至嘉庆这一段时期出现的家具，这也是历史上公认的清朝盛世时期，社会政治稳定，经济发达。此时清式家具的代表作大多是由宫廷造办处制作，尺寸较大、用料阔绰、端庄厚重、精致繁复，对后世家具发展具有深远影响。嘉庆、道光、咸丰时期虽然沿袭了这一

左图为金丝楠客厅陈设，金丝楠的清式家具，搭配乌克兰油画，正可谓中西合璧。右图是俄国著名画家安德烈布鲁多夫和他的代表作《公主巡礼》。

● 清中早期·紫檀嵌金丝楠梅花纹扶手椅

长60.5厘米，宽43厘米，高89.6厘米，座高46.5厘米。
故宫博物院旧藏，经典的“紫配楠”，坐面用金丝楠木主要是考虑到金丝楠冬天不冷、夏天不热的特性。紫檀密度太大，冬天很凉，而金丝楠就温和得多。

风格特点，但是清末时半封建、半殖民地社会，家具业也是每况愈下，衰退不振。可见“清式家具”也不是简单地以时间划分，而是家具体现的艺术风格反映着特定历史时期的格调与意趣。

清式家具重装饰，往往一件家具也是一件工艺品，雕镂涂绘，在一件家具上结合运用雕、嵌、描金等多种手法，装饰螺钿、木石等同时借鉴中国古代青铜、玉雕、竹雕、牙雕、漆雕等工艺技法，富丽堂皇，十分气派。虽然清式家具装饰手法多样，但基本是在一个稳定的结构内发挥，而不是漫无目的地张扬，也创造出了很多优秀作品。可以说，发展成熟的清式家具，在实用的基础上多加以雕刻、金漆描绘、雕漆填漆等手法，特别是宫廷家具多运用螺钿镶嵌、玉石象牙、珐琅瓷片、银丝竹簧，同时又吸收了许多工艺美术的手法和题材，整体风格雍容华贵。

到清代中晚期，清式家具类型中出现了造型奇特、装饰繁缛的现象，甚至追求装饰性重于实用性，并且衍生出西方装饰风格所流行的装饰手法，有争奇斗富之势，也使传统的结构和造型发生了实质性转变，在很大程度上也失去了传统的规范。

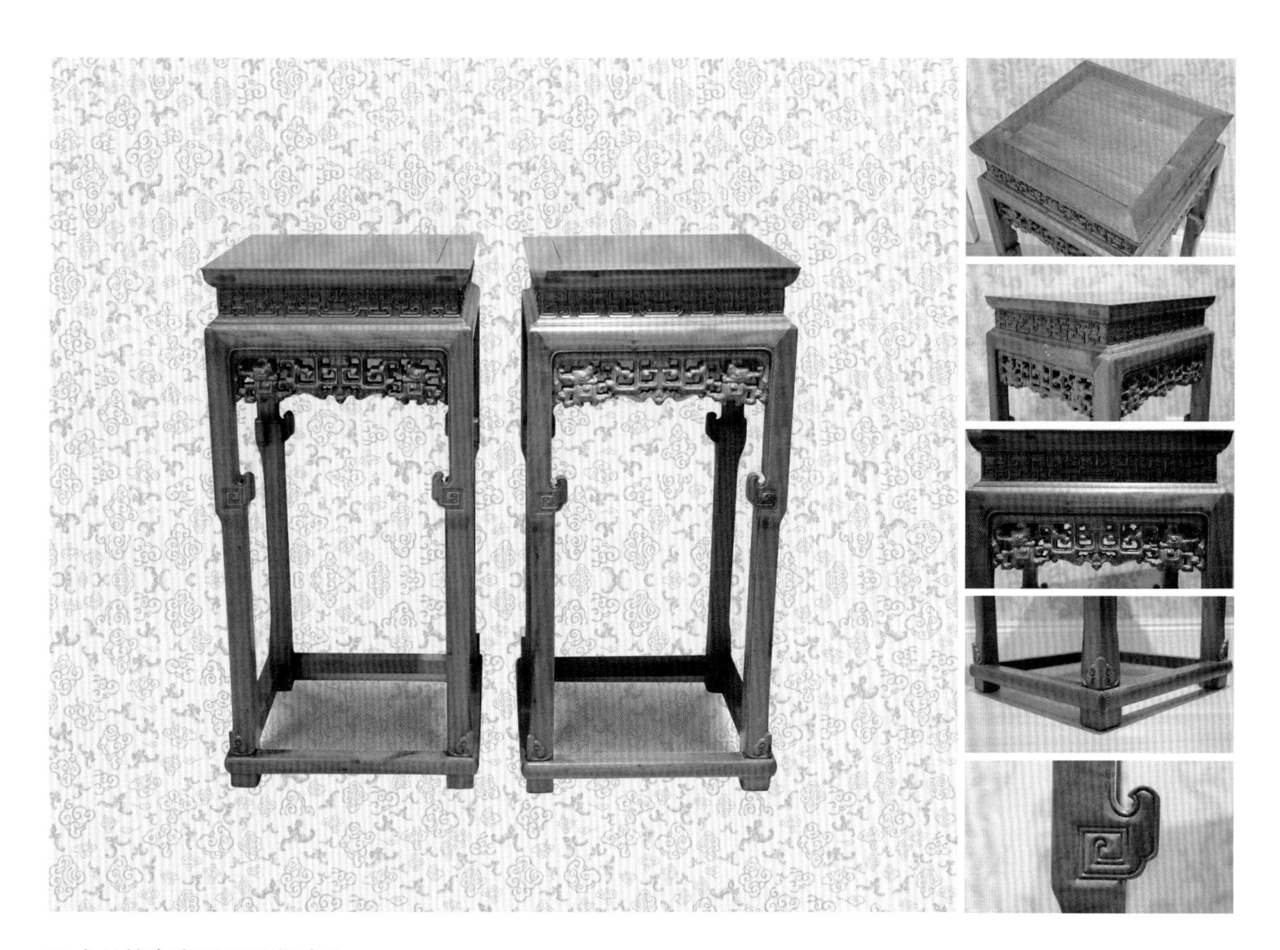

● 金丝楠高束腰拐子龙香几

一般有束腰的家具大部分为清代风格，此件设计得还是比较简洁的，有繁有简。束腰和牙板雕刻夔龙，显得雍容典雅。

总体概括，“清式家具”依然兼具美观与实用性，承载着中国历史与文化内涵，其不断延续的功能与象征包含着古人对生活哲理的感悟，也包含着人们对未来的期盼，让我们在俗世凡尘中更好地厘清心愿与现实的距离。

清式家具发展至风格成熟为“清式”，大致可分为两个阶段：

第一阶段，清初到康熙初年，基本上延用了明代的工艺水平和技艺，延续之前的家具造型和装饰等，虽然造型上没有清中期那般用材宽绰、浑厚、富丽、繁复，总之以对前朝的继承为主。所以很多专家学者会认为这只是“明式”家具的末期，属于两朝的交替时期，准确的说法应该是清代明式家具，“代”指时间段，“式”则指风格。

第二阶段，康熙末年到嘉庆时期，经历雍正、乾隆时期，是“清盛世”时期，政局稳定，经济繁荣。家具生产数量远超前期，而且形成了独特的“清式家具”风格。用料阔绰，造型丰硕，给人以浑厚、庄重之感。清代太师椅就极具代表性，如宝座般庄重，座面加大，后背饱满，椅腿粗壮，桌、案、凳等亦如此。

清式家具中，金丝楠家具因为属于皇家家具，各种雕龙大柜、雕龙大屏风是最为突出的。2015 年在保利拍卖玉壶轩专场中，还有清代金丝楠的顶箱柜的门板作为封面参加过拍卖，金丝楠贵为御用之木，又雕龙画凤，确实霸气。金丝楠作为明式家具能静得下来，作为清式家具也能动得起来，可谓“上得厅堂，下得厨房”。

金丝楠木雕刻制作的满工家具，基本都属于清式家具的范畴，动与静，相得益彰。不得不说，能配得上明清两代宫廷家具的木材也只有金丝楠了。黄花梨做明式漂亮，清式就差点儿意思，因为纹理和雕刻纹饰相互干扰。紫檀做清式漂亮，做明式就差点儿意思，因为没什么花纹，而且本身颜色太深，没法表现线条的美感。金丝楠作为三大贡木之一，明清两种风格都可以驾驭，本身材料适合雕刻，同时又有非常漂亮的纹理，真是老天眷顾，天工造物。

清式家具特点

清式家具从萌芽阶段发展到完整的体系，可以说一直为皇家所主导，同时在宫廷和民间相互影响中创作发展。明末清初，很多西方传教士来到中国，也带来了一些先进技术，客观上促进了中国经济和文化的现代化发展。这段时期相当于中国的“巴洛克时期”，造就了清代家具独有的风格，具体有以下几个特点：

● 清晚期·金丝楠木竹纹炕桌

长133厘米，宽81.7厘米，高43.3厘米，雕刻竹节纹，工艺非常考究，直腿外翻马蹄。是清代金丝楠满工雕刻家具的代表，极具观赏价值。故宫博物院旧藏。

● 清中期·瘿木有抽屉圭式架几炕案

故宫博物院旧藏，长144厘米，宽70.5厘米，高38.1厘米，面板是一块独板楠木瘿木镶嵌，极其珍贵。整体用料非常硕大，而且功能性强，抽屉内镶嵌了很多块存放玉璧、玉璜的凹槽，别具匠心。

● 金丝楠鎏金铜活雕龙顶箱柜

深浮雕海水龙纹，这套柜子是模仿笔者家里收藏的那套老的雕龙顶箱柜做的，但也雕刻得非常得法，栩栩如生，龙身体的肌肉感体现得淋漓尽致。

● 清晚期・金丝楠木云龙纹方桌

长106.6厘米，宽106.6厘米，高88.2厘米。
金丝楠不上漆而且还有复杂雕工的家具非常少，但这是一个实例，宫廷用的楠木家具的数量着实有限。故宫博物院旧藏。

● 清晚期·金丝楠木嵌瓷盆罗锅枨炕桌

长79.5厘米，宽41.7厘米，高27.2厘米。
这件家具又是把传统器型因为实用性做出改良的一个案例，皇帝想在自己的枕边看见一棵盆景，但是又不想看见花盆，就想出了把花盆藏起来的办法，确实很有创意。故宫博物院旧藏。

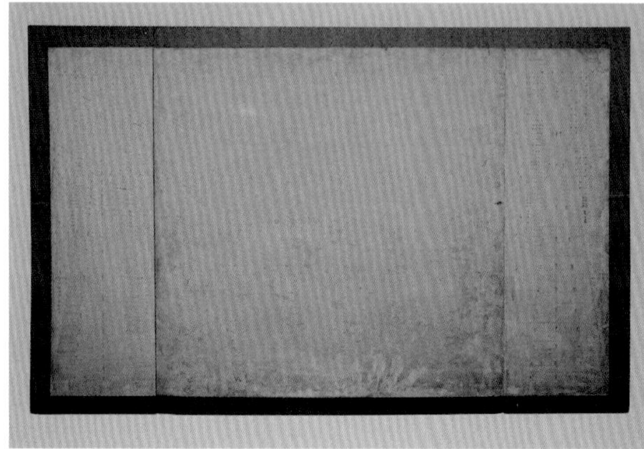

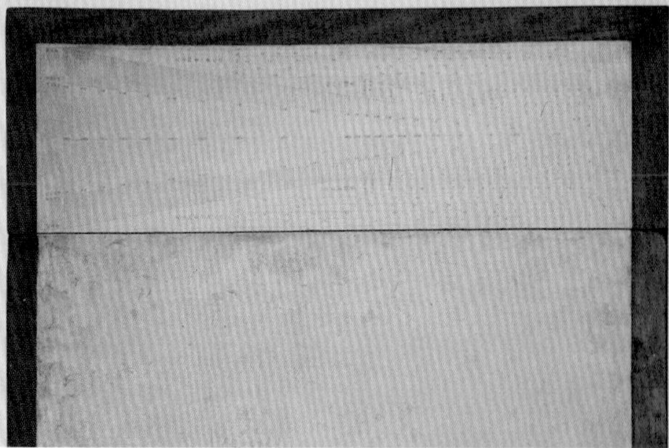

● 清康熙·金丝楠木镶银四面平算术炕桌

长96厘米，宽64厘米，高32厘米。

牙板雕刻变形的龙纹，康熙帝在位的时候学习数学算术时使用的一张炕桌，炕桌的桌面上有各种公式和几何模型，在清中期这都是非常先进的科学，皇帝从小就接受最为先进的科学知识的教育，从而为康雍乾清三代的霸业奠定了基础。可以想象康熙皇帝和这张金丝楠的炕桌度过了多少寒灯苦读岁月。故宫博物院旧藏。

1. 造型厚重、用料硕大

清式家具方直多于明式的曲线运用，架构粗壮，结实，富于装饰性，题材多变。总体上造型大方，局部用料加大加宽，装饰细致，与整体的宽、高、大、厚相应。格调上从明式的清幽，变成了清式家具的霸气与大气磅礴。

2. 注重装饰、富贵华丽

富丽奢华、端庄威严是这一时期遵循的风格，并且结合厅堂、卧室、书房等不同房间布局加以设计，类目翔实，功用细化，逐渐摆脱宋、明时期实用淳朴的气质，形成了“清式”家具独有的风格。

清式家具最显著的特征就是注重装饰，工匠们几乎穷尽所能的装饰材料和装饰手法，追求瑰丽多姿的效果，使家具成为工艺品。其中最常用的手法有雕饰与镶嵌，借鉴牙雕、竹雕、漆雕等技巧，以平面雕、圆雕、透雕、镂空雕技法等将清式家具的奢华尊贵尽情展现。在装饰风格上也力求华丽，不惜功料，镶嵌材质种类繁多，金银、玉石、宝石、珊瑚、象牙、百宝、珐琅、螺钿、木、竹、瓷等都可以按设计好的图案嵌入器物表面，表现各种繁复的吉祥纹饰图案，精湛入微，磨工考究。

同时受西方文化的影响，清式家具中有很多装饰纹样上采用了西洋的建筑形式与风景，图案的立体感更强。如比较典型的拱门式博古柜，拱门就是西方建筑的典型特点，还有亭台式书写台，亭台具有西式装饰特征等。清式家具在装饰手法上还吸取巴洛克和洛可可的艺术风格，重局部的装饰，往往将多种纹样组合，形成了纷繁、细腻的视觉效果。

3. 式样多变、追求奇巧

清式家具在品类和造型上不乏创新，在保持基本结构不变的同时，工匠们又创造了多种变体。比如现存故宫漱芳斋中的五具成套多宝阁，靠墙一字摆放，错落分割出矩形隔层有百余个，甚至每个隔层的“拐子”图案都不雷同，隔层侧山上海棠、扇面、如意、磬形、蕉叶等图形的开光，不一而足，可见在单件家具的设计上也富于变化。清代有很多竹制、藤制、石制的仿木家具，同时也大量出现了仿竹、仿藤、仿青铜，甚至仿山石的木制家具。清式家具在结构上也是匠心独具，妙趣横生，比如一只小巧玲珑的百宝箱，内在是箱中有盒，盒中有匣，匣中有屉，屉藏暗仓，而且抽屉和柜门的关闭也有诀窍，非仔细琢磨不得其解。

清式家具品类众多，在明代基础上又形成了自己独特的风格。比如史料记载，清代李渔首创清式书案、多宝格，几案多设抽屉，橱柜多加搁板，还有可以生炭火避寒的暖椅，贮存凉水以祛暑的凉炕。清式宫廷家具也喜欢标新立异，追求造型多变，比如木床上增加帽架、衣架、瓶托、灯台、悬余架等，甚至还有痰桶升降架。多年来，陈列于海内外博物馆及私人收藏的清式家具可以说不计其数，但仍有奇特的清式家具品种被发现，甚至有些家具不知为何用。

4. 选材讲究，作工细致

清式家具比较推崇色深、质密、纹理细腻的珍贵硬木，紫檀木成为首选。此外，还有酸枝木、黄花梨、金丝楠木、乌木和榉木等。为了保证外观色泽、纹理的一致，也为了使其更加牢固，家具制作往往是一木连做，而不采用小木拼接。尤其是清中期之前的宫廷家具，选料极考究，追求清一色的用料，比如床榻，采用鼓腿彭牙结构，而腿足曲率大，选用一木挖成，用料极大，而且无节无疤无表皮，色泽均匀，半点不得马虎；再如，紫檀家具中常有的透雕花牙，往往是腿足和牙条一木做成，用料极奢。

还有一种做法就是利用多种材料，相互配合着使用的情况，比如黄花梨配金丝楠，紫檀配金丝楠，黄花梨紫檀配合山水大理石，金丝楠配合彩绘，黄花梨紫檀配合百宝嵌等。品类虽多，但绝不重复，充分地利用各种材料的优势，大放异彩。

5. 西洋影响，良莠参差

16 世纪，葡萄牙开辟中国贸易以来，不少欧洲传教士、商人与使团成员来到中国，带来了西方的文化和艺术风格，对中国社会生活产生了影响。18 世纪后期，广东地区的清代家具制作开始吸收西洋文化元素，逐渐形成了独具的地域特色。广州作为当时唯一对外开放口岸，西洋风格的商馆、洋行等建筑如雨后春笋般起来，且西方商品源源不断进入中国，尤其是钟表、珐琅器、天文仪器等引起国人极大兴趣，上至皇亲国戚，下至黎民百姓无不倾慕西方器物，这也间接促进了清式家具的逐步西化。

另外，西方人也把中国文化引入西方，刮起了一股“中国风”，17 世纪、18 世纪的西方社会生活中东方元素的装饰艺术风格风靡。出于对中国特色艺术品的偏爱，一批专门制作加工西方家具的“洋作坊”诞生了。他们主要的业务是来料加工，也就是根据国外客人的要求和图纸进行加工制作，广东家具中的“洋装家具”由此产生。从一幅描绘 1825 年广州西式家具作坊生产场景的画中，可以看到西式的独挺圆桌、扶手椅、沙发等。这些家具的造型与中国传统家具有所不同，但是又从细节部分体现出传统家具的风格特点，这种中西交融的清式家具在当时的对外贸易中很受西方欢迎。

17 世纪，巴洛克和洛可可艺术在欧洲十分流行，随着当时中西文化的交流，对清式家具也产生了影响，特别是广式家具，一改之前含蓄典雅的风格，开始注重造型变化和细节装饰，追求完美的视觉感受。受巴洛克风格的影响，清式家具追求厚重和繁缛，运用曲线增强了家具主要装饰区间的流动感；而洛可可风格更多地强调曲线美和细部装饰，造型更优美，做工更精巧，增强高雅华贵之气。清晚期，巴洛克和洛可可风格得到快速传播并得到了广泛运用，一改传统家具使用垂直线和水平线营造的肃穆、端庄，而使用轻快的曲线，从很多留存下来的家具形制中可以看出这两种风格的影响，甚至是二者的融合。比如有着如宫殿府邸般的遮檐、廊柱、围栏构饰的橱柜、拱形的连脚枨、S 形和 X 形的桌椅腿脚、攀缠着西番莲的座椅靠背等，总之在所有能施以刀工的部位都充满了装饰。

可以看到现在留存下来的清式家具中，很多都受到西方艺术影响。当时清式家具的制作，大胆地运用西洋图案和装饰手法，特别是广式家具。这类家具大致归有两种形式，其一是直接套用西洋家具式样与结构，出现早期这类家具也出口国外，但未形成规模，在清末时期此做法虽然再度流行过，但是大多显得不伦不类，做工粗糙，不登大雅；其二是仍然保持着传统家具的造型和结构，但纹饰上使用西洋家具风格，比如在传统束腰椅上雕饰有西番莲图案等。

清·金丝楠木矮靠背方凳

故宫博物院旧藏，长宽67厘米，高66厘米。这是一件比较典型的禅椅，是打坐专用，椅面呈立方体。扶手是为了防止衣物散落所用，同时还有支撑的作用，方便起身。用金丝楠禅椅主要是因为冬天打坐不凉，采用藤面也是这个原因，一来体感更舒服，二来夏天比较透气。

● 【星云对桌】金丝楠铜簪花龙凤呈祥包角独板对桌

长220厘米，宽130厘米，高80厘米。

桌面一木对开，间或有雨滴水波等纹理，像天空星象一样，不是很显著，但却飘飘洒洒，若隐若现，体现了更深层的意境与审美。马蹄与桌边包角，手工簪花，站牙浮雕三层云纹，与桌面星云呼应，桌面一半龙一半凤，相得益彰。

从广式家具中可以看出东西方文化交流的双向性，窥见世界文化与艺术走向融合的发展趋势。但是清式家具绝不是一味效仿西方，而是注重保留中国传统家具的风格，从而形成了有别于传统与西方的新风格，同时这也是古典家具向现代家具的过渡。这是当时社会变革的客观反映，可以看出传统封建社会的封闭状态已经被打破，现代社会发展的新鲜血液在注入。

清末社会动荡，传统家具也逐渐式微，整个封建社会都受到了西洋的影响。广式家具居，在出口贸易和清朝宫廷中广受欢迎，开始在广东民间流行起来。清末到民国年间，随着整个社会风气的转变，苏式家具也开始仿照广式家具的造型和装饰，向烦琐转变，借鉴了广式家具重装饰的技法，也形成了不同于传统家具的独特风格。

所谓的“海派”家具，就是传统家具受西洋文化影响后产生的，1843 年清政府签定了《南京条约》，开放上海作为贸易口岸，英、美、法在外滩和徐家汇分别划定租界区，西方的文化和生活方式随之开始影响上海社会。“海派”家具同样注重装饰，精致的雕工图案和技法也明显受到了巴洛克、洛可可等西方艺术的影响。

清末民国时期，整个社会推崇西方文化，传统文化受到质疑，社会环境大有西风压倒东风之势。西方文化开始影响到社会生活的方方面面，家具、钟表、珐琅器、陶瓷、象牙雕刻等行业都无法避免。以当时的广州为例，广式珐琅、广州牙雕、广州钟表，不仅进贡朝廷，而且多出口西方，大受欧洲贵族的欢迎。这也加速了广式手工业进一步倾向西洋风设计。

综观清式家具的发展，其特点最鲜明的是清中期，品类丰富，形制多变，且不失奇巧。装饰

● 清中期·金丝楠木镶祁阳石芦苇螃蟹图插屏

长87厘米，宽31.5厘米，高85厘米。
此插屏为故宫博物院旧藏，这种尺寸的座屏都是放在中堂的条案上，因为中堂每天都要见人，自然会每天擦拭，久而久之，会形成自然的包浆。而不经常使用的家具，在对比之下就显得非常干涩。而一些紫檀木做的门窗经常暴晒不加保养也会褪色，显得干涩。所以说，润不润，主要靠养。

上追求富丽奢华，也融合了西方艺术元素；造型上凸显厚重雄伟，手法上灵活运用雕、嵌、描、绘、堆漆、剔犀等技艺；品类上不仅有延用明代的家具类型，而且也有所创新，形成了有别于前朝的风格。

明清两代家具特点比较

明清家具是中国传统家具最重要的构成，明清两代家具各有特色，难分仲伯。清代家具是明代家具的继承和发展，两者和而不同。

明清家具的榫卯结构科学合理，经久耐用。如果使用金属连接会对木质造成破坏，而且时间长了容易脱榫，同时金属也易生锈。榫卯的工艺则完全避免了上述的问题，而且还可以使家具易于拆卸，也易于保养，对于大型家具的组装有着很高的便捷性，如架子床、顶箱柜等。

以材质来看，清式家具多用紫檀酸枝做料，因为木料纹理暗，可以突出雕工；而明式家具简洁流畅的制式，更突出木料纹理，木质纹理和雕刻图案往往不能兼顾，所以明式家具中，黄花梨、金丝楠这种浅色木料，就要比紫檀和酸枝木更加合适。

● 清晚期・金丝楠木云蝠纹有抽屉炕桌

长131.2厘米，宽78.5，高31.4厘米。
这是一个三屉炕桌，用在满族的大炕上，金丝楠木木质细腻，在阳光下闪闪发光。故宫博物院旧藏。

● 【金丝绶带】金丝楠花鸟四扇屏

选材讲究，通透干净，名家画四色绶带，黄铜连接，下设绦环板，雕刻福在眼前，双鱼如意。四片一组，可置于书房、玄关，或者客厅布置。诗书画意的结合，让原本就很静雅的金丝楠更多了一分文人的情怀。

众所周知，在老家具的外表都有包浆保护，日常做好适当的保养，会日久弥新。明式家具包浆后，表面更光亮，花纹更漂亮，而清式家具表面的木雕会随时间钝化，线条变得圆润饱满，只是雕工烦琐的地方容易藏污纳垢。相比明式家具平滑干净的表面，莹润油亮，手感更加舒适，而漆面家具的表面则会干裂、开片、断纹，需要不断上漆或者修复。当然有收藏者认为，漆器家具的断纹也非常之美，我觉得也没问题，如古琴，断纹就是一种特殊的美感。但对于家具和建筑而言，适当的保养和修复则是必要的，毕竟是实用器。如果置之不理，有可能出现漆皮的大面积剥落。

清式家具端庄富丽，这也对整体装修风格提出了要求，需要很强的气场，否则就会感觉格格不入。而明式家具则显得比较休闲、雅致，再通过一些软装如靠垫、摆件与现代风格的装修融为一体。当然明清风格都可以用在家庭装饰中，但很明显，对于消费者而言，明式家具更易操作，更适合现代风格装修。

对于一件古典家具，明式家具显然更容易分辨家具的品质。由于明式家具并无过多的装饰，其工艺体现得非常直观；而清式家具倾向于雕工和装饰，雕工水平和审美评判需要鉴赏者有一定的基础。比如机雕和手雕的区分，雕工水平如何，雕刻题材和内容的组合是否恰当，都是非常重要的评判标准。而评判明式家具的优劣只需从材料、器型、工艺三个要素着手。这里笔者建议初级玩家以明式家具先入手，然后进阶再入手清式家具，这种做法比较稳健。

与明式家具相对比，清式家具的用料是不是更大呢？这主要取决于是否有繁复的雕工，工多自然废料，则用料就会变大，但如果表现线条的美感，则需要用料恰到好处，比例得当，否则会变得很臃肿。家具就好像姑娘，清代“美女”得多穿漂亮衣服，多装饰，装饰艺术的形式大过了姑娘本身，这位美女就是“紫檀”。而明代的“美女”则更重视皮肤的细腻光滑，要素颜，要气质，如果过多的矫揉造作则不会被欣赏，这位美女叫“黄花梨”。当然了，如果皮肤细腻光滑，脸蛋漂亮，身材好，而且还气质不凡，那就非金丝楠莫属了。

清式与明式家具的发展方向也是南辕北辙，一个重神，一个重形，清式家具追奇求新，偏繁复，彰显华贵奢靡。总体上，中国传统家具的构造以直线为主，和中国文化推崇方正、沉稳理念相契合，但是受西方艺术风格影响，清代家具也有所变化，出现了很多曲线造型，或者是在腿足等细部采用西方结构，甚至是尺寸上也有改变。

清中期·紫檀嵌玉云龙纹罗汉床

长209.5厘米，宽112.5厘米，高102.5厘米，底座50.5厘米。
紫檀为框，床板镶金丝楠，这是非常经典的“紫配楠”作品，颜色对比鲜明，非常雅致。围板镶嵌玉石，多种材料相互配合，相得益彰。

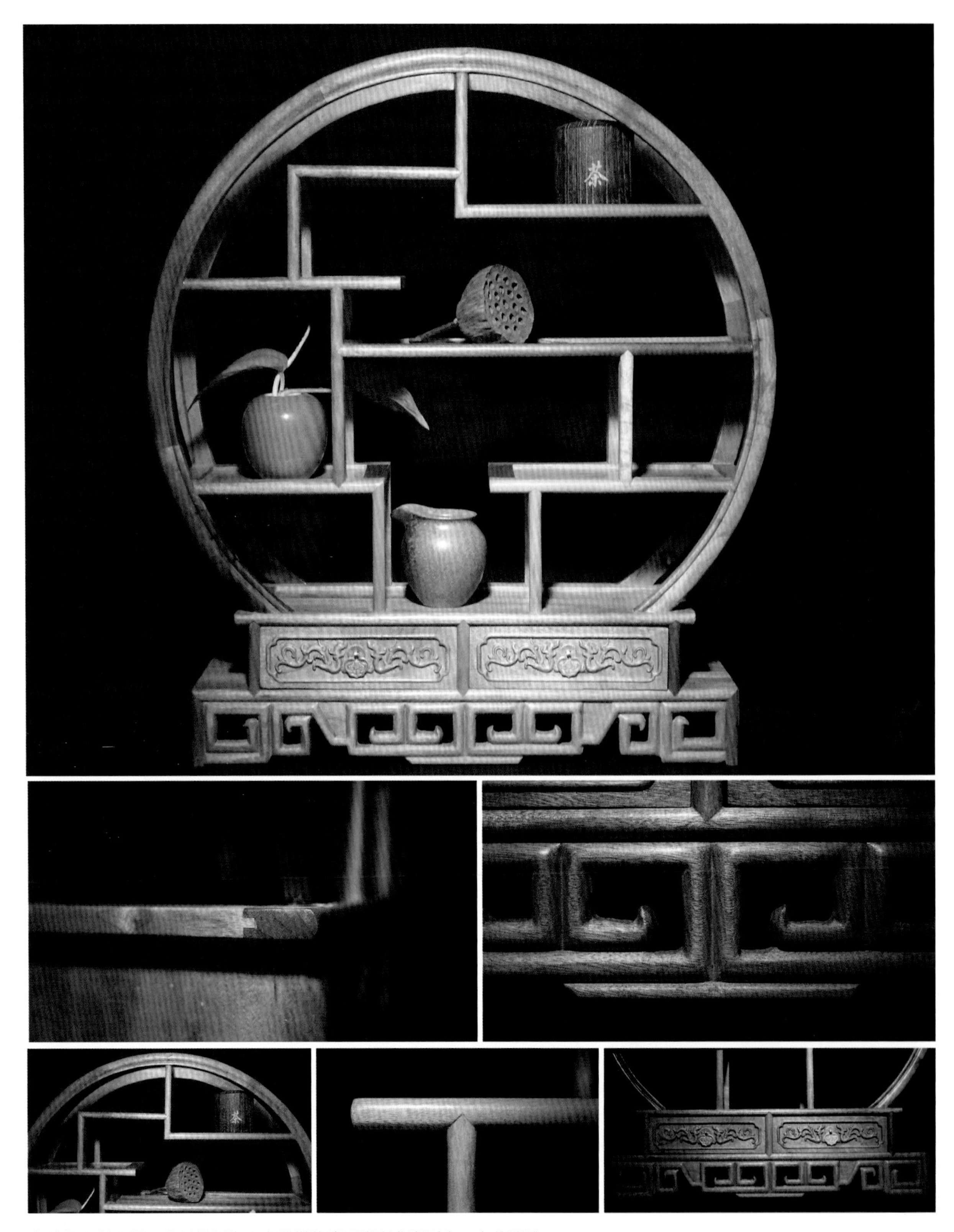

金丝楠小多宝阁，金丝楠用作文房清供的陈列确实非常适合，十分清雅。

七 金丝楠古建

金丝楠的宫殿架构

明朝时期，常选用楠木作为栋梁，来修造宫殿、城楼、寺庙等，当时朝廷委派官吏负责采办楠木事宜，络绎于途，明确记载在明史中的有明永乐四年，即1460年，皇帝下诏修建北京宫殿，分遣大臣到四川、湖广、江浙、

山西等地采木。但即便是在宫廷里，全部架构统统使用楠木的建筑也并不多见，给后人留下深刻印象的是明长陵的祾恩殿以及北海北岸西天梵境内的大慈真如宝殿。这两处宫殿都修建于明代，采用金丝楠木结构，而且不施加任何彩绘，或只进行简单的烫蜡处理，保持了金丝楠木原本的色泽，这是任何人工装饰都不能相匹敌的，是最高级的装饰。

到了清代，人们对楠木更是宠爱有加，热情不减。现在保存下来的古建有承德避暑山庄的主殿澹泊敬诚殿，修建于清康熙时，是一座著名的楠木大殿；清西陵，道光帝的慕陵隆恩殿及配殿均采用楠木结构，并雕刻有蟠龙和游龙 1318 条，形态各异，精湛雕工超越了其他清陵的油饰彩绘，是在原木上以蜡涂烫，精美绝伦。

然而明代对楠木的长期大量采伐，导致木料的匮乏在明代就已经出现。自万历三十二年起，即 1604 年，故宫三大殿多次遭遇火灾，但是因为木材缺乏，所以迟迟无法进行重修，一直到天启五年，也就是 1625 年，时任通惠河工部郎的陆澹园，在天津海岸沿途的芦苇中偶然发现了楠木，推断是历朝遗漏的木料，共计有 1000 余根，才使得重修工程得以启动。清代时期，金丝楠木作为楠木上品日益稀少，极其难得。康熙帝执政初年曾派官员住南方诸省采办过楠木，但是耗资巨大，康熙帝自省此举劳民伤财，无裨国事，因此改用大直径的桢楠作为皇宫建筑用材，甚至选用满洲黄松，采用楠木拼接外包的黄松作为大殿的木柱。如今的北京城内，没有一座明朝修建的楠木建筑没有经过清代重修了，曾经唯一留存的东直门城楼也已经在新中国成立后拆除。现在故宫古建筑中，已经没有完整意义上的楠木殿，楠木使用最多的只在南熏殿，乾隆皇帝特地为自己修建颐和轩，不过是红松做柱，只是外包了楠木而已。

金丝楠宫廷建筑贡木采办史

从夏商周开始，古代宫殿就一直是木质建筑，只是木料材质不同，《论语》中有“夏后氏以松，殷人以柏，周人以栗”一说。关于这点在《正义》中有进一步注释说：“夏都安邑宜松，殷都豪宜柏，周都丰镐宜栗，是各以其土所宜木也。”可见当时修建明堂宫殿是就地取材，松、柏、栗木都成为主要用材。秦、汉、唐时期均定都在关中，延用夏商周时期用松、柏、栗木建造宫城的观念，可能也受制于当时的交通运输条件，特别是陆路运输穿过秦岭山脉在当时来说简直是不可能完成的任务，故只能就地取材而无法使用楠木建造宫室。

前文已经讲到，金丝楠木在这个时期的分布以四川盆地为中心，起渭河、黄河下游纵向至南岭，起四川盆地、云贵高原东部横向至长江下游平原及东南丘陵，这在《山海经》中有记载，产楠山体大致就指今天的秦岭、黄河下游、四川盆地、东南丘陵、南岭等地区。在春秋战国时的古籍也有楠木分布情况的记载，但使用情况并不是特别清晰，毕竟春秋战国时期国家体系还不是特别集中，政权不集中，没有大型宫苑的建设，战争频发，各国还在一个分权交错的阶段，在社会文化这个层面上的记载就不是特别丰富，为金丝

北京北海大慈真如宝殿金丝楠木架构，修缮时拍摄。主结构的直径均达到1米以上，亲身经历的时候感到在古代能用木头搭这么大的房子，真的是特别伟大。结构合理，还能抗震，不得不赞叹古人伟大的智慧。

楠的系统研究带来了一定的难度。但总体来说，因地制宜，这个肯定是没错的，楠木的分布基本就是楠木应用的分布。而且在上文我们提到过，在金丝楠发展的各个历史时期，它的分布范围是越来越小的，从黄河以北，萎缩到黄河以南，再逐渐萎缩到西南和东南地区。那是什么原因导致楠木的分布范围缩小呢？唯一的线索就是人类对楠木的开发和利用。从夏商周，春秋战国，两晋南北朝，这些历史时期中原腹地都是有楠木分布的，所以虽然我们现在可以找到的文献资料不多，但我们可以确定的是，金丝楠出现过，又在这些地区消失了，唯一的可能性就是大面积的砍伐利用，有这种财力和能力的人，一定是在制造宫殿和陵寝。这毋庸置疑。

在元朝建立后，生产力发展水平较发达，经济条件允许进入偏远的深山开采楠木，并且经过大运河可以直达京城，水路交通顺畅，所以开始了对楠木的采伐，修建了楠木构建的元代宫殿。但大规模有组织地采伐楠木则是从明代开始的，史料记载有三次：

第一次是永乐年间为修建北京宫殿。自永乐四年开始，即1406年，工部尚书宋礼亲自到四川督促采木事宜，直到永乐十四年即1416年时，“良材巨木，已集京师”，次年六月宫殿开工。对此事大学士杨

● 北京太庙享殿金丝楠木架构并描金漆

荣在《圣德瑞应赋》中进行了详细记载。

第二次则始于嘉靖二十年至三十九年（1541—1560年），原因有二：一是因为嘉靖二十年（1541年）四月辛酉夜，太庙遭遇火灾，皇帝下召遣工部侍郎潘鉴、副都御史戴金等到湖广、四川地区采办楠木。二是嘉靖三十六年（1557年）四月，奉天殿等三大殿起火，为重修宫殿命工部右侍郎刘伯跃兼督察院左佥都御史，前往四川、湖南采办楠木，花费银钱339万两之多。

第三次大规模开采是在万历二十四年至四十一年，即1596—1613年，起因是万历二十四年三月初八，坤宁宫起火，火势很快危及乾清宫及全部后二宫门廊，同年四月朝廷派遣官员赴川、贵、湖、广督办楠木，花费360多万两白银。

从明朝三次采伐楠木的起因可以看出，均与宫殿兴建密切相关，而且经过连年采伐，溪水、河流附近、容易搬运的木材已经开采殆尽。

明末，农民起义军领袖李自成进入紫禁城，撤走时，很多宫殿被烧毁，三大殿亦未能幸免。《清实录》中记载有顺治时重建三大宫殿，“是月，兴太和殿、中和殿、位育宫工”。重建三大殿工程由摄政王多尔衮主持，六月初四，多尔衮询问大学士：“殿工大木产于何处？”大学士等对曰：“川广。”又问：“大木可常有否？”对曰：“极大者亦甚难得，殿柱间有三合四合者。”王上又问曰：“闻皇极一殿费至六百万金，果否？”对曰：“诚然，其两厂见贮木料上不在数。”由此可以看出，清朝用前朝遗存下来的楠木重修了三大殿。

康熙年间，为了修建宫殿仍然采伐四川楠木，但此时的楠木成才已经很少，在康熙八年时，只得到楠木80根，四川巡抚张德地为此疏报“所有楠木不敷”，因此康熙帝下诏停止采办，“酌量以松木凑用，着停止采取”。到雍正帝执政时几乎无法采到大木，所以只好改用松木修建万年吉地，为此雍正还专门下旨，“楠木难得，如果不得，即松木亦堪应用”。

乾隆帝十分喜爱楠木，自他即位起便历年委派官员到南方各地采办楠木，并且在圆明园中建木厂以库贮楠木。据清宫档案记载，乾隆帝修建宁寿宫时，曾从南方解运195根楠木到京城，这些楠木都留有翔实的记载，“省解运到通州正楠木四十件，余楠木二十件，陈楠木房料一百三十五件”，每一件的来源和去处都有严格的记录，“已令其运交圆明园木厂收贮备用”。当时对楠木已经是量才而用，并且力求物尽其用，“内有长七八丈以外大件楠木十件，若行截用，实觉屈材，请留为整用外”，可见当时的成木大料已经十分难得，“其余大件楠木五十件，各长四丈以外至五六丈，大径二三尺，小径一二尺不等，今拟将根截径寸，大者抵作柁梁，五十四件稍截径寸，小者抵作柱木，四十六件共可抵用，一百件内稍有尺寸不符者，酌量刮朵应用”，说明在乾隆时期可供采伐的楠木资源十分有限。到了乾隆三十八年（1773年），在拆盖太庙内房屋时发现有大架楠木，也用在了宁寿宫工程，并且“逐件详慎截用，务期尺寸允协，不致靡费”。

清中期以后，楠木大料几乎没有是不争的事实，道光帝四年诏书中陈述“楠木亦难得大料，累次严催，与其未获，势必徒延时日，致滋迟误，自属实在情形”，这说明了楠木在当时已是益见珍贵。诏书中明确提到“查明碑楼工程所需木料确数，如果现在已获起运各件，足敷应用，即可将该省未获之柏木、楠木，停其采办”，直到此时，楠木为宫廷采办、作为贡木的历史正式画上了句号。金丝楠封为三大贡木之首实至名归。

金丝楠的历史遗迹

故宫作为我国现存面积最大、保存最完好的古建筑群，仅存有很少的清代楠木家具。清朝时，修建宫殿采用楠木梁柱，制造家具常采用紫檀或黄花梨与楠木搭配，比如楠木做桌面的芯板，用紫檀或黄花梨木做框架。我们比较熟知的故宫最重要的大殿，前三殿之首太和殿的柱子就是用的金丝楠木，虽然康熙皇帝为了皇家的体面，御批用满洲黄松做柱，外面包镶金丝楠，但也属于名义上的金丝楠大殿。还有一个故宫非常重要的大殿，奉先殿，就是现在珍宝馆中的钟表馆，也是金丝楠木大柱子制成的，柱体和天花板都贴了金箔，整体气势恢宏，富丽堂皇。

北京是全国的政治中心、权力中心，紫禁城是北京的中心，太和殿是紫禁城的中心，而太和殿的中心是那把金丝楠的宝座，也就是我们老百姓都说的龙椅。而这把传奇的龙椅当然也是用金丝楠木制成的，这一切都不是偶然的，因为这些都是御用之物，等级至高无上，明黄色是皇族的垄断色，而金丝楠恰好是这种辉煌而灿烂的黄色。

明十三陵长陵祾恩殿，是现存的规模最大的楠木殿，大殿内的巨柱都是整根金丝楠木，共有60根，这些楠木很粗壮，要两人才能合抱住。老百姓俗话说“当一辈子皇帝，修半辈子坟”，至高无上的天子当然要生前和死去之后待遇一样，所以即便是陵墓中的寝殿也必须用金丝楠木建造。

位于承德避暑山庄的澹泊敬诚殿，也是现存为数不多的楠木殿之一，修建之初是为了举行重大节日庆典活动，用料精良质硬。面阔有7间，单檐卷棚歇山顶，殿内悬挂“澹泊敬诚”的匾额，这是康熙御笔亲题，而在乾隆十九年时，对大殿进行了改建和修复，并且用料全部为楠木。澹泊敬诚殿是避暑山庄的中心建筑，避暑山庄是皇帝重要的行宫，皇上每年都要去，自然规格和标准都不能降低。此外，使用了金丝楠木的历史遗迹还有北海大慈真如宝殿和恭王府锡晋斋。

恭王府是目前保存最完整的清代王府建筑，位于北京西城区什刹海附近，它与金丝楠木也有一段渊源，内有“楠木房屋”“多福轩楠木书架”“锡晋斋仙楼与楠木隔扇”等。而其中数西路正房锡晋斋是最有历史记忆的，整个大厅内和楼上楼下都装有雕饰绝美的金丝楠木隔扇，这每一扇都价值连城，却仅仅是高大气派的很小一部分，权倾朝野的和珅被赐死，罗列了他犯下的“二十大罪”，其中僭侈逾制，就是指“所盖楠木房屋，僭侈逾制”“其多宝阁，及隔段式样，皆仿照宁寿宫制度，其园寓点缀，与圆明园蓬岛瑶台无异”。

将远在千里之外的楠木运至京城，不仅要经过千山万水，还要动用广大的军民和船只，所耗财力人力巨大，仅这一点足见楠木的价值之高。封建社会皇帝至高无上，除了楠木几乎没有其他木材可以重威，所以皇帝下旨不计成本，宫殿栋梁选用高大笔直的楠木料，巍峨耸立。

元代已经建有楠木殿，据《元史》记载，元泰定元年做楠木殿，陶宗仪的《辍耕录》记述有“文德殿在明晖外，又曰楠木殿，皆楠木为之”，只是数量只有几座殿，不及明代，据《清实录》中记载，“至前明各宫殿，九层基址，墙垣俱用临清砖，木料俱用楠木”。可见，明朝时通过水路运输，有几万根之多的楠木从南方各省运至北京，使得建造整个楠木宫城成为可能。

● 四川雅安荥经县开善寺金丝楠木架构

明代规制宏大的楠木殿有奉天殿、太庙、长陵祾恩殿、奉先殿、天坛祈年殿等。到了清代时，楠木已经十分紧缺，但当时仍然修建有楠木殿，比如乾隆帝时，为缅怀康熙帝的眷顾之恩，下旨在牡丹台增建楠木殿宇。清宫档案记载，乾隆十一年建临芳楠木殿三间，十三年（1748 年）于山高水长建楠木元厅房一座，四十四年（1779 年）于浴兰殿后添建楠木殿一座，接游廊十间。

这些金丝楠古建筑的具体考察实录会在下文详细解读。

● 故宫宁寿宫花园古华轩金丝楠木架构

八 金丝楠的价值和行情

金丝楠市场近况

近十年来，古典家具市场经历了快速的发展，随着2012年红木家具市场的走俏，黄花梨、紫檀、红酸枝等的价格也是水涨船高，而金丝楠贵为三大贡木，却稍显低调。虽然偶有相关信息爆出，但也多是商家的噱头和市场的炒作，在艺术品市场中高品级的金丝楠成品家具依然稀少，而且市场价格参

差无序，质量也是良莠不齐。如今，金丝楠木制品正在逐渐崭露头角，市场销售额和占有率也有了一定提高，价格也随之上涨。究其原因，其一是金丝楠木制作的成品古朴典雅、品质优秀；其二是现代人更加注重生活品质，对古典家具的需要在不断上涨。金丝楠贵为三大贡木，悠久的底蕴和独有的稀缺性都决定了其具有极强的竞争力和收藏价值。

金丝楠在历朝历代都是最为名贵的木材，根本原因在于运输成本过高，而且 2500 年的过度采伐，金丝楠木作为国家二级保护野生植物，是严禁砍伐的，所以供应几乎可以忽略不计。老料虽有囤积却少得可怜，优质原料更是凤毛麟角，阴沉金丝楠若不因治理河道，也不会被发现。而且现在国家林业局也将阴沉金丝楠列为国家“矿藏”品种，严禁个人开采盗用。这样一来金丝楠原料的所有供应链几乎全部切断，现在恰逢国际金融危机，全球经济缩水，不失为一个绝佳的投资机会。可以负责任地说，用一根料少一根料，在未来的几年时间里，金丝楠木的时代即将来临。

元懋翔2016年12月之前，马甸老店的店内实景。

金丝楠已经绝迹了吗？“绝迹”要打引号。

金丝楠原料供给渠道不畅通，老料基本属于拆房料，老料的供应是偶然性的，不会长期供给，上文说过基本上卖一根少一根。明代为修建故宫，楠木遭到大规模地砍伐，到了清朝乾隆年间，连皇帝在修建宫殿或者做家具时采办金丝楠都十分困难，甚至为了解决金丝楠用材，还拆除挪用了明皇陵中的楠木，乾隆偏爱金丝楠，在故宫活计档中记载有很多楠木制家具，大多是乾隆帝时期制作。金丝楠木老料最为珍贵，特别是直径粗壮的原木，单个计价，而且价格很高。

目前市场上的金丝楠木料存量很小，作为中国特有的珍稀优良树种，属国家二级保护植物，新砍伐料是受到国家保护的，这也说明了它的濒危性。据调查研究，华东的中低山山地丘陵地区，主要是在贵州地区，一般海拔1000m以下，垂直分布有少量的金丝楠木天然种群。因为这里地处亚热带地区，金丝楠木生长在阴湿山谷、山洼及河旁，生长速度缓慢，是百年难得的栋梁之才。

金丝楠阴沉料的主要埋藏地是四川地区。近些年，私人承包农田土地，私自挖采的情况屡见不鲜，于是2013年雅安县出台了地方条例，禁止个人开挖阴沉木，若不经许可开采所挖之物一律归国家所有，这类似于矿产资源。如此一来，金丝楠的这条渠道也属于非常有限，越来越枯竭。

综上所述，说金丝楠绝迹不是很恰当，需要带个大引号。楠木因其独特的优良材质而闻名于世，而这也成了其致危的主要因素。当前市场上，各类楠木都价格高企，有一定径级的楠木也成了违法盗伐者的目标，加之对环境的人为破坏，楠木生存更加艰难。人类对资源的野蛮掠夺、对环境的严重破坏都造成了我国楠木属树种渐危或濒危。如果不加以保护，“绝迹”二字恐怕就不用打引号了。

元懋翔2016年12月之后，万达旗舰店的店内实景。

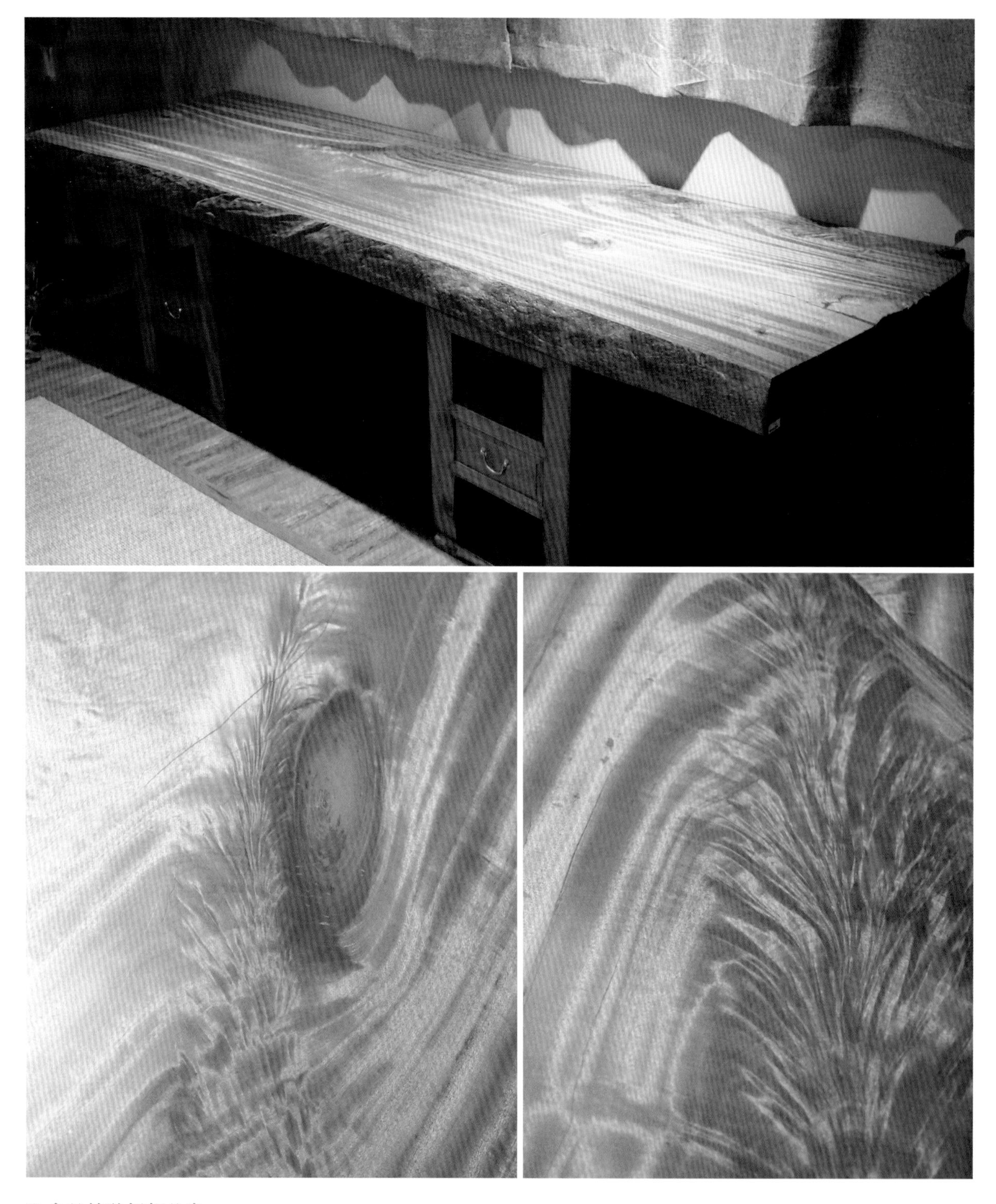

● 金丝楠独板架几案

其独板板材之上展现出各种美丽的花纹，其中的凤尾纹更是极品。此独板板材长3米，宽超1米，厚约20厘米，这种直径的金丝楠木生长时间要长达千年之久，真可谓一物难求。

金丝楠的收藏价值

收藏源自兴趣，收藏爱好者都是自己心甘情愿地乐此不疲。在金丝楠收藏过程中付出体力与脑力，也是受益的，而且收藏也讲究缘分，俗话叫踏破铁鞋无觅处，收藏研究的不断深入，知识的增长自然是“得来全不费功夫”。

国外临床医学研究有一项十分有趣的发现，收藏爱好能治疗慢性病，特别是对高血压、神经衰弱、情绪烦躁甚至胃病等病症，治疗效果显著，甚至已经有二十多个国家把收藏行为列为心理治疗的正式科目。对此有人专门做过数据统计，对比金丝楠收藏家、文博专家与常人的平均寿命，前者要高一些，笔者认为收藏对身心有益的原因，主要体现在以下“几乐”，这也体现了金丝楠藏品的精神价值。

有的收藏爱好者为了寻获珍贵藏品，踏足山川河野，可以陶冶情操；有的收藏爱好者为了淘宝，徜徉于市场，可以开阔眼界；有的收藏爱好者为了学习，浏览各种藏馆，可以提升品位。各地的古玩市场，无论大小，哪怕只是地摊，在节假日也是人来人往，热闹不凡的。兴趣也好，投资也罢，大家都全神贯注，翻翻旧书杂志，看看家具，瞧瞧瓷器，收藏乐趣无法言表。在古玩市场上买宝贝，不能叫买，而称为“淘”，这其中囊括了收藏的执着、艰辛和乐趣，淘的是过程，是怀揣着希望的奔波，也是一种享乐，“淘沙始见金”！此乃寻觅之乐，让人愉悦，自然意义非凡。

寻觅到心仪的藏品，往往会有“众里寻他千百度，蓦然回首”的喜悦，对于收藏者，有如垂钓水面忽见鱼儿跃起，又如坐春风如醉如痴。大收藏家张伯驹先生为了得到隧道展子虔的《游春图》，不仅“变产借债”，还自号春游主人，把自己的住宅命名为“展春园”，可见得宝之后的畅快欢喜！对收藏爱好者而言，自己喜爱的都是宝贝。曾有一位金丝楠收藏家讲，每次得到一件好的藏品，他都会高兴好几个月。

在工作闲暇或者茶余饭后，能够静静地把玩心爱的藏品，它可能是几十年、几百年甚至上千年前流传下来的东西，那是“历史”的见证，又不同于书本上所讲的历史，它的造型、纹饰、材质可以触摸，它的古朴之美可以品味，让人有一种超越时代的感觉，天地辽阔，历史不过是转眼一瞬，人不过是沧海一粟，心灵也得到了升华。

古董文玩可以经历千百年的沧桑变迁，但人是渺小的，只是历史的匆匆过客，只是无数收藏者中的一位。把玩古玩，怀有对历史的虔诚，明白人生哲理，内心宁静悠远，“篆香居玉中，佳客玉立相映”，

成组的金丝楠书架构成的陈列柜，上面布置的是笔者从世界各地带回来的古董。

图中展示的为彝族祭祀用器皿，以金丝楠木制作而成，历经数百年的时光，依旧保存完整，展现出了金丝楠木的优良品质，很具有历史价值和文化价值。图中器皿造型略有差异，但都有着质朴优美的线条，在此展示以供藏友们慢慢品味。

陶冶性情，调整心态，追求“外适内和，体宁心恬”的心境。夏日无须空调，自得一丝凉意，冬日无须炉火，自带几多温馨，当全身心地倾注于藏品时，好比练习气功时的气沉丹田一般，“是境也，阆苑瑶池也未必是过”。

面对金丝楠，会让你自然而然地谦逊起来，无论你是才华横溢、学富五车，还是金丝楠专家、行家，即便是阅历丰富、眼力过人，也依然感到自己学识尚浅。古董文玩藏品是一种历史载体，可以展示出无穷境界。在浩瀚的历史长河中，在日新月异的科技面前，每个人都是力不从心的。收藏金丝楠更是知识密集型的文化活动，虚心求教，踏实学习，持之以恒，才会使自己的鉴藏水平得以提升，才会真正地藏有所得。任何一个收藏者想要有所建树，必定要善于学习知识，所谓“文眼识古董，收藏品自高”。所以说金丝楠收藏者得到的不仅是一件藏品，更是一段经历。通过虚心请教，取人之长，迅速提高了自己的鉴赏水平和辨别能力，了解了收藏活动的规律性，明白这类藏品的历史价值、艺术价值和人文价值，这是可遇不可求的精神财富，会让你油然而生一种自豪感。

收藏金丝楠不仅是简单的占有，也不仅是对艺术美的欣赏，更多的是在收藏中品位历史气息，在玩赏中探索研究，这才是收藏者应当追求的最高境界。徜徉在藏品中，不断整理、研究、探索，对收藏有所思、有所想，有所感悟、有所发现，甚至可以整理成文刊登发表，趣味无穷。一些收藏爱好者成为专家，取得成就就是这样水到渠成的过程，比如集邮爱好者马任全，出版了《马氏国邮图鉴》；火花大王季之光，出版了《中国火柴盒贴集锦》；算具收藏家陈宝定，出版了《中国珠算大全》等，这些都可以算是收藏界的权威著作。笔者是一位收藏家，同时也是一位学者，著书立说，也都出于收藏之乐。

现在金丝楠收藏热，说这其中完全没有经济利益的驱动，是不客观、不现实的，而且绝大多数的金丝楠收藏家同时也是成功的投资者。艺术品收藏也和房地产、股票一样，是一种高回报率的投资方式，古代商人流传一种说法，“粮食生意一分利，布匹生意十分利，药材生意百分利，古玩生意千分利”，可见古玩行自古一直是高利润的。而且历朝历代都曾涌现过成功的收藏品投资者，不仅保值增值，而且低价买进，高价卖出，甚至经过市场交易完成了资本的原始积累。如果你只是业余收藏爱好者，但看着自己的藏品可以在短时间内价值翻番，心中能不欢喜吗?

金丝楠的美，真的胜过紫檀花梨，不同的光线，不同的心情，金丝楠的变化，就犹如禅意的莫测与深远，耐人寻味。

当今社会竞争压力大，工作繁忙，人都难免浮躁，需要从事一些休闲活动，在生存、繁衍、劳作之余，人类离不开精神生活，没有人可以一直忙碌，终日劳作日积月累可能会击垮我们的身心，适当休闲是对生命的珍爱，养护身心也为更高效地工作奠定了基础。金丝楠收藏作为一种文化休闲活动，可以寓动于静，寓忙与闲，寓学于乐，寓有为于无为。遨游在金丝楠收藏的海洋中，写意多彩的世界，避免了莫名的烦恼和悲戚，“闲看月精神，静观山意思”，让人有“微风洗秋波，风动听鸟鸣”的怡然自得。大概诗人陶渊明“采菊东篱下，悠然见南山”所感悟的意境也就如此了，收藏之意，养心养人，用心感受，终有所悟。

金丝楠的等值趣算

1. 故宫古华轩天花板

很多朋友都很感兴趣，到底金丝楠在古代值不值钱？以现在的人民币计算，又换作多少呢？这个问题很有趣，我们就以故宫中宁寿宫古华轩为例，来讲一讲。古华轩有156块金丝楠木天花板，查阅历史资料，发现当初古华轩内这些楠木天花，大约花费了工料银一千二百九十两七钱（1290.7两）。

故宫博物院宁寿宫花园古华轩。

那么，为什么选中古华轩的天花板来对比古今呢？主要是比较切合实际，比较好理解，每块天花板长宽各 50 厘米，156 块也就是 40 平方米的面积。大家在生活中，家里装修都有概念，如果我们要研究一个宫殿花了多少钱，天安门城楼在大修时花了多少钱，基本都是天文数字，完全没有意义，放在这个章节，主要让大家直观地感受一下现在金丝楠的市场价格和三百年前的原始价格的对比。

清代的计量体系中，一斤换作 16 两，而现在我们一斤是 500 克，那么由 500 除以 16 求得，1 两等于 31.25 克，相当于 1290.7 × 31.25=40334 克白银，按现在白银 4 元一克计算，总共需要花费 16 万元。这么算对吗？居然这么便宜？当然不对。考据《明史》，七品知县正当俸禄，通俗点说就是基本工资，一年只有 45 两白银。

那我们究竟应该怎么换算更合理呢？各朝代银两的单位和货币价值并不是统一的，现在我们推算古币值通常会采用一般等价物来换算，而对中国人来说，大米可以说是千年不变的民生商品。以下就以社会相对太平时期的大米价格为准，大致推算白银的货币价值。

史料记载明万历年间，普通大米市价是一两银子二石，当时一石的重量大约是如今的 94.4 公斤，那么，计算得出一两银子可以买到大米 377.6 斤。现在，普通大米的价格大约在每斤 1.5 元至 2 元，我们权且取中间值，以 1.75 元计算，可以到明朝一两银子折算 660.8 元人民币。《红楼梦》的小说背景是清朝，

但其中所描写的社会生活以明朝为蓝本，那么我们姑且就用换算成明朝的银两，书中凤姐给了刘姥姥13000多元的过年钱，刘姥姥当然高兴而归。

同样的一两银子，如果用在唐朝，购买力高得惊人。贞观年间物质丰富，一斗米的市价是5文钱，通常一贯铜钱有1000文，合一两银子，这在当时可以买大米200斗，10斗等于一石，那就是20石大米，唐朝时的一石重量相当于现在的59公斤左右，同样以今天普通米价每斤1.75元计算，购买同等数量的大米要花费4130元。到了开元年间，当时市场通货膨胀，米价上涨，每斗需要10文钱，换算得出一两银子只能折人民币2065元了。

这里补充一点，宋朝之前白银产量很少，所以相对来说价值过高，所以也不作为流通货币使用，但如果拿一张面额2000元的纸币去买东西也很夸张，所以大额的纸币只会在朝廷赏赐或者账目结算时使用，比如税收、向金、西夏送交的岁币“银帛”等国家支付之类，在明朝之前所用的流通货币均是铜钱，只是北宋时在一些地方开始出现纸币。等到银两作为交换货币流通以后，明清两代的对外贸易也随之活跃，大量外国白银也有流入中国的。我们的印象中似乎历史上银两一直是流通货币，笔者认为这和明清小说的盛行有很大关系，这些小说大都是按当时的社会生活而对前朝加以描写，如《水浒》《金瓶梅》《三言二拍》等，银两以明朝的银价为准，与文、贯、缗、铢等货币单位混为一谈，这对后世产生了影响，

故宫博物院宁寿宫花园古华轩，金丝楠木雕刻天花板。

导致现代人写中国古代小说，把古代流通货币统统冠以“银两”，比如我们比较熟悉的《射雕》等，但毕竟现代人，相比明清，对前朝货币制度及银两的了解，显得很陌生，所以才会经常出现天价馒头、酒菜，只有少数人出于好奇，会对古代的“银两”概念做出比较正确的了解。

在此我们不去赘述，各个朝代的货币价值问题，因为确实都很悬殊，根据折换成粮食和一些稳定生产生活要素的换算，并查证一些专业书籍，只能粗算出在1872年的清代一两白银的购买力，约合1995年人民币140元，折合为2009年人民币280元，合2016年人民币500元左右。

那么故宫古华轩的156块约合40平方米的天花板造价1300两，也就相当于65万人民币左右，平均一块天花板的造价是4200元左右。这个价格是在清中期金丝楠的价格，随着这些年金丝楠的开采和利用，所有门类的珍稀名贵木材价格都在上升，而金丝楠的价格还很低，现在一块天花板的市场价也就在几千元到一万元，是不是严重被低估呢？如果感兴趣，笔者以后还会系统研究一下紫檀和黄花梨在清代到现在的二百多年时间里的增值速度，应该非常客观，尤其是海南黄花梨，从2000年的1万多一吨，到2016年的两千多万一吨，上涨了2000倍，就更别提从清代开始算了。而金丝楠从清代开始计算升值速度，居然只有1倍！

算出这个数字，连我自己都吓了一跳，造成金丝楠升值速度缓慢的原因多种多样，一部分原因是中国比较权威的拍卖公司中可拍卖的金丝楠文物较少，这和金丝楠在明清两代都是皇族御用，百姓不允许使用，因而流入市场的可拍宝物少，基本都保存在博物馆有关。另一部分原因是一直没有专业研究的著作给大众和收藏者提供专业的指导，有理有据地说明金丝楠真实的历史情况，并且纠正一些舆论的歪风乱评，应该给这一民族骄傲一个名分，最起码得到大众的尊重，而不仅仅被大家归为只是能做棺材的木料而已。当然，这从另一个角度说明金丝楠蕴藏着非常巨大的市场机遇和价值洼地。

2. 摩崖题刻

关于明清时期的皇木采伐活动，发生在金沙江下游地区，现在仍留有两处珍贵的摩崖题刻可以考证，均位于现今云南省昭通市盐津县，在滩头乡界牌村柏杨社方碑湾，其中一块题刻记录着明洪武八年，也就是公元1375年采伐金丝楠木的历史史实，“大明国洪武八年乙卯十一月戊子上旬三日，宜宾县官部领夷人夫一百八十名，砍剁宫阙香楠木一百四十根，费银九百三十万两”；而另外一块记录的是明永乐五年，即公元1407年，关于运送楠木的历史史实，“大明国永乐五年丁亥四月丙午日，叙州府宜宾县官主薄陈典吏可等部领人夫八百名，拖运宫殿楠木四百根”。这些都是对当时为修建宫殿而备料的历史史实记录。另外，在屏山县中都镇的宏安村，位于神木山下“皇城”遗址的夏吉荣家，也曾发现有《神木山碑》，虽然已被切割为四块，但是此摩崖题刻非常明确地标注了，明洪武年间和明永乐年间，用了930万两白银，180人砍了140根金丝楠，为了制造“宫阙”，推测应该是修建南京金陵和北京的紫禁城。

根据上文折换成粮食的推算，明朝一两银子相当于人民币660.8元，930万两白银折合人民币61亿4554万元，140根建筑用的木料，平均每根4389万元，这在明朝绝对是天价。经过折算，结果惊人。可见如此名贵的木材也只有皇家用得起，这绝非黄花梨、紫檀可以比拟的。

九 金丝楠的保存及保养

金丝楠家具的保养

1. 保持适宜的温度

家里配置有金丝楠家具，要注意调控室内温度，避免放置在空调直吹的出风口、暖气旁，或者其他温度变化较大的地方。因为温度剧烈变化会导致金丝楠木内部水分的失衡，木材水分和环境水分间交换不均匀，从而木材内部应力不等，发生开裂。

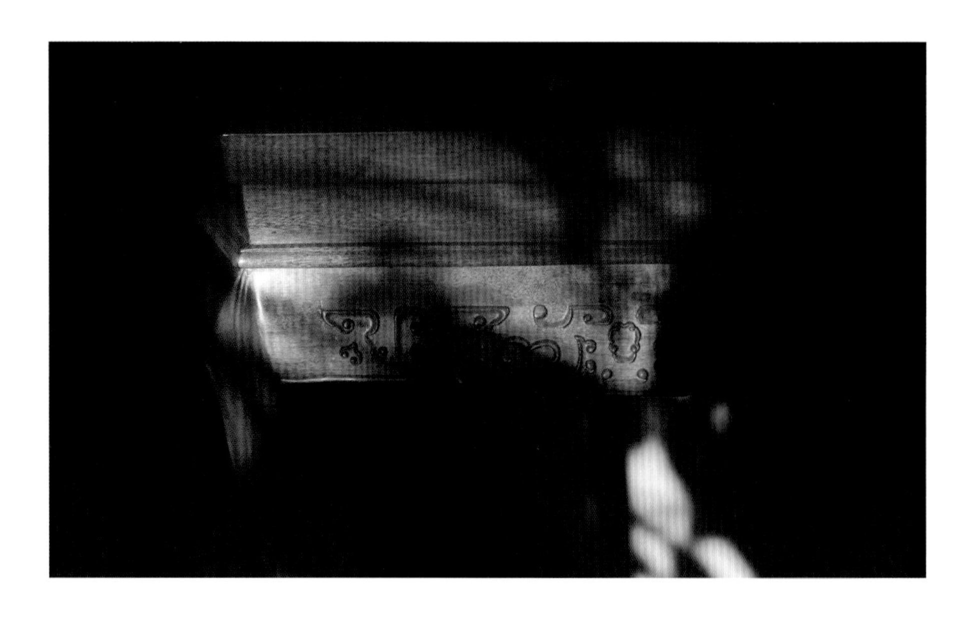

2. 避免局部过热

无论金丝楠木木质如何紧密，终究是木材，所以避免高温，要留意火的使用，避免发生灼烧。炉灶旁尽量不要使用。特别注意，像餐桌上面如果放热的食物、盘子，要放点东西隔开。如果受热有可能有白圈，原因就是烫的蜡又析出来了，打磨一下，再烫烫蜡就好了，没有大碍，但还是尽量避免这种局部受热的产生。还需要注意的是电磁炉，电磁炉背面是很热的，最好垫起来。

3. 避免暴晒

金丝楠木家具要避免暴晒，摆放时要留意光的直射问题。一方面，金丝楠木家具长期受到阳光直射表面会很热，加速水分的挥发，水分失衡会导致开裂。另一方面，阳光会造成变色的情况，过度暴晒会因为紫外光太强而发生褪色、紫外线灼烧，变得发白。正常自然光照的散射效果会加快氧化反应，颜色变深。所以切忌暴晒，损害表面的蜡或者漆。当然正常光照不会有问题。

4. 通风干燥

室内有金丝楠木家具的应避免潮湿，保持良好的通风，特别是潮湿的季节，可以适时地打开柜门、抽屉，使家具内外通风。避免因为气候潮湿变化造成家具干燥或潮湿不均，从而发生翘曲。金丝楠韧性很好，一般很少开裂，反而会胀开，在南方的朋友要注意了。不过古典家具一般都会在制作时加入伸缩缝，给板材一定的空间进行伸缩，留出余量。

5. 婴儿油养护

金丝楠木家具的表面护理很重要，如果不小心沾上油污，可以用干毛巾擦干净，金丝楠家具不怕油，在家具行当里也有用油来保养的，但是切记不要用核桃油、橄榄油、菜籽油等植物油，以及猪油等动物脂油，容易让家具产生异味，甚至变质，我们俗称哈喇。推荐使用婴儿润肤油或者按摩油进行家具保养。可以深层滋养木材，防止开裂，但缺点就是在维修的时候会不好着胶，给后期维修造成困难。事情就是这样，降低了开裂的风险，但一旦开裂就不好处理。如果不这样做，就要加强烘干、烫蜡或者做漆的处理，把开裂的风险降到最低。

6. 避免酸碱腐蚀

切忌用酸、碱性洗涤液清洗，尽量用不掉色的干软绒布来清洁。尤其避免洗衣粉、洗发水、洗涤灵等洗涤剂来清洁家具。因为会让金丝楠家具变得表面含水率非常高，风一吹，就裂了。记住，无论什么木制家具，不仅是金丝楠，不要用水来清洗，更不要用洗涤剂。洗涤剂中的碱性成分会直接分解木材中含有的油脂，让家具变得非常干涩。

7. 定期用蜡保养

条件允许的话，最好按月使用专用护理蜡涂抹家具的表面，以保持平滑光亮。但是涂抹应该适量，否则会堵塞木材的毛细孔，发黏的话就容易粘尘土。所以打完蜡要收拾干净。油和蜡不同，油是液态的，蜡是固态的。蜡保持的时间更长一些，有的金丝楠家具，在出厂时会选择烫蜡处理，此类家具最好使用后期的擦蜡保养，用来补充挥发的蜡质成分，降低家具和空气中水分子的交换速度，以降低开裂风险。

8. 避免硬伤

金丝楠的相对硬度还是略软一些，要注意不要用尖锐物品去磕碰家具。尤其在入户和搬家的时候，注意包装好家具，增加防护。在日常使用时，最好在桌面上增加硅胶板或者玻璃板，降低磨损。

● 金丝楠雕云龙顶箱柜

单只宽1.2米，厚0.6米，高2.4米。蓝色的景泰蓝铜活和金黄色的金丝楠木非常协调，整体视觉感受非常舒服，云龙雕刻三层高低错落，非常有层次。

金丝楠原料的保存

桢楠是国家二级保护植物，属于常绿大乔木，在我国川贵、湖南和湖北等地都有分布。成树可以长到 40 米，胸径粗 1 米左右。树皮较平滑，在浅灰黄或浅灰褐的底色上有明显的褐色皮孔。很多厂家忽视金丝楠原料的保存，随处堆放，这样容易造成浪费或损失，应当进行科学处理。

一、应合理干燥木材。木材干燥对木材品质至关重要，要参考不同树种的木材干燥基准表，不能一味地抢时间、省能源，不按客观规律操作。木材如果没有干透，成品出现开裂的概率比较大。如果干得太透，在烘干窑里面干燥时间过长，温度过高，那么有可能原料直接在窑里就“炸裂”了，会造成更加严重的损失。

二、在条件允许的情况下，尽量选木材干缩差异小的树种。因为差异干缩大，发生翘曲和变形风险也相对较大。虽然这一理论还缺乏实验数据，但已经得到多数学者经验认可。不同树种的干缩率不同，为了降低木材的干缩余量，即成品伸缩量，应该选用干缩率小的木材。这么说可能太抽象，具体点就是金丝楠老料的干缩差异要比金丝楠阴沉料的差异小，如果成品对于干缩量的控制极为严格，那么有可能的话，要放弃阴沉料，多选用老料。

三、尽量径锯板材。因为径向和弦向的收缩是不一致的，径锯板只会引起尺寸干缩，也就是横向干缩，很少发生变形和翘曲。所谓径向就是顺着纹理切，就像切黄瓜一样，“劈开”，弦向就是把黄瓜切成三角，斜刀切，所以劈开的黄瓜片基本只有横向的收缩而已，而且不会变形和翘曲。同时还应注意，锯材纹理与原木纹理的倾斜角度不能太大。如果角度差异太大，木材纤维就会露出茬口，容易起毛刺，不易打磨。

四、木材应在热水、冷水或盐水中浸透或蒸煮后，再进行合理干燥，这样可以消除木材内部的应力，减小木材的开裂和变形。用这种方法虽然费事费钱，且木材的材面稍微变暗，重量和力学强度也有所减小，但笔者仍然倾向于这种方法。特别是针对名贵木材，材料价值越高，也就越值得这么处理。有些大厂，会在厂子里挖一个人造湖或者水塘，把材料通通扔进水里浸泡，这样会使材料不容易开裂。

五、对于已经锯解完成的木材，也就是开好的料，最好要有层次地码放好，横竖压实，中间留有缝隙，一般用切好的短棍即可，中间留的缝隙可以让水分挥发。对于没有切片的木料，在木材的横切面，最好封上蜡。降低水分的不均匀挥发速率，因为两头挥发得快，中间水平方向挥发得慢，尽量降低这种速度差，就可以降低木材开裂的概率。理论状态上，真空最好，完全隔绝空气，尽量减少空气流通。

综上所述，金丝楠原料的保存，最为重要的就是含水率的指标。不可操之过急，越是好的原料，越是要注意，否则开裂就会降低产品的出材率，这种损失是不可挽回的。再一个就是空气交换率，利用各种方法来尽量减缓空气交换的速度，开裂的风险就小得多。但商家总是心急用料，但心急吃不了热豆腐，如果原料处理不到位，做出的家具也同样会开裂，得不偿失。

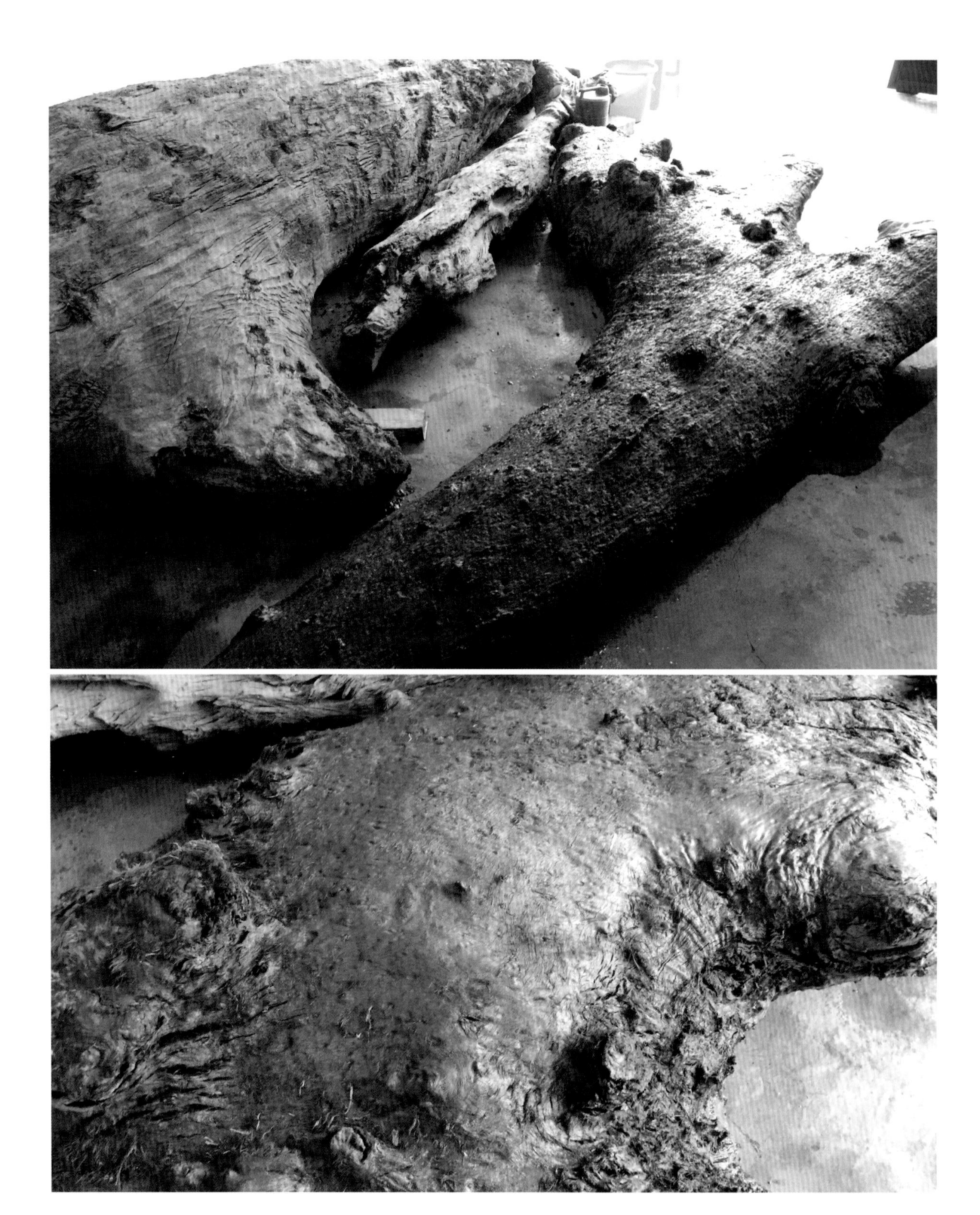

四川雅安芦山县乌木一条街金丝楠原木，较黑的这一根是因为泼了水颜色加重了。乌木大部分是由水中打捞出来，刚出水的时候是黑色的，故称之为“乌木”，也称之为阴沉木。

防止金丝楠变色

木材学中，变色根据成因分有5类，分别是微生物变色、物理变色、化学变色、生理变色和营林抚育变色。具体到实木制品的变色，主要是物理变色中的光变色引起的。日光中的紫外线和可见光是引发木材变色的主要原因，其中紫外线引发的光变色约占70%，而可见光引发的光变色约占30%。在日光的照射下，金丝楠的颜色会变深，发生氧化反应，这就是为什么从天然林锯解木材是白色的，到了阴沉料炭化木就变成黑色了，中间经历了不间断的氧化过程，如果想要阻断氧化反应，就必须具备两个条件，第一，无氧条件，惰性气体填充。第二，必须避光，降低热辐射和自然光中紫外光的影响，才能彻底地解决光变色问题。金丝楠的变色应该是好事，成色越来越好，颜色越深，油性加强，金丝也就越明显。但这里我们要强调一下，我们要尽量避免紫外光暴晒，这种暴晒主要伤害的是木材表面保护的漆和蜡，容易脱色起皮，如在故宫的紫檀隔扇、窗户框子等，放在窗台上经常晒太阳的家具，表面都会泛白，就是这个原因。所以什么都得适度，一旦过了就会造成麻烦。

金丝楠木材的变色为单纯变深。防止的方法主要采用物理方法。

可以用含紫外线吸收剂的漆料涂饰表面，另外也可以用氧化漂白剂。其原理与我们之前论述的相类似。在金丝楠家具的生产中，经常漂白，主要用到的漂白试剂是双氧水。

为什么要漂白呢？主要是为了减少色差。一套家具不可能是一根材料制作而成，恨不得用几车木料来加工，那难免因不同年代的料产生颜色差异，为了追求成品颜色的统一性，就会漂白。另一个方法就是上色。金丝楠的上色可以说非常难，因为欣赏金丝楠主要在于金丝以及绸缎般的质感，上色如果不够通透，就会影响这种质感，很多没有经验的厂家和工人会弄巧成拙。

化学方法其实是用于防止铁变色、酸变色等问题，酸变色要留意各种含酸的液体，尽量不要接触金丝楠的木料，会被腐蚀。至于霉变色就要采用防止菌类的措施，俗话说就是长毛了，通风干燥就可以，这一点对于金丝楠的原木材料贮存比较难，因为刚砍伐的原料大多水分非常大，木材随意堆放容易霉变，但通风也不能是“过堂风”，否则容易开裂。理想的做法是先干燥，并且防止干燥时的热变色和霉变色问题，再妥善贮存，由于导致金丝楠木变色的原因很多，防止费事费钱，所以除非有特殊的要求，进行专题研究处理外，一般按材色进行分类，显眼的地方尽量不使材色差异过大即可。

金丝楠防止开裂的原理

木材中水分减少并不必然导致开裂，关键得看水分降低的速度和程度，水分降低区域是否均匀。

我们先来了解一下基础的木材学知识，首先说说木材中的水分，分为自由水和吸附水。自由水影响木材的重量，存在于木材的细胞腔和纹孔组成的大毛细管内，但是不影响木材的收缩和膨胀。

吸附水存储在细胞壁内的“微”毛细管系统中，与木头的吸湿能力相关联，由于不同木材的纤维饱和点各异，木材含水率降至该值以下，将会干缩，收缩与膨胀经过系统研究，可分为纵缩（树干方向）、弦缩（平行年轮）、径缩（垂直年轮），经过计算，纵径弦的比例约为1 ：5 ：10。

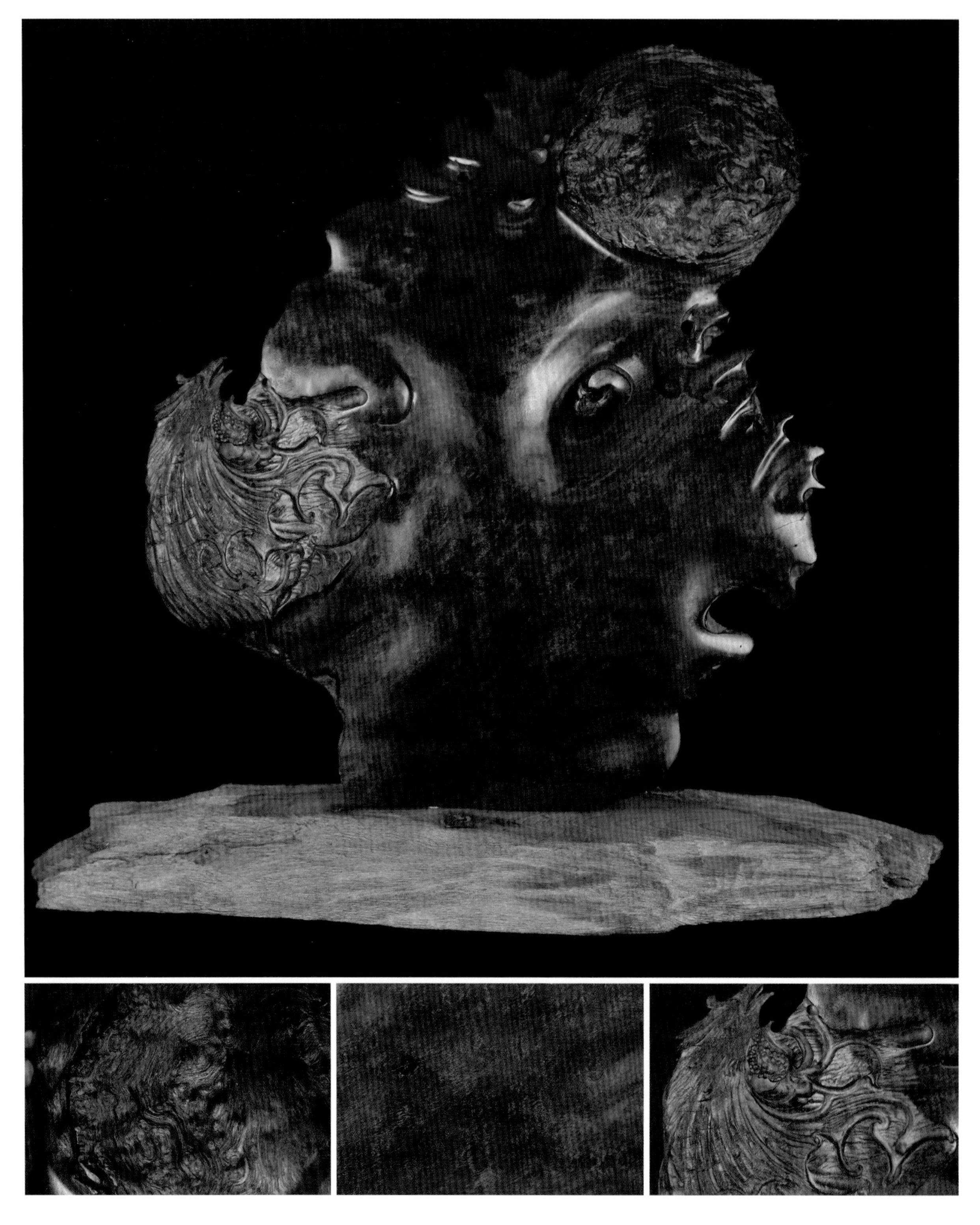

阴沉金丝楠丹凤朝阳摆件，由树瘤形成的独特纹理非常抢眼，造型根据本身的特点进行了巧妙的设计加工，既展现了原材的纹理，又有艺术美感。

一、为什么家具板材会发生左右缩，但不会上下缩，更不会四面缩。因为一块木头弦缩与纵缩的比例是 10 ∶ 1，也就是说，树干方向的伸缩量是平行年轮方向的 10 倍。简言之，一块板材只会在一个平行面发生伸缩，且一般都是横缩，竖向不缩。

二、干燥前要计算生产实际板材时留用的干缩“余量”，因为膨胀的危害，远远小于干缩。所以在技术上，木材烘干的含水率通长比所要求的要低一些。

三、木材很湿的时候不会涨的很厉害，会吸水，因为主要形态是“自由水”。当到一定程度的时候，自由水全没了，变成消耗吸附水，这会让木材干缩，刚说过干缩不均匀，就是开裂。这就是我们刚才说到的水分降低的程度，脱水开始先消耗的是自由水，不会产生干缩，达到一个值的时候，开始消耗吸附水，就会产生干缩。

四、刚说到的这个平衡状态下的值，指木材已经充分干燥，而且不至于影响体积的含水率，我们称之为气干含水率，通常为 12%—15%。此时木材既不会干缩，也没有开裂和膨胀，是“最稳定的平衡”，保持在这个含水率，家具一般不会开裂或膨胀。

五、如果局部水分降低速度过快，一定会造成木材内的应力不平衡，从而造成挤压和变形，甚至开裂。所以，水分匀速降低比不均匀要好，避免拿湿布擦拭，更不要沾水。另外，水分降低的速度不宜过快，越缓越好，阴干是最佳选择，但是企业考虑生产周期，一般都会选择烘干。烘干的平均周期应该控制在 20 天左右，名贵木材不能进行一次性烘干，而是应该烘干三分之一后，拿出来返潮，然后再次烘干，如此反复三次至完全烘干。把烘干过程拆分为三次进行，既降低了水分交换的速度，也降低了木材开裂的风险。

四川峨眉山金丝楠阴沉料

这些水沉因为含水率非常高，捞上岸之后的开裂非常严重。但通常又有一定的规律，呈放射性或均匀分层。

十 金丝楠的保护政策

金丝楠是我国特有的二级保护植物，列入濒危物种。对目前存在的零星野生桢楠种群，应该制定切实有效的保护措施，除了严禁砍伐，也要积极开展抚育管理工作，防治虫害，同时育苗造林，扩大人工培育，特别在植物园、森林公园这些有专门管理又可专业养护的地方，大量人工栽培是十分有效、便捷、可行的方法。

最重要的还是建立健全林木保护的法律法规，加大植树造林、封山育林的政策扶持，提倡木材的综合利用和节约使用，开发、利用替代品，相信科学合理的保护措施，必然使得桢楠得以延续，让我们的子孙后代不致徒生遗憾。

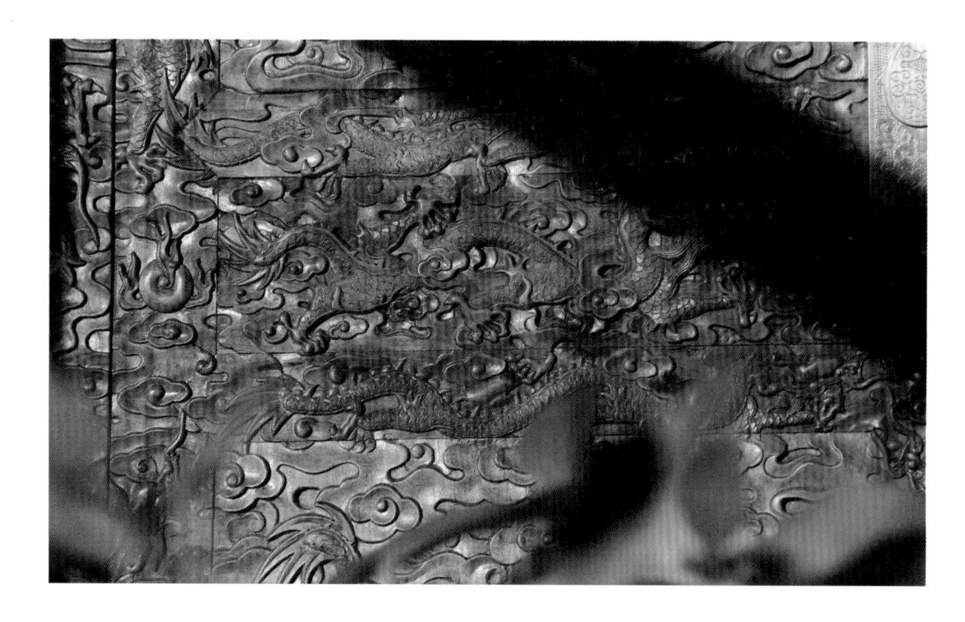

● 修缮中的大慈真如宝殿

● 修缮后的大慈真如宝殿

大慈真如宝殿是珍贵的古建筑，主体大量使用金丝楠木制作，历经沧桑。笔者有幸在其修缮过程中实地考察，亲历了其修缮前后的变化，感叹之余更了解到保护金丝楠及其建筑的重要性。

目前，国家和地方政府都已经制定了相关政策，也建立了森林生态效益补偿基金，对造林、育林有突出贡献的集体和个人给予经济扶持和奖励；设立林业基金制度，对具有生态效益或其他特种用途的防护林进行营造、抚育、保护和管理；另外该类基金必须专款专用。

在自然保护区内的金丝楠一般都能得到良好的保护，保护区有专门的保护机构，有专业的护林队伍，常年管护着保护区内的森林，核心区的森林和珍贵树木是巡护的重点。当然也有一些不法分子，暗中盗伐、破坏珍稀树木，甚至和保护区内的不法分子内外勾结，盗卖珍稀树木，因此需要进一步健全法治，严格执法，坚决打击破坏古树名木的不法分子。

楠木保护的上策是就地保护、自然保护。在楠木属树种分布较集中的地区尽力建立起自然保护区，封山育林，保护自然群落，加强管理，抚育幼苗和小树，保证楠木资源及其生长环境，免受人为干扰和破坏，促进种群的自然更新及生态系统的恢复。当楠木保护与当地居民的利益发生冲突时，可以给予适当补贴，弥补因保护濒危植物对居民利益造成的损失。保护的同时加强宣传，提高当地群众的保护意

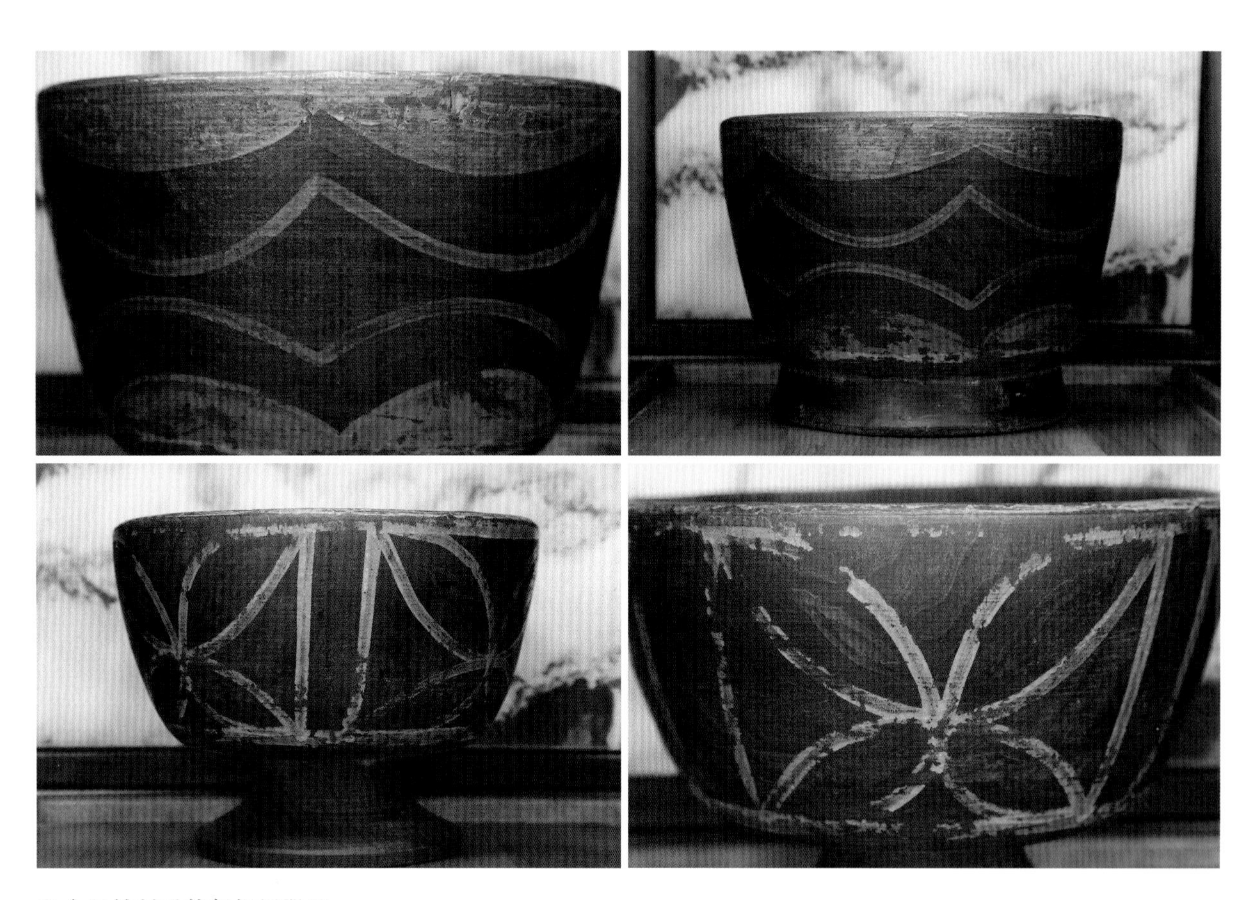

● 金丝楠材质的祭祀用器皿

为彝族所制，距今已有500多年的历史。彝族人崇奉多神，主要有崇拜自然、崇拜图腾和崇拜祖先。这两件器皿上以天然原料绘制的图案，极具特色，跨越时间的长河，至今依然历久弥新，是两件非常珍贵的历史文物，值得我们深入地研究，慢慢地品味。

识，形成全民共识。此外，浙闽赣地区一些村落有楠木风水林，对古树名木挂牌，也不失为对现有资源快速有效保护的一种手段。

楠木保护的下策是迁地保护。在就地保护无法实现时，就应该进行迁地保护。人类已经对楠木的自然生境造成了不同程度的破坏，楠木分布不集中或者生长环境极其脆弱，短时间内是没有办法恢复的，就地保护有一定困难，应该将其迁移到人工生态系统中进行保护，否则任其发展，几年后可能会消失。迁地保护不仅降低了物种灭绝的风险，保存了野生资源，同时也为生物学研究、物种的回归引种、居群扩充及生境修复等提供了研究资料，可以更有效地保护物种多样性。

长久的楠木保护还是要靠遗传多样性的研究，着力于有针对性的、切实而有效的保护策略，为保护策略的开展提供科学的理论指导，对濒危物种的保护意义深远。桢楠种群整体的遗传多样性水平较高，但数量较少，笔者建议林业部门重视就地保护的重要性。在条件允许的情况下，尽快建立天然林保护区，加强宣传力度以提高群众的保护意识，同时收集各地桢楠种群的遗传标本资源，了解其背景，对于频率较小的个体可以有针对性地扩大繁殖，合理地回种，适时开展迁地保护，发展育种和栽培技术，扩大人工林的规模，增强种群间的基因流，更好地维持并提高种群遗传多样性和环境适应能力。这样做也满足了市场对楠木的需求。总之，就地保护、迁地保护和回归引种等手段结合运用，起到更有效的保护作用。

树木的养分和水分都依赖树皮内的一层组织进行输送，表皮环切后，相当于断了粮食和水，树木很快就会枯死。在山上砍树，一般会在半年前就把树皮环切掉，这样木材死亡，木材含水率会降低一倍，以降低运输难度。但这个手段也被盗砍盗伐金丝楠的人利用，在树根环切掉约 1 厘米左右，不仔细观看不会发现，等木材死亡再进行申报，看似“合理合法”地把国家保护树种砍了。由于没有机会碰到金丝楠被环切的资料，下图为野生杉木被环切。

四川现存金丝楠木活树最多，很多村民为敛暴利打起了歪主意。他们把金丝楠古树的根部一米开外画个圆圈，向下挖，大概 30 厘米的深度，宽约 20 厘米，定时浇硫酸，然后再把土埋上，不出半年，这些已经长了几百年的参天大树根部就坏死了，然后再向村委会或者县里报告古树死了，因为有的古树下面还住了人，有民宅，这些已经被烧死的大树随时有可能倒塌或者断枝，威胁人身财产安全，只能被砍伐、锯解掉。这种手段简直没有道德底线可言。还有就是环切掉树皮，这种方式很隐蔽，也能够造成树木 100% 的死亡率，是个“高效省力”的办法。

图为野生杉木树皮被环切，随之几个月后会被砍伐。可以看到上半段的树皮已经发黑，树木已经开始逐渐死亡。

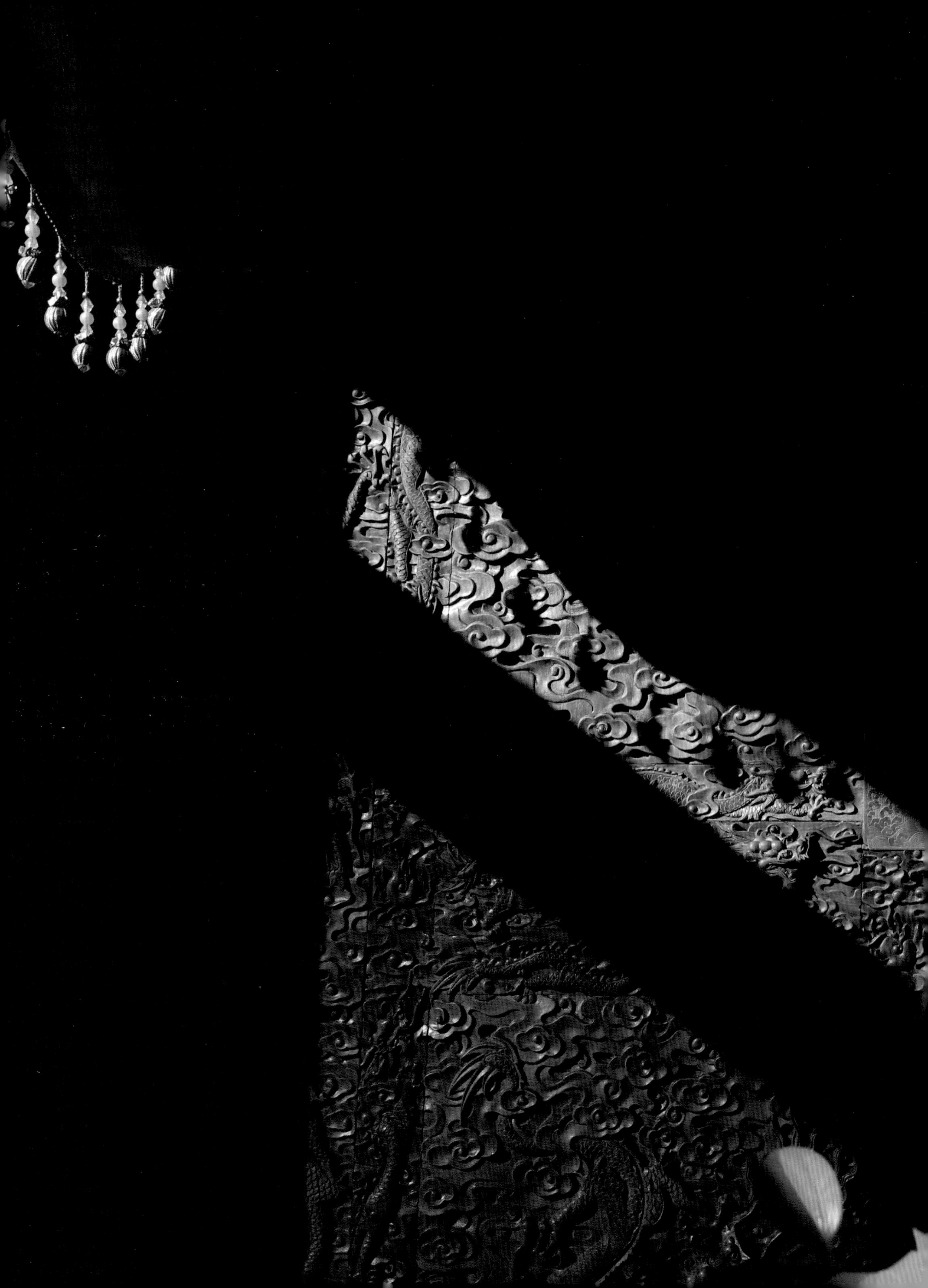

考察篇

本篇中，笔者将对金丝楠的历史传承、产地、分类、木质特性、鉴定技巧及保养方法等做逐一的讲解，此外本书中还包含金丝楠家具及著名的金丝楠古建的相关介绍。相信随着此书的出版，金丝楠所代表的传统文化将得到弘扬，金丝楠往日的荣光将得以复兴，金丝楠的分级分价会得以明确，市场的乱象会得以改善并重归繁荣。

一 探访金丝楠古迹之北京北海大慈真如宝殿

自古金丝楠木就是最理想、最珍贵的高级建筑用材，古代宫殿及其他重要建筑的修建首先会考虑金丝楠木，故宫太和殿、明长陵祾恩殿、北海大慈真如宝殿都是著名的金丝楠木宝殿。

● 修缮中的大慈真如宝殿

北海“西天梵境”，也叫“大西天”，位于北海公园北岸景区，东临静心斋，西依大圆境智宝殿，南与琼华岛贯成一线，初建于明朝万历年间，坐北朝南有三进院落，主要由钟鼓楼、天王殿、东西配殿和大慈真如宝殿等构成，原来是大西天经厂、西天禅林喇嘛庙所在地，用来翻译和印刷《大藏经》，规模很小。在乾隆二十四年，经过扩建才有了现在的规模，更名西天梵境，至今已有四百多年历史。清乾隆三十三年，为孝圣皇太后祝寿祈福，乾隆帝修建了“小西天”，是中国最大的方亭式宫殿建筑，四面窗扉、楠扇细镂花纹，殿内高悬着乾隆御笔“极乐世界”金匾。1961 年西天梵境和北海公园被国务院一并列入全国第一批重点文物保护单位。在 1980 年，对其进行过一次修缮，随后对外开放，笔者考察时正在进行第二次大规模修缮。

西天梵境最初作为明朝皇家寺庙，大慈真如宝殿作为主体建筑，大木、斗拱、飞檐、望板等构件全部使用金丝楠木，不另施釉彩，凸显了木料的华贵本色，整个大殿历经沧桑，现在依然可以隐约看到木头金丝纹理。天花板采用了与太和殿相同的形制，可见此殿等级很高。整体布局体现了我国传统思想中的宗法伦理关系，形制等级分明，体现了宗教秩序和禅林意境，是中国现存明代建筑中的精品，也是中国古典建筑的不朽杰作。

此建筑群进行修缮时，笔者很幸运得到现场考察的机会，可以对“西天梵境”的平面布局以及单体建筑进行详细调研，特别是其建筑形制和细部特征，为进一步的保护和研究提供了参考资料。

● 修缮中的西天梵境

明中晚期建造的大慈真如殿，整体为楠木建成，也叫“楠木殿”，目前国内已经很难见到，有重檐庑殿顶的大殿五间，殿内供奉铜佛，佛前有铜塔和木塔各两座，木塔最初为铜塔的模型。覆上黑色的琉璃瓦，以黄琉璃瓦剪边，屋檐分有上下两层，在每条垂脊上又有数只走兽。前出月台，有“恒河演乘”为额，联为“无住荫慈云，葱岭祇林开法界；真常扬慧日，鹫峰鹿苑在当前”。北向联为“日月轮高，眄七宝城如依舍卫；金银界净，涌千华相正现优昙”。均为乾隆帝亲笔所书。

大慈真如宝殿黑琉璃瓦

大慈真如宝殿黄琉璃瓦

大慈真如宝殿大木

大慈真如宝殿斗拱

整座大殿起支撑作用的巨大支柱，大约有二十余根，都是高十米、直径半米的楠木原木，另外梁枋檩椽以及斗拱、望板、门窗、天花板等体量也很硕大，也都是金丝楠木制成。楠木构件都是素面，没有做雕琢，符合明代简约、自然的风格。走进大殿，楠木的芳香扑鼻而至，让人神清气爽。

● 大慈真如宝殿巨柱

● 大慈真如宝殿大梁

● 大慈真如宝殿檩

● 大慈真如宝殿枋

● 大慈真如宝殿椽

● 大慈真如宝殿天花板

木色古朴的金丝楠木门窗做工精致，繁复的菱形窗格十分考究，短小的棂条拼接微型榫卯，在接榫处还设有镏金的铜叶，并且镌刻着精巧的花纹，为门窗增添了几分华丽。此外，门窗裙板上雕有浮云图案，与菱形窗格和谐统一。

● 大慈真如宝殿窗

● 大慈真如宝殿门

北海大慈真如宝殿的建筑等级不及祾恩殿，但其门窗样式及天花等细部装饰精致，尤其与太和殿同等形制的天花形制，沥粉贴金坐龙图案，尽显皇家的典雅和气派。

为什么如此一座明代全金丝楠木的建筑，历经近600年之后仍保存得如此完好呢？这与金丝楠木优越的木材特性有着必然的联系。历经百年岁月不曾腐朽、历久弥新的金丝楠木，质地坚硬细密、温润柔和，纹理淡雅文静、细腻通达，长年累月经受风吹雨打，木质依然完好，不但没有腐朽，而且芬芳四溢。

殿内金丝楠木虽然没有上漆，却历久弥新，可见木质光泽很强。特别是一些大料楠木，通直不变形，树节少，纹理顺直。明代有专门的机构负责置办金丝楠木，进贡金丝楠木成为各地官员的头等政绩，甚至平民如果进贡金丝楠木也可以做官；大肆砍伐导致明末时金丝楠木濒临绝迹，到了清乾隆时，民间流传有“一两金丝楠，十两黄金”的说法，现在更是难觅。

此次考察北海大慈真如宝殿最为难得的是，正好赶上百年一遇的修缮工程，使得我们有机会登上大殿的天花板，而且还可以考察覆盖在琉璃瓦之下的木质结构。让笔者没有想到的是，原来大殿的金丝楠栋梁这么粗！非常震惊，一般情况我们都是站在宫殿的地面上去观察，因为距离非常远，看起来屋顶的木材用料应该不会很大，但实际上最大的木方跟笔者差不多高，笔者身高178厘米，这个横梁径至少有1.5米以上，而且还是方材。方材至少是使用1.3倍以上的圆材才能加工出来，也就是说当初所用的圆材直径至少在2米左右。

据实际测量，大殿面阔五间，进深三间，约18米，整个大殿是由24根柱子支撑，柱高约为10米，直径大约达到1米。沿着脚手架缓缓登上天花板上的隔层，推开天花板的一瞬间，光洒了下来，旁边也都是厚厚的尘土，这些灰尘大约有2厘米厚，而且非常平整，让笔者有一种强烈的神圣感。这次“西天梵境”的修缮工程开始于2015年9月，截至考察之时，正在进行的是大慈真如宝殿的“蒸汽除蜡”。经负责修缮施工的负责人员介绍，“蒸汽除蜡”类似于给大殿“洗澡”，将所有外露木构件表面的蜡层、污垢清洗干净，然后利用高温蒸汽对殿内架构进行封闭式熏蒸，彻底清除掉原有的蜡层，整个工程大约需要三四个月的时间。清洗结束后再进行烫蜡。烫蜡是正宗的传统工艺，既保留了木材的自然纹理，又在楠木表层形成了保护膜，防腐、耐磨。

除此之外，修缮工程也多采用传统技法。比如乾隆年间建成的四柱七楼琉璃牌楼，其中台明、礓礁、须弥座、券洞都是石质，城砖墙外抹红麻刀灰，黄琉璃绿剪边的歇山屋面，正额刻有“华藏界”，背额刻着“须弥春”，都是乾隆御笔亲题。对屋面、琉璃构件等进行修缮，不论是加固台基、补配石材，还是重墁散水、重抹红灰，都采用传统工艺技法。单是山门的修缮就需要 7 道工序，而最关键的大慈真如宝殿修缮则要经过 10 道工序。据特聘的文物修缮专家郭守义介绍，国内类似规模的金丝楠建筑极少，也不是每年都修，组织一次如此大规模的修缮很不容易，很多传统工匠也许都没有机会遇到。

● 修缮之后的大慈真如宝殿

真的美，恢弘，儒雅，华藏恒春……笔者有一种故人遇故人的感慨，它体现了中华物质文化遗产的无穷魅力，而且蕴含着博大精深、高贵典雅、成熟自信的独特韵味，诠释了中华文明的精神价值，是中国古典建筑的不朽杰作。作为一个研究金丝楠文化的学者，笔者真的自豪。现在再想看看它，也得隔着玻璃，偷偷地看两眼了。

山门前是“西天梵境”的琉璃牌楼，由此进入，正对天王殿。穿过天王殿，就是大慈真如宝殿及东、西配殿。跨过丹陛桥就是华严清界殿，殿北是七佛塔亭，亭北是琉璃阁。后面的围墙外，即平安大道。这些建筑构件都十分考究。比如天王殿西面是鼓楼，东面是钟楼，取意晨钟暮鼓，代表太阳的东升西落的规律；山门由三座券门和四堵琉璃影壁组成，中间券门最大，须弥座由城砖砌墙，红麻刀灰；实榻木大门，上有门钉“九九八十一颗”；琉璃砖檐、斗拱、黑琉璃瓦黄剪边屋面的歇山建筑；大殿为楠木建筑，黑色琉璃瓦蕴藏着五行奥秘，在五行中“黑色对应水”，水克火，所以琉璃瓦用黑色。

整组建筑楠木制作，运用榫卯结构、琉璃烧造、砖石雕刻、青铜铸造等传统工艺，这都是中华文明珍贵的物质文化遗产，也蕴含着博大精深的传统文化理念，是中国古典建筑的杰作，具有极高的文物保护价值。

● 登上天花板的阁楼

● 北海西天梵境

二 探访金丝楠古迹之北京太庙享殿

太庙是中国古代皇家宗庙，夏朝时称为“世室”，殷商时称为“重屋”，周时称为“明堂”，秦汉时起称为“太庙”，最初只供奉先祖，后来皇后和功臣的神位经皇帝恩准的也在这里供奉。明清两代的太庙，始建于明永乐十八年，是与故宫同时期修建的。太庙平面呈长方形，南北长475米，东西宽294米，占地面积有二百余亩。围墙三重，分割成前、中、后三大殿，分别形成了封闭式庭园，符合中国的传统礼制“敬天法祖”。中心大殿面阔十一间，进深四间，建筑面积达2240平方米；重檐庑殿顶，三重汉白玉须弥座式台基，四周围石护栏。传说殿内的主要梁柱是用沉香木外包的，其余都是金丝楠木。天花板及廊柱贴赤金花，做工精致奢华。大殿之后是寝殿和祧庙，都是黄琉璃瓦庑殿顶的九间大殿，此外还有神厨、神库、宰牲亭、治牲房等建筑。

历史上太庙经历过两次变动，一次发生在明弘治四年（1491年），在寝殿后面增建了祧庙，另一次发生在嘉靖十四年（1535年），明世宗改建太庙，分隔为独立的9个庙，但没过几年就都被焚毁了，只剩下明世宗父亲的庙幸存。嘉靖二十二年，即1543年，明世宗又下旨恢复了太庙，将明太祖之后的皇帝排位都供奉在寝殿，仍然起用金丝楠木做构件，这就是现在我们所看到的太庙，距今已有460多年。太庙内古柏大多已经数百年的树龄，千姿百态，苍劲古拙。太庙在辛亥革命时仍归清室所有，直到1924年才辟为和平公园，建国后1950年将其改为“劳动人民文化宫”，并于1988年列入全国重点文物保护单位。

在太庙建筑群中最雄伟壮观的主体是享殿，又名前殿，明清两代皇帝都在这里举行祭祀大典，面阔十一间，进深六间，据测量长68.2米，宽30.2米，殿高32.46米。殿内金丝楠木直径均在1米之上，排列整齐，规格统一，令人瞠目，堪称皇家典范。享殿坐落在高346米的三层汉白玉须弥座上，明清时期经过多次修缮，但基本保持着明代的规制。黄琉璃瓦重檐庑殿顶，檐下悬挂满汉文“太庙”九龙贴金额匾。享殿是我国现存规模最大的金丝楠木宫殿，殿内有金丝楠大柱68根，主要梁桥也为饰金金丝楠木，地设金砖，整个大殿雄伟富丽。殿内陈设金漆雕龙凤帝后神座及香案供品等。清代时，皇帝每年四季首月祭典，称为“时享”，岁末祭典称“祫祭”，婚丧、登极、册立、征战等祭典称“告祭”。举行大典，仪仗整肃，钟鼓齐鸣，是中华祭祖文化的集中体现。

太庙中间那个黑点是笔者，可见太庙有多雄伟。

进入大殿，迎面是一排编钟，高高的殿顶上是金箔的藻井天花板。最为壮观的是殿内的祭祀楠木通天大柱。殿内梁栋饰金，地设金砖，金丝楠木大柱高为13.32米，底径最大达到1.23米，在现存金丝楠木宫殿中规模堪称之最，特别是楠木大柱，建筑品质和文物价值只有明长陵的祾恩殿可以媲美，举世瞩目。实际观察这些巨大的金丝楠木柱子，我们会发现，它们不仅体量非常巨大，而且纹理也非常好，里面很多都有密密麻麻的雨滴纹。这种纹理在现在金丝楠的木料中不太常见，但在阴沉木中出现得更多一些。在四五百年以前，这68根金丝楠木大柱子就已经有1.2米左右的直径了，笔者在四川考察的时候，见过1米左右直径挂牌树龄为1000年左右的金丝楠，笔者大胆猜想，这些金丝楠木应该是和金丝楠阴沉木是一个树种，因为阴沉木也都是两三千年前的古木，这些存世的金丝楠柱子也是古木，时代吻合。而且最重要的是，纹理也吻合。因为无法取得木材的切片样本，就没法利用实验室仪器来进行显微观察确定具体的品种。但至少提示了我们金丝楠木在历史中的表象是有变化的，也许压根儿就不是一个树种，也许是同一树种在不同生长环境下的不同表现，就像进化一样，也有可能。

● 太庙享殿正门

通过对享殿内大木结构的全面测绘和调研，无论构架、材质等级，还是彩画形式，都体现出鲜明的明代特色。特别需要指出，太庙所采用的金丝楠木，清代时已经砍伐殆尽，所以乾隆时因缺少原料已经无法扩建太庙这样规模浩大的宫殿建筑了。

殿内陈放着 1999 年 11 月制作完成的“中华和钟”，以 2400 年前的曾侯乙编钟为原型，现成为太庙馆藏文物。仿古编钟的一侧陈列清代祭祖的模型。2000 年 1 月 1 日，这套青铜编钟由江泽民主席首先敲响。中华和钟重达 320 公斤，表面镌刻着“中华和钟，万年永保”的镏金铭文，也是江主席题写的。此套钟共有 108 个，上层钮钟有 34 个，代表着我国有 34 个行政区域；中层是 56 个甬钟，代表 56 个民族；下层有镈钟 18 个，分别代表中华民族的 16 个历史时期，以及“和平”与“发展”的主旋律。朱红描金的雕漆钟架上有表现生命科学、宇宙星空、电子芯片的现代纹饰 1.2 万个，钟的两侧各立大红建鼓和石磬、玉磬。

● 享殿青铜编钟

● 太庙享殿金箔藻井天花板

● 太庙享殿金箔斗拱

● 太庙享殿彩绘藻井天花板

● 太庙享殿彩绘斗拱

第二大殿“寝殿”供奉着帝后神位。寝殿至今都不对外开放。面阔九间，进深四间，黄琉璃瓦单檐庑殿顶，与前殿连接的是石露台，殿外石阶下左右各有两个石灯。殿内正中室供太祖，其余各夹室分供其他先祖，在清代，寝殿分有十七个小隔间，即“同堂异室”，分别供奉每一代的帝后，隔间内设置有神龛，供奉帝后牌位，左右分别陈设有帝后的玉册和玉宝。在隔间外置有与龛内牌位数相等的宝座，各夹室内还陈设着神椅、香案、床榻、褥枕等物，牌位立于褥上，象征祖宗起居安寝。每逢祭典之前，将牌位暂时移至享殿。

第三座大殿是“祧殿”，供奉皇帝远祖，也没有对外开放。始建于明弘治四年，黄琉璃瓦单檐庑殿顶，面阔九间，进深四间。此殿四周围以红墙，自成院落，东南隅原有焚烧祝帛（祭品）的铁燎炉一座，现在已经没有了。殿内陈设和寝殿差不多。

● 享殿金丝楠木大柱

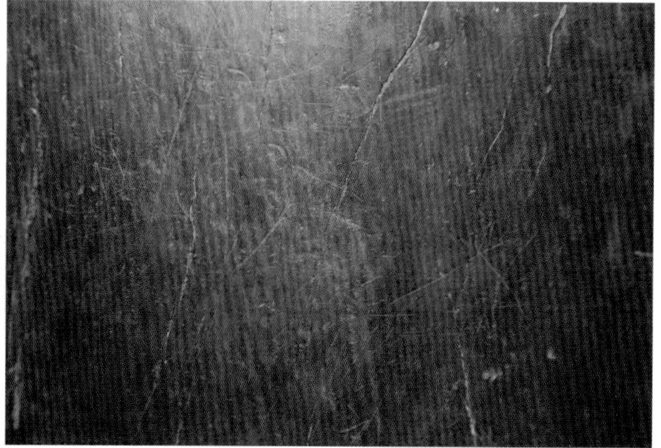

● 享殿金丝楠木大柱细节——雨滴纹

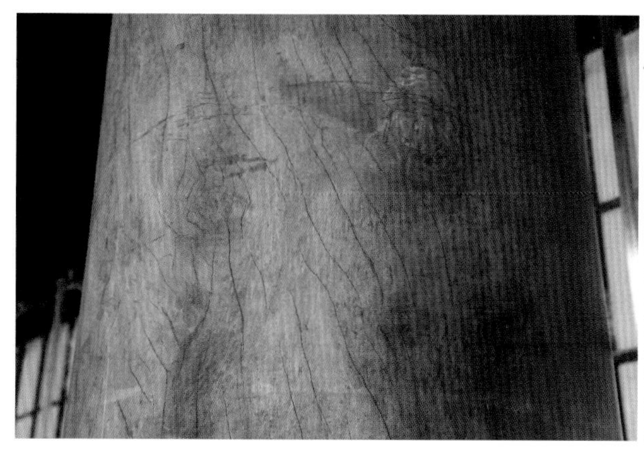

● 享殿金丝楠木大柱细节

● 享殿金丝楠木大柱直径

● 太庙寝殿彩绘藻井天花板

● 太庙寝殿彩绘斗拱

● 太庙祧殿正门

享殿和太和殿到底哪个更高、更大呢？如果按地面高度计算，太庙享殿高为32.46米，而太和殿高35.05米，显然太和殿高一些。但如果除去殿基高度，太庙享殿要比太和殿高出很多。因为两座大殿均有三层汉白玉须弥座的殿基，享殿的须弥座高3.46米，而太和殿的须弥座高达8.13米，所以单以殿宇高度来说，享殿高29米，太和殿仅为26.92米。再来看看开间，太庙享殿与太和殿同样是面阔十一间，但享殿东西总长68.2米，比太和殿长3.2米。南北纵宽上，享殿的进深为30.2米，比太和殿略窄，太和殿进深是35.5米。另外，太和殿有6根金柱，在皇帝宝座附近，是最高、最粗的，柱高12.70米，直径达1.06米，规格小于享殿。

皇帝贵为天子，太和殿是天子处理朝政的地方，是皇权的最高象征，所以太和殿最高、最大，代表着封建皇权的至高无上。可是皇帝地位再高也不能压祖，因此如何建造太庙曾一度难以权衡。我们从以上的对比数据中，看到古人在礼仪上的智慧。

从金丝楠的角度上，也可以映射出传统文化。太庙的金丝楠68根柱子的规格、品相、完整度都可以说是全中国最好的，应了上面的话，天下最大的就是皇帝，但皇帝权力再大也不能压祖，换句话说，祖宗最大。这就是中华民族敬祖爱民、尊师重道的最好诠释，全国第一的金丝楠大殿还是当属太庙享殿。

三 探访金丝楠古迹之北京故宫宁寿宫古华轩

改建宁寿宫时修建了宁寿宫花园，在乾隆三十六年到四十一年用时六年，也称乾隆花园，位于故宫宁寿宫西北角，是学者公认的“宫中苑”或“内廷园林”的典范。花园南北长160米，东西宽37米，占地面积5920平方米，分有四进院落，结构紧凑，布局精巧，组合得体，曲直相间，空间转换，气氛各异。花园中有古华轩、旭辉亭、延趣楼、三友轩、耸秀亭、碧螺亭、符望阁、抑斋、遂初堂、竹香馆、萃赏楼、玉粹轩、倦勤斋等主要建筑物二十几座，类型丰富，大小相衬，因地制宜，采取非对称处理，在制度森严的禁宫之内，尤显新颖灵巧。我们以古华轩为例，详细地讲解一下故宫里别样的金丝楠。除了雄伟威严的金丝楠宫殿，其实也有曲径通幽的小径凉歇。古华轩是笔者特别欣赏的一处建筑，这地方人特少，以前在故宫上班的时候中午休息就会从东华门旁边的十三排溜达到珍宝馆这边来，珍宝馆就是宁寿宫，古华轩在珍宝馆里面偏西有个小旁门，进来就是。这里有很多太湖石，七转八转的上面还有凉亭和很多小楼阁，中间是个流杯亭，旁边就是古华轩。隐匿在苍松翠柏之中，美不胜收。

古华轩所在的宁寿宫花园虽然面积没有乾隆御花园大，但是情调雅致。属于乾隆爷岁数大了来私赏的地方，人岁数大了，和年富力强正当年时的思维方式也不一样，这个花园的修建风格刻意观照士大夫的隐逸思想，实际上不啻为宫廷中的文人园，着力表现了古代文人想要安静的晚年生活。而乾清宫、坤宁宫后面的乾隆御花园，则是皇帝、妃嫔游乐的地方，虽然也很雅，但是想要的感觉完全不同。现在的乾隆御花园，有些许残破，失去了以前的光华和精致，真心希望这里能好好恢复一下，要不然我们可能只有从书中的描述去体会当时的美了。

宁寿宫花园作为“文人园子”，它的整体立意和构成都体现着文人对雅致的极致追求，特别是其中的禊赏亭，援名用典，布局造型，都蕴含着深永而微妙的文人思想，可以算是点睛之笔，需要细细品味。对禊赏亭的设计构思进行剖析，从而深入揭示和理解整个宁寿宫花园的创意，是非常必要的。宁寿、遂初等名字其实是有历史隐喻的，乾隆三十五年至四十四年，即1770至1779年，乾隆帝已年逾花甲，为了践行他的“素志”，即在临御六十年后归政退位，预先修建了宁寿宫及花园，以待归政后燕居憩息、颐养宁寿。这一著名内廷御苑的建置情况及艺术成就，曾有不少史籍和当代著述有具体论及，这里不再重复。所应指出的是，这一精致的宫中苑，实际是乾隆刻意模拟文人园，即以文人的隐逸观念立意经营的，这从园中各建筑题名“遂初”“倦勤”“符望”等，以及乾隆描写这些建筑意境的诗文，如《符望阁诗》中所说：“耄期致勤倦，颐养谢尘喧”，都强烈透射出来。而就隐逸方式中诸如“大隐”“中隐”“小隐”，即所谓“朝隐”“市隐”“野隐”等不同境地来看，宁寿宫花园作为太上皇的归隐之所，取象于大隐即朝隐，虽处魏阙紫闼而无异林泉丘壑，是不言而喻的。当然，在这大隐即朝隐的境界里，同时也兼容了中隐即市隐，乃至小隐即野隐境界的许多优长。

● 宁寿宫花园衍祺门

宁寿宫花园中布局得体，山石树木、亭台楼阁，经营有绪。屋顶色彩丰富，富于变化，有黄、绿、蓝、紫、翠蓝等，梁枋彩绘中还大量使用了金线苏式彩画。总之，其叠山的选石与叠置技巧、花木的艺术形象与配置、充实的文化内涵等，都是皇家园林中的不朽之作，既有玲珑秀巧，又不失华贵富丽的皇宫气派。

● 宁寿宫花园的山石、宁寿宫花园的古树和太湖石山

古华轩作为主体建筑，坐北居中，山石亭台宛若自然院落。花园内的楼阁轩堂，不但外观富丽，室内也装修考究。禊赏亭位于西面，内设“流杯渠”，效仿王羲之兰亭曲水流觞，颇为雅趣。粹赏楼为卷棚歇山顶的两层楼，耸秀亭居高临下，挺拔秀丽，三友轩深藏山坞。遂初堂是典型的三合院，垂花门内湖石造景，幽雅别致。最后是规格最高、最为华美的符望阁，整座山石围绕，又有庑廊连接阁后斋馆，符望阁前山主峰上有碧螺亭，五柱五脊梅花形小亭，是极为罕见的亭式建筑，形状别致，且色彩丰富。花罩隔扇用镂雕、镶嵌工艺，以掐丝珐琅为主，延趣楼的嵌瓷片，粹赏楼的嵌画珐琅，工艺水准很高。三友轩取岁寒三友之意，内月亮门，以竹编为地，紫藤雕梅，染玉作梅花、竹叶。倦勤斋更是精致，挂檐以竹丝编嵌，镶玉件，四周群板雕刻百鹿图，隔扇心用双面透绣，处处精工，令人赞叹。

● 宁寿宫花园古华轩修复前、修复中

古华轩是宁寿宫花园第一进院落的主体建筑。建于乾隆三十七年（1772 年），建成于乾隆四十一年（1776 年），轩为敞轩，座北面南，正面悬挂乾隆帝御笔“古华轩”木匾。轩之内外还悬木雕龙匾 4 块，明间楹联一副，均是乾隆帝为轩前的百年古楸而题。倚树建轩，故名“古华轩”。这几块古匾皆为楠木所制，上面再描金，刻以诗文。

● 宁寿宫花园乾隆帝御笔“古华轩”

● 宁寿宫花园古华轩木雕龙匾（一）　● 宁寿宫花园古华轩木雕龙匾（二）

● 宁寿宫花园古华轩木雕龙匾（三）　● 宁寿宫花园古华轩木雕龙匾（四）

古华轩卷棚歇山式顶，黄琉璃瓦绿剪边，装修得古朴素雅，尤其是轩内天花，摈弃彩绘装饰，别具一格，以卷草花卉图案的楠木贴雕，图案凸起，在光影下产生很强的立体感，虽没有彩绘贴金那般光彩夺目，但艺术韵味和效果却别出心裁，富丽典雅。檐柱间倒挂楣子，设置坐凳，金柱间安装透空灯笼，锦落地罩，用以区分并贯通内外空间。这156块天花板皆为金丝楠木制成，在阴天时，竟能闻到淡淡的楠木幽香，因为金丝楠的味道可以驱蚊，不知当年乾隆爷在修建这个建筑的时候会不会有此打算，在这里消遣可以免除蚊虫之苦。而且这里的金丝楠并没有髹漆，就保持着这种古朴的感觉。

穿过花园的衍祺门，在错落嶙峋的假山旁，有一棵古楸树，它曾经死而复生，所以乾隆为此下旨建了古华轩。乾隆时期最大规模地使用楠木装修宫殿是乾隆三十五年至四十四年（1770—1779年），修建太上皇宫宁寿宫，很多宫殿都被楠木装修所笼罩，有天花、板墙、门、床、方窗等。这些精美的金丝楠装修部件，虽然经过几百年风化，沧桑变迁，但现在用蜡一打，仍然金光闪闪，十分精美。只不过主人不在，光华不在，令人唏嘘。

● 宁寿宫花园古华轩楠木贴雕天花板

● 宁寿宫花园古华轩楠木门框

● 宁寿宫花园古华轩楠木方窗，有明显的虎皮纹

● 宁寿宫花园衍祺门天花板

● 宁寿宫花园衍祺门大梁

四 探访金丝楠古迹之四川峨眉山纯阳殿

纯阳殿，原名吕仙行洞，因相传吕洞宾在此修行隐居而得名，至今香火鼎盛。民间流传有吕洞宾岳阳楼度铁拐李、岳飞剑斩黄龙等故事，各地常建有吕祖祠庙供奉祭祀。宋朝时此地名叫“新峨眉观”。到了明万历十三年，即1585年，这里重建并更名古吕仟行祠，崇祯六年（1633年）二次整修扩建，并改为“纯阳殿”，当时为道教宫观。清代这里被重修，改成了佛教寺庙。

● 四川峨眉山纯阳殿正门

纯阳殿海拔940米，位于四川峨眉山赤城山下，后倚赤诚山，前瞻金顶，玲珑古雅。殿前长有古楠和银杏，古树参天，可以遮蔽烈日，夏季很是凉爽宜人，可以算得上盛夏避暑的好地方。纯阳殿作为道观，殿内供奉有吕纯阳立、坐、卧三种不同姿态的塑像。后来历史变迁，道士离开僧人居留此地，增修新殿及静室香厨，并供奉大士、弥勒，逐渐演变成佛教寺院。清代初年，又几度扩建佛堂及客舍僧寮，如今所供神像均为新塑。殿后左右有龛四个，分供文殊、观音、普贤、地藏佛像。

寺庙的建筑布局是坐南朝北的复合四合院，规模不大，但富有韵味，整体是木结构，现存建筑有山门、藏经楼、药师殿、正殿、普贤殿等，占地面积近两千平方米。庙门、正殿、藏经楼分别根据地形高差进行分台布置，由石阶做出层次变化，两侧配置有小巧的吊脚楼，楼的山坪及山门的挑塔结构类似于牌楼，既体现气魄，又突出寺庙入口。利用地坪高差设置了陡峭的石梯，从正殿引入藏经楼，在台阶上有过廊，体现室内外有不同的空间变化，赋予了山林寺庙特殊的景色魅力，而且实用，显示出古代劳动人民高超的建筑技艺。如今殿内所供奉的药师佛及日光菩萨、月光菩萨塑像均为铜质饰金，经鉴定是清代所留。殿前有“普贤石”，相传是普贤登山休息的地方。殿后存有文字清晰可辨的石碑二通，记录着峨眉山原本佛道并存，后因佛法昌隆，而羽士绝踪的历史史实。离纯阳殿几百米的山口处就是慧灯寺旧址，在此抬头可见金顶，可以全览诸峰。这座昔日道观，而今山高林密，楠木森森，蔽日遮天，香烟袅袅，环境宜人，成了非常理想的夏季避暑圣地。

● 四川峨眉山纯阳殿枋

● 四川峨眉山纯阳殿檩

● 四川峨眉山纯阳殿椽

● 四川峨眉山纯阳殿药师殿

● 四川峨眉山纯阳殿大柱

● 四川峨眉山纯阳殿飞檐

详细说说纯阳殿保留的两块明代石碑，石碑高 3 米、宽 1 米，其一是《建吕仙行祠记》，其二是《增修峨眉纯阳吕祖殿记》，翔实记载了纯阳殿的修建增建史实。殿前右坡的楠木坪上的“普贤石”，是一块高 2 米、长宽各 5 米的灰白色巨石，佛家信徒认为石头颇有灵气，来此礼佛常拜此石。这里曾建有道堂幽馆别室 350 间，左有虚灵第七洞天，即千人洞。右有十字洞，即洞门是十字形，据传说是吕仙以剑划石而成。殿后有华严坪，原有香烟、罗汉、白云三座寺院，过去常有赤城隐士隐栖此地，现在没有了，但仙迹遗踪还隐约可见。

● 四川峨眉山纯阳殿桢楠林

● 四川峨眉山纯阳殿桢楠树干

纯阳殿殿前有野生金丝楠木二十余棵，这些金丝楠木都非常粗大，在深山之中，能有如此之大的金丝楠木留存下来，确实是现在人的一种福气。因为这些树龄普遍在千年以上，直径达到至少 1 米以上，历经了明代大面积的砍伐，这些金丝楠木至今依然屹立不倒，一定是受到了纯阳殿的庇护。明代木政运动皇帝征用木材，距今五六百年，幸运的是这些木材因为种植在寺院的前院而被保留下来。而纯阳殿前为何要种植金丝楠木，这也许和纯阳殿的建立渊源有关系。纯阳殿以前是一个道观，道教崇尚阴阳之说，取名纯阳殿，其中供奉纯阳真人吕洞宾，门前自然要用至阳之木，就是金丝楠。仅为金丝楠木贵为帝王之木，帝王自然也是至阳的表现，天地之间唯我独尊。所以这一例证，也让有些人说金丝楠是阴木之说不攻自破。

此处的整体风格非常古朴自然，这里的金丝楠最大直径超过 2 米，平均也得有 1 米左右，几乎都超过千年的历史，面对这样的氛围，最大的感受就是心里非常安静，想静静地在这里多待一会儿，体会一下伟大的自然留给我们的沧桑与包容，我们的生命仿佛就像白驹过隙，转眼云烟，在这些古树面前，变得如此渺小。纯阳真人吕洞宾相传居于此处，古朴的建筑没有多余的一点修饰，可能也是追求自然的一种境界吧。感恩在笔者撰写此书时，能有机会亲临此地，这种世外桃源气势宏大，绝非人力之所求，是命中注定与笔者有缘。仅把自己的所见所感分享给大家，有机会还是要亲自去体会一番。

● 四川峨眉山纯阳殿前桢楠树

● 叶四川峨眉山纯阳殿桢楠树根

五 探访金丝楠古迹之四川峨眉山报国寺

报国寺海拔大约533米，在四川峨眉山麓的凤凰坪下，是全国重点寺院之一。这座寺院最初建于明万历年间，名会宗堂，当初选址是伏虎寺对岸的瑜伽河畔，为山中第一大寺，明末清初迁建到现地址，坐北朝南占地近百亩。顺治九年这里有过一次重建，后来康熙皇帝取佛经中“四恩四报”“报国主恩”之意，改名“报国寺”，并由王藩手书匾额；历史上报国寺经过多次修葺才得以完整保存至今，特别是在建立后，政府维修、扩建的次数最多，1993年又新建了钟楼、鼓楼、茶园、法物流通处等。

● 四川峨眉山报国寺正门

● 四川峨眉山报国寺清康熙帝御题大匾

峨嵋山作为佛教圣地，山上有众多寺庙，报国寺却是入山的门户，位于峨眉山游览之路的起点。报国寺红墙围绕，金碧生辉，四周楠树蔽空，香火鼎盛。此寺前面对凤凰堡，后倚靠凤凰坪，左临凤凰湖，右有来凤亭，犹如一只凤凰，山门两边的立柱上书有对联，“凤凰展翅朝金阙，钟磬频闻落玉阶”。在山门前摆放有明代雕刻的石狮，造型生动，威武雄壮，守护着这座宝刹。横匾“普照禅林”和“普放光明”是一个意思，意指峨眉山为佛教“大光明山”，昼有佛光夜有圣灯，全峨眉山都受光明普照。右边“鹤驻云归”，意为仙鹤云归山岫，比喻清凉之地静修，这里有道家韵味。大门上的联语“独思喻道，敷坐说经”，是说要靠自己去领悟佛经真理，也就是佛学所讲的“独觉”，凡高僧大德之人，都要铺设法座向弟子讲经说法。报国寺正殿还悬有匾额，上书“宝相庄严”。

整个寺庙属于传统庭院式建筑，一院一景，层层深入。寺内正殿依山而建分为四重，一重高过一重，更显蔚然雄伟。藏经楼下有一座明代瓷佛造像，形态生动大方，是十分珍贵的文物。前殿有一座紫铜塔，高约 7 米，塔身为双重楼阁式，中间隔以巨大塔檐，将塔分为上下各七层，铸有佛像 4700 多尊，因为刻有《华严经》所以得名“华严塔”，也是珍贵文物。

●雾中金丝楠林

报国寺山门对面的凤凰堡上有一座亭，亭内悬挂“圣积寺铜钟”，因为该钟原先挂在圣积寺，而后移至报国寺，由明嘉靖年间的慧宗别传禅师铸造，钟体上铸造了晋、唐以后与峨眉有关的历代帝王、官员及高僧的名字，也有捐赠信众的姓名，并刻有《阿含经》经文、佛偈以及《洪钟疏》铭文，文字有近6万多，钟重12.5吨，被誉为“巴蜀钟王”。圣积铜钟的钟声清越，远播数里，回荡林野，诗云“晚钟何处一声声，古寺犹传圣积名。纵说仙凡殊品格，也应入耳觉心清”。看看峨眉山金丝楠木树（桢楠），会感悟到人生苦短，比起这些百年以上的古树，我们要更加热爱生活，珍惜时光，追求人生的真谛！

金丝楠木是我国特有的二级保护植物，木性稳定温和，不翘不裂，经久耐用，再加上冬不寒夏不凉的优良特性和宜人香气，一直是历代皇家宫殿、少数寺庙的建筑和家具用材，明代甚至颁布禁令，除了皇室贵族，民间擅自使用金丝楠会逾越礼制而获罪，流传有“黄花梨辉煌谢幕，金丝楠王者归来”的说法。历代大兴土木对金丝楠大量砍伐，导致在明末时已濒临灭绝，可见金丝楠弥足珍贵，金丝楠木木材异常昂贵，寻常百姓难以获得，峨眉山成片楠木是一笔无法用价值衡量的财富，是大自然馈赠的珍贵礼物。

这个寺院的金丝楠木明显没有上文提到的纯阳殿的粗，可能也是因为报国寺更加靠近山脚，来来往往的人也更多，纯阳殿更加幽静一些，古树保存得更好。报国寺的金丝楠木平均直径在50厘米左右，有大一些的，但超过一米的没有。相比而言，显得更加繁华隆重，没有纯阳殿那么古朴自然，令人敬畏。

● 四川峨眉山报国寺内楠木供桌上的雕纹

● 四川峨眉山报国寺内金丝楠柱

● 四川峨眉山报国寺内野生桢楠

● 四川峨眉山报国寺碑文

● 四川峨眉山报国寺内野生桢楠

六 探访金丝楠古迹之四川雅安开善寺

寻寺

开善寺在金丝楠的历史上非常著名，在很多文献上都看到过这个寺院。于是笔者下决心去开善寺考察一番，在网上查了半天结果只发现了很少很少的报道，找到了一个地址，于是飞到了四川，租了个车前往。开善寺为明代所建，名声很大，但让笔者没有想到的是，“找寺”的过程这么坎坷，按照地图找了好几圈，根本不见踪影，于是下车询问当地的老乡，问了七八个人都不知道我们说的是什么，还以为我们所搜索的位置是错的呢。就在我们一愁莫展的时候，遇到了一位交警，笔者下车询问他，他说这个开善寺现在已经改造成了一个地区的小博物馆，就在旁边小区，于是我们按照他的指示，越开越窄，最后竟然在一个胡同里找到了一个大门，两辆汽车会车开过都很难，笔者很难相信闻名一世的大名鼎鼎的开善寺就在这个地方。这个胡同的侧面一个类似于牌楼的匾上面写着：荥经县博物馆，估计交警说的就是这了，我们停好车，迈进这个院子。一进去，有一块大大的牌子，开善寺正殿，全国重点文物保护单位！找到了，就是这里！然而让笔者格外失落的是，这里仅仅有一个很小的宫殿，只有一个！不仅如此，笔者认为一般的文物保护应该有个安全距离吧，而开善寺的古建和旁边的小区可以说是无缝对接，贴合得让你觉得不可思议，这是第一次让笔者觉得国内现在文物保护的意识是多么不到位！显然住在这里的百姓没有意识到他们旁边的这座古代建筑对于明代金丝楠历史是有多么重要的意义！

地理环境

荥经县开善寺地处四川盆地与青藏高原的过渡带，地势西南高东北低，海拔最高处约 3666 米，最低只有 700 余米，高差悬殊近 3000 米，四面环山，湍流切割明显，山势陡峭。全县 98% 以上都为山地，约有 1754.25 平方公里，河谷平坝仅占 1.5% 不到。荥经县在北纬 30° 以南，属于低纬度亚热带山地气候，受季风影响明显。四季分明，气候温和，雨量充沛，年平均气温在 15℃左右，日照充足，一般年降水量约 1200 毫米，间有大风、冰雹等灾害性天气。

开善寺东临经河，靠近东方红水电站旁。坐南面北，前为民主街，是一条具有民居建筑特色的老街。建筑台基东面、北面有排水沟，屋面排水汇入东面排水沟，在建筑的东北角及东面偏南处分别设有排水口，雨水最后汇集建筑东面的低地。

● 这就是我们所找到的那个小胡同

● 开善寺所在的位置已经改为博物馆

开善寺现状

根据梁枋上题记显示，这座开善寺始建于明成化十八年（1482 年），距今有 500 多年的历史，仅留存了开善寺大殿。古建筑前后檐各有斗拱八朵、结构精湛、构思巧妙；阑额有深浮雕饰，刀工细腻，线条流畅；天花采用的是金箔饰深浮雕，可以想象当年通饰彩绘，富丽堂皇，雄伟气派。开善寺大殿呈方形，面阔三间，进深三间，长度均为 13.9 米。檐柱内侧 9 厘米，并有侧脚和升起。抬梁式全木质 9 椽结构，歇山顶，通高 10.55 米，现在为小青瓦铺顶。檐下施七铺作斗栱，当心间补间斗拱 2 朵，次间 1 朵，四周共施镏金斗拱 28 朵，琴面昂。前檐斗拱为单翘重拱三昂，第一跳华拱头施雕刻、装饰成多种动物的头像，转角部分为象头，象鼻或上卷，或下卷；柱头铺鱼龙图案平面浮雕；当心间补间铺作龙头平面浮雕，口含宝珠；次间补间铺作施欲展翅飞翔的凤，或含宝珠，或紧闭喙。斗拱除前檐补间铺作施单杪重拱三昂，其余均为单杪重拱双昂，华拱头雕饰象头，在柱头铺作的象鼻冲下卷，而补间铺作的象鼻朝上卷。后檐也都是单杪双昂，华拱头的雕饰与前檐一致。镏金斗拱采用的是挑金工艺，其撑头木及耍头等构件延伸到金步，后尾附在金槫下，起到对金槫及其以上构件的悬挑作用。前次间普拍枋低于柱头 12 厘米，普拍枋厚度 7 厘米，普拍枋至山面当心间提高一跳，从而使斗拱减去一昂。

开善寺大殿建筑用材较大，金柱为方柱，570mm × 570mm，檐柱 430mm × 430mm。槫材直径达到 2.5 米至 2.6 米，脊槫直径达 3.2 米。四金柱当心间施九宫格天花，北部三方圆光部分采用透雕技法，雕饰二龙一凤或双龙双凤，龙、凤均围绕中间圆宝，且龙、凤及宝珠均施金装饰。其余天花仅存木板，部分上有圆形白色印痕，似原贴有饰物，疑为后期改造。南面有一方木板脱落。

建筑的梁、枋、斗拱、椽、望等构件都装饰有彩画，但年久失修已经脱落或者遭到人为严重破坏。从残存的彩画看，梁、枋彩画以旋子彩画为主，墨线粗犷，旋花较大，具有明早期旋子彩画的特点。色彩有绿彩、红彩、蓝彩。

开善寺大殿的梁枋、天花龙骨上都题有墨书。从现在可以辨认的内容来推测，开善寺大殿似乎是各地的善男信女捐材建成，不仅有本县人，还有四川省雅州的、南京的、江西临江府的、河南登封的等。所捐材料是在督办的监督下根据木材的情况而量材使用的，或者说捐助者根据建筑所需而捐材的。可能也正是这个原因，在后来的多次维修中梁架结构基本没有改变。

● 开善寺梁枋上书写的各种题记

开善寺大殿内的柱、梁、枋为马桑木，雕刻的翘为柏木，这些木材皆为当地所产。在清光绪三十三年，即 1907 年，茶商姜先兆出资对开善寺进行修葺，由吴国柱等人施工。从现存的情况看，这次重建可能是由于资金缘故，没有改变明代的木构架，仅仅是对屋顶进行改造。改造很粗糙，如转角部分的撒网椽就很粗糙，正心槫、正心枋及角梁上各构件脱榫很严重。根据四川现存的明代建筑分析，开善寺正殿的屋顶就是在这次重建中改建的，为单檐歇山顶，垂脊较长，前端不施垂兽或靠背，直接与戗脊相联。山面与山花相交处不覆瓦脊，而在博封板里侧施以木栿，木山花紧贴博封板。正脊下饰悬鱼。正脊正中施宝顶，两侧施透雕朝向宝顶的行龙和凤，正脊两端施鱼龙吻。所有这些是四川清代建筑较为常见的特点。

解放初期，反对封建迷信，这间寺庙中的很多神都被捣毁，寺庙也改作仓库存放粮食。1953 年，西南军政委员会对荥经县文物现状及损坏情况进行调查，并专题行文保护文物古迹。次年，开善寺被列入省级重点文物保护单位。1958 年，开善寺大殿被作为粮食仓库，四个转角部分被独立分隔成粮仓，枋底皮仍留有开凿的长方形孔洞。内柱刷上白灰，拆除拱垫板，在内侧钉上木板，为防虫、防盗，还在山面当心间设天窗可以开启透气，也有幸得以保存下来。直至 1991 年，开善寺大殿再次被列入省级文物保护单位。1994 年，正式交文物部门管理。2006 年，开善寺列为全国重点文物保护单位。

历史价值及学术意义

开善寺，也称开山寺，是明代木结构古建，现今保存较完整，十分难得。历史上该寺是朝拜瓦屋山的第一殿，也是起香殿。旧时，要朝拜瓦屋山，需戒荤食素，沐浴更衣、虔诚地由此起香进山，开善寺即由此开始行善之意。

开善寺正殿面阔、进深各三间，长度均约 14.5 米，呈正方形，符合明代建筑特点。其中单檐歇山顶抬梁式木结构，八架椽屋用四柱，以及前后檐和山墙面均施斗拱，均做工精细、复杂，特别是双凤朝阳、二龙戏珠等精雕图案，庄重贵气，既保留了早期建筑风格，又兼具有地方特色，为研究建筑史提供了珍贵的实物资料。多次维修后最初木构架仍得以保留，是中国古建筑史研究的重要实物证明。梁、枋、斗拱等处残存的彩画，是研究明代旋子彩画的重要资料。总之，开善寺对古建筑艺术、宗教的研究都具有极高的学术价值。

荥经县建佛教寺庙始于唐（烟竹乡境内山门寺），唐德宗、宋代先后都在本县建有佛寺，开善寺为明代所建，与兴佛寺（今石桥乡境）、太湖寺（今青龙乡境）等同为荥经县境内重要的佛教寺庙，对研究荥经县、雅安市佛教史具有重要意义。开善寺大殿是四川地区现存为数不多的明代建筑之一。历次维修都没有改变建筑木构架，为研究四川古代建筑史、中国古代建筑史提供了重要的实物资料。建筑梁、枋、斗拱残存的彩画是研究明代建筑旋子彩画的重要资料。

开善寺大殿的建筑雕刻极具艺术价值，运用线雕、浮雕、圆雕、透雕等相结合的雕刻技法，现存三方天花的圆光部分透雕二龙一凤或双龙双凤，龙、凤均围绕中间的圆宝，龙、凤及宝珠均施金。下层出挑的翘被雕刻为象鼻、凤、鱼龙等传统艺术形象。28 朵斗拱，翘分为象、凤、鱼龙三类，同一种类型的动物形象又有区别，如象就因斗拱所在的位置不同，象鼻有上下卷之分，凤或者展翅飞，或含珠，或喙紧闭，而鱼龙雕刻则见于前、后檐柱头铺作。额枋采用浮雕技法，当心间雕刻二龙戏珠，次间雕刻凤，粗犷中见细微，龙牙、龙鳞等雕刻精细，栩栩如生。开善寺大殿梁、枋残存的旋子彩画采用墨线勾勒，线条粗犷，为中国古代美术史的研究提供了素材。

既往维修情况

1. 雍正四年（1726 年）维修损坏的山风。

2. 清道光二十六年（1846 年），大殿“椽角瓦飞爪风山等处朽坏”，住持与徒孙等对大殿进行了维修，更换了朽坏的构件等。

3. 清光绪三十三年（1907 年），茶商姜先兆出资整修，吴国柱等进行施工。加固、改造了松散的斗拱和屋顶，转角部分改造比较大，转角镏金斗拱的后尾被截断，直接在尾上加短柱，上撑角梁。

4.1995 年，县文管对大殿内及周围的建筑垃圾进行了清理，台基、柱等显露出来，疏通排水沟，对大殿内也进行了局部的维修，墩接柱脚糟朽的柱子，砖墙代替了原来的土坯墙；并安装了门窗。在前、后檐次间砌槛墙，上施槛窗，当心间安装了隔扇门；用抓钉或角铁等对柱、枋进行了加固；更换了部分严重糟朽的椽。

开善寺被旁边的小区包围

四川雅安荥经县开善寺全景

环境勘察

1. 开善寺大殿背靠山，山腰上及前面均有家属楼，且山腰处家属楼高于大殿，为了保护大殿，在前面和东面修建了砖砌围墙，西面为高两层的砖石建筑。因此开善寺大殿处于相对封闭的环境空间，空气不易形成对流，加上荥经县多雨的气候环境，开善寺大殿长期处于潮湿的环境中，建筑材料长期处于潮湿环境而表面滋生霉点，有的甚至糟朽。

2. 开善寺大殿中间低于四周。柱础地平低于周边约 30 厘米（柱础高约 15 厘米）。由于电站建设及其他原因，大殿四周堆积建渣，大殿的基础及西面的柱脚被土填埋。1995 年文物管理所对大殿内部和周围的积土进行清理。原大殿西部的四合院建筑基础要高于大殿台基两步台阶，后文管所在改造中将两处建筑打通、连接起来，填砌了四合院建筑的台基，并在地面铺石以利排水，形成了现在西高东低的坡状地势。大殿建筑的前面及东面由于电站家属楼及道路改造等建设，地面被抬高。整体建筑处于低洼地。

3. 排水不畅。建筑西部及屋顶的排水均顺地势集中于东部台基边缘及东北角两个排水口排出。由于长期出水口不畅，积水时间较长，加上沟帮水泥薄，雨水的渗入使土壤含水率增高，土壤湿润，影响建筑的稳定性。

残损原因分析

1. 开善寺大殿背靠山，山前修建的水泥建筑远远高于大殿，大殿前面为电站家属楼，后来为了保护建筑大殿而修建了砖砌围墙将大殿与家属楼分开。因此开善寺大殿处于相对封闭的环境，空气不易形成对流，加上荥经县多雨的气候条件，开善寺大殿长期处于潮湿的环境中，建筑材料因潮湿而霉变，甚至糟朽。

2. 年久疏于管理与维修，建筑构件遭严重风化，或潮湿糟朽，梁枋出现较严重的脱榫、拔榫，小斗遗失。

3. 屋面雨水渗漏严重，椽、榑、梁、枋及斗等部件因为糟朽而失去功用。

4. 人为改造工程对建筑造成破坏。如前、后檐、山面的泥道拱、慢拱的散斗内侧耳均被砍削，拱垫板被拆除，斗拱间改用木板封护；昂尾异形拱缺失等。

5. 蛀蚀严重。部分构件已经从内部被蛀空，手一捏就成了粉末。甚至因东南角斗拱的栌斗遭蛀蚀糟朽，而使整个斗拱下沉等。

6. 汶川大地震加剧了开善寺的破损。开善寺大殿东面的两处排水口由于堵塞造成排水不畅，长时间积水浸泡地基，造成基础局部不均匀地沉降。“5 · 12”汶川大地震发生时，由于地震加速度的瞬间增大，使原来不太密实的地基产生位移、变形，从而使地基产生下沉。建筑东北角下沉，东北部金柱、梁、枋拔榫，斗拱的拱、昂、枋错位。各朵斗拱产生小斗脱榫、滑动现象；屋面瓦大面积滑落，脱榫、拔榫、断裂等原来存在的现象在这次地震中被加剧。震后各斗拱下用柱临时加撑，已成为高危建筑，如果不进行及时修缮，斗栱脱榫、滑动将加剧，屋顶木基层、椽、枋等受雨水侵蚀更加糟朽，整个屋面会进一步下沉，危及建筑的整体安全性。

感受

如果不是亲身体验，很难相信占地仅百余平方米的建筑，会成为全国重点文物保护单位。精美的雕花，稳固的斗拱，令人眼花缭乱的天花板镂空雕，十六根金丝楠大柱，这就是位于荥经县城内的“国宝”开善寺。它从明朝的时空中走来，历经战火和天灾，留存着厚重而又出彩的艺术结晶。它的斗拱和雕花，方正建筑与圆木支柱，无不呈现出中国古代精湛牢固的建筑技法。五百余载风吹雨打，历史与艺术的叠加，让它显得更加耀眼。走进喧嚣县城内独显宁静的古刹开善寺，欣赏建筑艺术，感受历史沧桑。在这条老街上，最显眼的“招牌”莫过于“开善寺”三个大字了。

院坝内的石碑简单介绍了开善寺的重建工作。实际上，这栋古建筑除经历地震等天灾外，还险被战火毁坏。开善寺，在学者们眼中，它保留了中国古代建筑风格的同时又具有地方特点，是抬梁结构过渡到穿斗结构难得的实例。由于历史原因，开善寺遭到了人为的破坏，如今仅正殿留存下来。数百年来，无数香客络绎不绝地穿过荥经县城，前往瓦屋山。

“国宝”开善寺的古建筑本身就是其文化价值所在。突出的飞檐，八朵雕花交错的斗拱，赋予了这座明朝建筑鲜明的汉代元素，正殿斑驳的墙壁上残存着典型的元代风格彩绘。精雕着双凤朝阳、二龙戏珠等传统吉祥图案，庄重贵气。正中的天花板上，有九个圆形浮雕，有的浮雕已然脱落。现存下来的浮雕以龙凤图案为主。开善寺正殿，从屋檐之下，梁柱之间，点点滴滴透露出先人对精致生活的追求和勇于创新的探索。开善寺正殿最让人赞叹的是檐下的“斗拱”。斗拱在古代木结构建筑中十分重要，是由一系列托木组成，置于柱顶之内起到承托木梁的作用，在外可以支撑屋檐。开善寺的斗拱每块托木和垫木交错并自然延伸，其突出部分被雕刻成象、龙等形状，栩栩如生。开善寺正殿迄今历史已有五百余载，斗拱依然起着重要的支撑作用，饱经风霜，但精致美观，雕刻之功无与伦比，处处展现出我国传统建筑技艺的精妙所在，是中国古建筑的艺术瑰宝。

开善寺正殿，正中由四根圆木支撑，而四周的支柱则由十二根圆木完成，参观者无论从哪个面看去，都是“方正之数——四”。正中的天花板上有九幅圆形浮雕，“方正”“天圆地方”和“九”等都代表着中国传统文化符号。而殿内十六根支柱全由桢楠木制成，桢楠木也就是民间俗称的“金丝楠木”。每根圆木直径大约有50厘米，需要一个成年人合抱才能勉强抱完。试想，这些桢楠需要多少年才能长成这样的直径。对于建筑专家来说，金丝楠木是极好的原材料，有着耐腐、防虫、形正、纹美等特点，是古时皇家宫殿的必选建材。也正因为如此，桢楠木有着“皇木”之称。2008 年 5 月 12 日的那场地震，这座古刹在强震中主结构不曾受影响，桢楠木支柱居首功。为何在明朝时，皇家专用的桢楠木，能够允许用于修建寺庙，开善寺隐藏着怎样的秘密？有人说，这是因为荥经境内大量出产桢楠木，所以用桢楠木作为建筑材料是常事。有人说，也许曾有明代的落魄皇帝在此隐居，传说建文帝朱允炆曾逃至蜀地，削发为僧。由桢楠木引出的历史猜想，我们无从核实。而那些见证了开善寺五百余载变迁的桢楠木，却无法告知人们这座古刹的秘密。如今，从荥经县城外的云峰寺保存的千年古桢楠树，或许能给文化研究者提供一些佐证。因为它的珍贵，央视等媒体多次做过关于开善寺的专题报道。经历两次地震巍然屹立，开善寺在荥经县博物馆的保护下，依旧接受着众人的朝拜，延续着它的价值。

● 四川雅安荥经县开善寺正殿

● 四川雅安荥经县开善寺正门

● 四川雅安荥经县开善寺外碑文

● 四川雅安荥经县开善寺内立柱

小典故

讲到开善寺还有个小典故，《太平广记》中记载了隋史部侍郎薛道衡一日参访开善寺，与寺内小沙弥的一段对话，薛道衡见寺内金刚与菩萨形象迥异，金刚怒目，而菩萨低眉，便问小沙弥何故？小沙弥不假思索地答道，金刚怒目，降服四魔；菩萨低眉，慈悲六道。佛典说“怒目金刚”形容威势凶暴，以降伏诛灭恶人；“低眉菩萨”形容态度慈祥，以爱摄护他人。世间众生，资质不一，怒目相向或慈眉以对，皆出自一片悲心，启发世人的觉性。小和尚一语道破，一个人要得“道”成“佛”，心中既要有怒目金刚，也要有低眉菩萨。

● 四川雅安荥经县开善寺外匾额

● 四川雅安荥经县开善寺部分天花板已经掉落

● 四川雅安荥经县开善寺梁上字迹

● 四川雅安荥经县开善寺飞檐

● 四川雅安荥经县开善寺斗拱

● 四川雅安荥经县开善寺天花板

九思山房

唐贞观九年（635 年），当时开善寺所在地叫遂宁城，在遂宁城西南建有著名的“九宗书院”，最初名叫“九思山房”，是张九宗所建，他祖籍遂宁，在唐德宗贞元元年入刺史乔琳所建学宫读书，成绩优异，深受赏识，贞元十一年中进士，出任戎州（今四川宜宾）刺史，重民风教化，治理成效显著。后历任同州、华州、普州、遂州、邛州五州刺史，兼任御史大夫。任遂州刺史时，他致力恢复当地学宫，提倡教育，兴建学堂，并亲自主讲，从此遂宁文风日盛。《通志》记载“遂宁文学，自九宗倡焉”，后来的遂宁县学，就建在九宗书院遗址上。

据传，广德寺主持道圆大师来到九思山房，听到书声朗朗，一片世外净地，便与九宗亲近起来，二人志同道合，在山房旁建了碧游寺，又名“滴油寺”。传说从岩壁缝穴中不断渗出香油，又从崖顶滴入寺庙缸中，终年不绝。道圆大师除了用香油点佛灯之外，其余都施舍给民间穷人，滴油寺也香火不断。后来九宗书院历经变迁，落址在书台山下，与梵云山相邻，明正德十四年（1519 年），任兴平县令的章评建立了梵云山书院。清代名臣张鹏翮曾于此作诗，“树尚栖鸾思往事，文余吐凤忆鸣皋。雨香云淡无寻处，林下琴书雅自操”。如今的梵云山书院痕迹荡然无存，道圆大师建的碧游寺改名叫开善寺，晨钟暮鼓一直延续至文革时期，才寂灭无声。

七 探访金丝楠古迹之四川雅安云峰寺

云峰寺历史文化

四川省雅安市荥经县东南有一座云峰寺，占地 80 余亩，是著名的宗教文化风景胜地，景区年均气温在 15℃左右，最低海拔 1010 米，最高海拔 2628 米。该景区兼具有宗教、农业生态、自然观光的功能。相传女娲补天，从太湖中取石时不慎坠入寺内一颗，称“太湖飞来石”，所以该寺又得名“太湖寺”。1954 年，古刹云峰寺列为西康省文物保护单位，1992 年又列入四川省文物保护单位。

● 四川雅安荥经县云峰寺正门

云峰寺始建于唐朝，宋代赐额，兴盛了600多年，到元军入侵时，当地百姓奋起抗击，激怒了元始祖忽必烈，所以后来大肆杀戮，也焚毁了云峰寺，一时间僧俗流亡。到了明朝，云峰寺得以修复。历史上该寺有过两次大规模的扩建，一次是明朝中期，另一次是清乾隆至道光年间，持续了有一百一十多年，在云峰寺内的“摇亭碑动”中记载了此次修复扩建活动，规模宏大可见一斑，声势空前。云峰寺有古楠、神水、太湖石三奇，三绝即佛塔、风洞、摇亭碑动。寺内千年桢楠、银杏、古杉，自古就吸引文人墨客前来游览，张大千、许世友、刘文辉等都曾在此吟诗作画。近代，云峰寺经过高僧清德的修缮，九重十八殿才重现辉煌，佛音缭绕，香火薪传。

云峰寺坐东向西，面对天然“四大天王”巨石，三面环山，北靠云峰山，即现今的马耳山，左拥青龙岗，右揽白虎岗，旁临九龙溪泉，整个寺庙恰似坐落在宝座上。“九重十八殿”是指古建筑群分左右长廊厢房，亭台膳院和六大主殿。

古建筑群雕梁画栋、巧夺天工，磅礴轩昂，气势恢宏。据民间传说，清乾隆皇帝曾特赐匾云峰寺，允许寺中和尚开斋，不必吃素，这使得古刹在世人眼中具有神秘色彩。岁月变迁，天王殿、大雄宝殿、观音殿三重大殿保留至今，大殿沿南北纵列，逐殿高升，殿内均有供奉佛像，栩栩如生，香火鼎盛，朝拜者络绎。整体寺庙的建筑颇有盛唐遗韵，儒佛道合一的建筑特色，别具一格，木刻浮雕，精雕细琢。

四川雅安荥经县云峰寺野生桢楠林，其中一棵很粗的金丝楠。

四川雅安荥经县云峰寺外野生桢楠，树上长了一个蘑菇。

四川雅安荥经县云峰寺野生桢楠林王，是现存树龄最长的金丝楠木活树，图中的笔者显得非常渺小。

● 四川雅安荥经县云峰寺天王殿

● 四川雅安荥经县云峰寺云峰禅院

千年古刹云峰寺作为宗教文化区，属于省级文物保护单位。掩映在森森古树中，形成了独特的气候环境，原本的山门上写有一副对联，上联写“十余里入山不深每登堂参拜顿觉红尘隔断”，下联为“三世尊前缘可证闻好音空谷何时白石飞来”，心境描写得淋漓尽致。

寺庙园林学的典范

云峰寺是西蜀寺院园林的典范之作，空间处理施法自然，对研究传统园林文化具有深刻意义。四川大学建筑与环境学院陈一老师、赵春兰副教授等人共同完成的论文《西蜀寺观园林景观空间解析：以雅安云峰寺为例》，就是这方面研究重要的文献，深入分析了空间布局、序列关系及园林设计手法，古为今用，对寺观园林研究具有参考意义。

● 四川雅安荥经县云峰寺野生桢楠王树干

● 四川雅安荥经县云峰寺野生桢楠树根，面积可达几十平方米

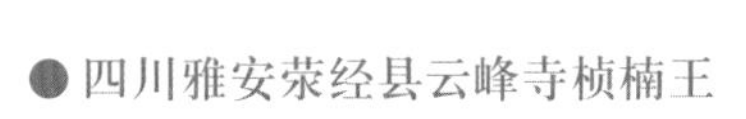

● 四川雅安荥经县云峰寺桢楠王

● 四川雅安荥经县云峰寺桢楠王

寺观园林是我国古典园林三大类型之一，“天下名山僧占多”，寺、观大都修建在风景优美的山岳地带，拥有土地经营权，超脱尘世的宗教精神使寺观园林展现出较高的生态意味。西蜀作为道教的发源地，除吸收儒、道、释三家所长外，更深受道家“无为而治”的意识影响，其寺观园林注重随形就势，依照自然地形做园林布局，少土石开方，得天然山水之趣，形成飘逸洒脱的风格特征。云峰寺作为西蜀地区的千年名刹，寺内外古木参天、四季蓊郁，是善男信女们寄托愿景、观赏游览、回归自然的场所。

西蜀地形复杂，为适应地势和气候，在返璞归真、崇尚自然思想的支配下，西蜀寺观园林布局时，多以环境为依托，因地制宜，形成了有地方特色的布局手法。如云峰寺总平面布局呈中轴线对称布置，南北纵列，从入口处山门引导的阶梯进入主殿群前有较长的庭院引导空间，呈现“前庭后殿”的总布局。寺观依山势层叠而建，六座主体建筑分别布置于各个高程的台地，在中轴线上逐殿高升，山体与植物相互交映，使建筑隐于山林。主建筑群两侧有廊道及厢房与主体建筑围合成多进的院落，各院落的大小、主次关系的布局与其相应建筑配合，加上外围自然环境形成奥旷相交、疏密变换的空间层次。毗卢殿、大雄宝殿及藏经阁围合中间主体院落，两侧各有附属院落。同时，各类亭、塔、石碑以及佛龛等景观小品布置在中轴线主体建筑周围，对整个寺观园林进行点缀。

云峰寺整体空间序列安排呈现诗篇般的节奏与韵律感，其入口空间、引导空间、朝拜区与后山园林区分别可被视为全局的开端、发展、高潮与尾声四大部分。

全寺景观的开端，由原有山路引导空间和入口广场组成。古寺三面环山，背倚马耳双峰，旁临九龙溪泉，原有的山路依傍着马耳青山，顺沿九龙溪蜿蜒而上，其曲折回环的形态与疏密相间的植物相辅相成，使人在沿山路通行过程中感受到古寺半隐半现在山林中，是借景与障景交替施法的具体体现。至入口山门平地处，桢楠对植，两侧朱红色照壁呈内八字形收进，与山门围合起到界定主入口空间的作用，增强山门前广场的聚合力，暗示人以短暂的停留。驻足于山门前，入口空间可见的山门正立面如京剧中一个精彩的亮相，深灰色的山门在墨绿的参天古木桢楠的依托下尽显庄严，另一侧有精致的十四层佛塔点缀其中，佛塔之精巧与山门之雄伟相得益彰。

● 四川雅安云峰古寺

● 桢楠林群落形成的林下空间

通过入口小广场的山门，就到了发展阶段。这一阶段古寺呈现出起伏的空间层次：陡长内缩的台阶引导—朱红山门低窄入口抑景—山门殿前庭院，桢楠池造景山门殿檐廊下的虚空间—开敞的太湖庭院，即桢楠群植盛景。从一段陡而长的台阶向内延伸，止于一座鲜艳的朱红色山门，两侧是宽度为一米三的低窄门洞。通过门洞进入庭院，完成寺内外的交接。绵延向上的台阶与赤色山门形成强烈的视觉引导，再由两侧小门进入较开敞的山门殿前庭院，形成欲扬先抑的景观感受。庭院中桢楠池在山门殿前对称布置，另有三两株桢楠无秩序地植于庭院内，为之后太湖石庭院桢楠群植盛景做暗示及铺垫。通过山门殿廊柱形成的空间进入的是发展阶段中的小高潮，以古树名木为主景的太湖石庭院。两株上千年的参天名木桢楠金丝楠成为视线的焦点，与其相对的是以弧形列植的桢楠植栽群围合的庭院空间，以界定庭院的底界面，最终形成以高达五十多米的桢楠树冠为顶界面。

通直的树干有阳光透射下来，成为垂直面的半开敞空间。庭院中另有形态嶙峋奇特的太湖石景、斑驳的古佛塔、佛龛，是为点缀，两侧曲折小径下行通向规则的矩形放生池，小径路沿由苔藓以及低矮草本、灌木配置在常绿桢楠下，放生池四周以杉木等距列植，形成规则秩序的林下空间。

● 云峰寺内桢楠植被茂密

● 云峰寺内的金丝楠木构成的园林景观

以建筑为主的朝拜区是整个古寺的高潮部分。在平面布局上，天王殿、圆通宝殿、毗卢宝殿、大雄宝殿、藏经阁、观音寺沿中轴线依次分布，整个高潮部分的建筑加上与其对应的外围空间形成一进又一进的院落形态。其中以毗卢宝殿、大雄宝殿以及藏经阁界定的三进院落为主要部分，由廊道相连接，并且有附属院落。廊道一侧与客堂、禅堂、五观堂、念佛堂以及斋堂这几座侧厢房相连接，是厢房延伸出的灰空间。从天王殿至藏经阁，建筑由起初的凝重肃穆逐渐展现出巍峨秀丽的姿态。天王殿是一座单檐建筑，整体较为平展，与藏经阁相比少了复杂的飞檐与斗拱。天王殿前庭院有两个高差不同的平台，前部分庭院以对置的两座景亭为主景，由几级台阶上升到第二层平台后，则是用造型盆景植栽营造的小空间，殿前低矮的灌木和小乔木得以烘托殿堂的雄伟庄重。圆通宝殿庭院空间仍以对称的景亭为主景，两侧有面积较大的植栽池，植栽池内高低错落的乔灌草搭配，形成步移景异的通行空间。毗卢殿与大雄宝殿同为重檐殿堂，且有相似的庭院结构，皆以海桐对植于两侧，配以带有宗教含义的、色彩清丽的盆栽置于殿堂前，植物高度低于视平线，使建筑成为主体，表现宗教的神圣氛围，其廊院格局形成对称规则、封闭静态的空间。藏经阁是整个朝拜区最后一座主体建筑，崇高秀丽，以朱红、金色为主色调，有精巧复杂的斗拱结构。其庭院面积较大，植栽少了修剪的造型盆景，而是用对称的两列笔直乔木树阵烘托殿堂的崇丽，掩映在树木之后的金色飞檐增加了立面的景深，扩大了空间纵深。

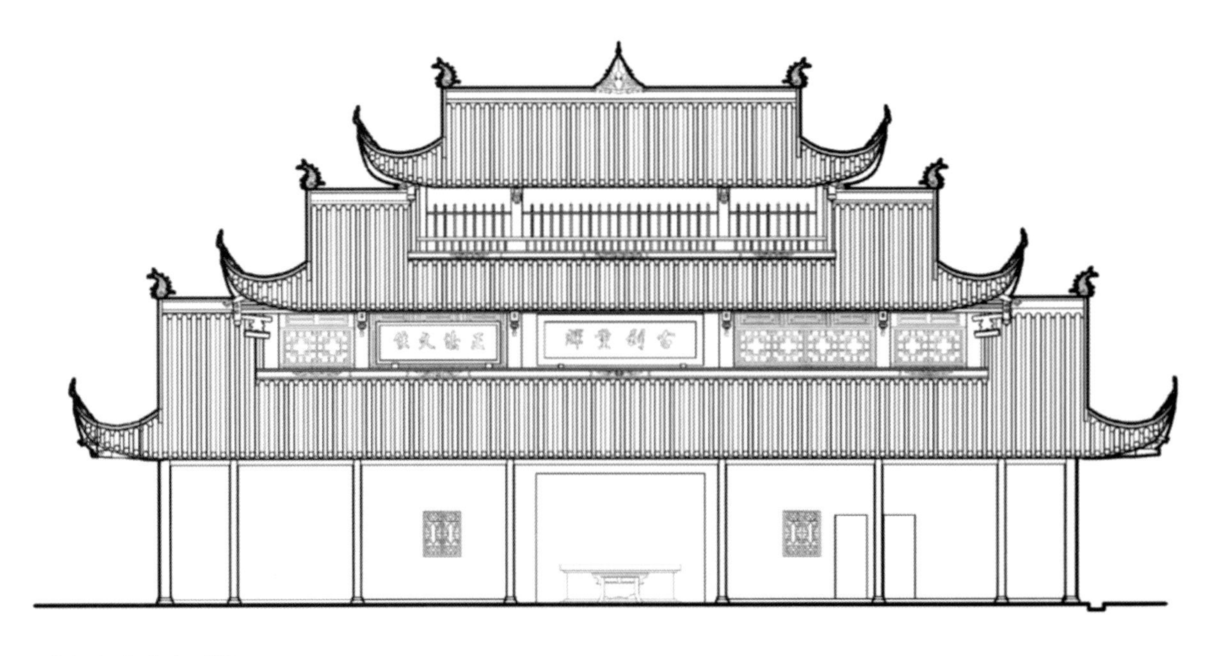

● 藏经阁东南立面图

寺观后山的园林区是尾声阶段，这里是寺院的农业区和生态景观区，以植物造景，小径曲折回环，曲径幽深，有高大俊挺的桢楠和笔直挺拔的杉木，穿插竹子，沿小路种植高低错落的灌木与草本植物，以丛植的方式营造空间，点缀古塔、佛龛等景观小品，空间虚实变换，充分运用了古典园林对景、漏景、借景、障景、框景等营造手法，营造出移步换景的游、赏效果。云峰寺整体空间对应着起、承、转、合之意，各分区中又存在内在空间层次的起伏多变，不同程度的抑扬之景交替变化。中轴线庭院展现了皇家园林的大气，两侧及后山园林区的江南山水之境，是寺观园林所独具的。

● 云峰寺内左右各一颗野生金丝楠之王

多建于山林的西蜀寺观园林以空间布局自由、灵活多变为特点，空间变化多、路线分层、回环萦绕。云峰寺空间统一，布局顺畅中又有回环萦绕，这首先归功于寺观的选址，隐秘的山林，山路蜿蜒，进入主建筑群之前，有入口广场、山门、阶梯、小庭院、山门殿堂、太湖石景庭院等一系列的空间组织，抑扬顿挫。主建筑群更以廊院结构形成多进的院落，层层嵌套，出殿即进院，院落的形态大小、主次关系也形成疏密有致的空间层次。寺观整体以园路、回廊为主线，连接各个殿堂、庭院、佛龛佛塔与景亭等景观小品。主园路即寺观中轴线上的台阶与铺地，为达到建筑及其庭院空间的庄重开阔之意，主园路相对较窄，并多有甬道形式的台阶引导，作为抑景与开阔的庭院空间共同营造一闭一敞的起伏游线，引导入寺观高潮阶段的主体建筑群殿堂；次园路是由宽敞的廊道环绕在殿堂两侧，形成流畅便利的通行空间，也是建筑延伸出来的灰空间，形成建筑与外环境的过渡。主次园路在空间形态上有其特异性，主园路宽度小于两侧回廊，在使用时间上也存在差异，进入寺观时以主园路为主，出寺时多使用次园路。相比于平稳递进的主次园路，通幽小径更富情趣，游览者置身植物景观和审美意境中，情由心生。

寺观园林的平面布局讲求曲折回环、层层递进，而相对的是高低错落、虚实相生、旷奥交替的空间关系。中轴线层层向上的台阶构成逐殿高升的台地式结构，有开阔、登高之意；进入两侧，有向下的曲径，通往园林区，高低错落的地势营造出景观形态的生动。云峰寺以虚实结合、疏密相间的设计手法为主，墙为实、廊为虚，山为实、水为虚，殿堂为实、庭院为虚，殿堂半隐于桢楠与杉木的对植林中，虚实相生。檐廊作为缘侧空间，连接着室内与室外，同时具备了内外空间的双重特性，作为过渡地带，使虚实结合。空间序列呈现旷奥交替，“旷奥”一说出自柳宗元的《永州龙兴寺东丘记》，“游之适，大率有二：旷如也，奥如也”，讲的就是空间的疏密变化。比如入口处陡长的台阶，呈收缩之势，引入较开敞的小庭院，通过山门殿廊柱形成的灰空间，进入古木桢楠群植的开阔庭院，豁然开朗。在朝拜区多以灌木花草盆景相配置，视线开阔，减少大体量、高密度建筑群带来的压抑感，遵循疏密相间的原则。

西蜀寺观园林多种植片植、群植乡土植物，少有修剪，任其自然生长，千年古楠，花木扶疏，佛塔掩映。云峰寺内乔木树种以本土植栽桢楠为主，桢楠如泼墨写意般配置于各处庭院及园林区，历经千年，高大的桢楠树群形成云峰寺的一大特色，为寺庙隐于山林创造了天然氛围。尤其是太湖石庭院，桢楠林层层叠叠，树冠如团云聚合在高处，“清晨入古寺，初日照高林”，叶隙如水流回环缠绕、通透清明，有“曲径通幽处，禅房花木深”之感。杉木与慈竹是另两类主要植物，杉木形态笔直，增强庭院景观竖向线条，四川常见的慈竹以独特的叶形及其带有的文化含义营造清雅意象，也是形成视线引导的常用植栽。灌木花草配置在常绿乔木中，还种植有花木果蔬，是寺观的日常供给。西蜀寺观园林中植物配置常注重对意境的营造，多常绿深色叶植物，与少量色叶乔木形成沉静朴拙的园林氛围，宜于禅思。借助植物隐喻精神，激发联想，引起共鸣，使人与场所产生心灵上的共鸣。云峰寺中各主殿前常种植罗汉松、栀子花、垂丝海棠等，宗教气息浓重，低矮的盆景烘托宏伟的建筑，屋脊上伸出桢楠、银杏等枝叶，建筑线条柔和。植物搭配假山、佛塔、景亭、石碑等，体现寺观清幽的意境。两座古朴的千年佛塔是园林中独具的景观，有很高的历史文化价值，太湖石庭院及后山园林区入口是高潮部分的前后点缀。塔身沉稳圆润，斑驳的塔上生长出蕨类植物，颇有岁月沧桑之感。

● 云峰寺内的植被景观

八 探访金丝楠古迹之承德避暑山庄澹泊敬诚殿

承德避暑山庄与颐和园、拙政园、留园并称为中国四大名园，是国家5A级旅游景区，是我国重点文物保护单位，并于1994年12月被列入世界文化遗产。位于河北省承德市北部，武烈河西岸一带狭长的谷地上。避暑山庄初建于1703年，工期历经清康熙、雍正、乾隆三朝长达89年，又名“承德离宫”或“热河行宫”，是清代皇帝避暑和处理政务的场所。以朴素淡雅的山野情趣为主，尽量保持自然山水，同时吸收江南、塞北的元素，是我国现存最大的帝王宫苑。

避暑山庄的营建，大致分为两个阶段：

第一阶段发生在康熙年间，即1703年至1713年，开湖筑洲、修堤岸，营建宫殿，建筑初具规模。康熙皇帝据园中佳景，题名“三十六景”。

第二阶段是在乾隆年间，大致是1741年至1754年，主要是增建宫殿和多处大型园林建筑。乾隆效仿康熙帝，以三字又命名了“三十六景”，合称七十二景。

避暑山庄东南多水，西北多山，可以说是我国自然地貌的一个缩影，是中国园林艺术史上的里程碑，是中国古典园林的最高典范。整个山庄分有宫殿、湖泊、平原、山峦，宫殿区位于湖泊南岸，地势平坦，占地10万平方米，皇帝来此避暑生活起居、处理朝政以及举行庆典，分为正宫、东宫、松鹤斋、万壑松风。外面山上建有大约十二座寺庙，其中有八座庙是皇家寺庙，称为外八庙。目前大多都还在修复，没有完全开放。

现在避暑山庄对比全盛时期，很多成了只剩下地基的废墟。公园修复了一部分，但大概还有一半建筑是维修中或者是只有地基的。这点和圆明园有点类似。避暑山庄有五分之三为森林，剩下的为草地、湖面和建筑群。虽然号称是最大的园林，但是比起颐和园和万园之园圆明园来说，规模是有限的。

避暑山庄始建于康熙四十二年，归功于康熙帝的高瞻远瞩。当时康熙帝正当年，建成后则已年迈。表面上是皇帝避暑的行宫，但康熙帝勤勉克己，不会一味贪图享乐，其中还有政治上的考虑。避暑山庄选址承德，地理位置上临近蒙辽。每年康熙帝都会在此召见并宴请蒙古王公，安抚笼络民心，避暑、打猎不过是闲暇的消遣。

避暑山庄布局讲究自然与人工景色的完美结合，兴建于康熙四十二年，到乾隆五十七年才竣工，占地 8460 亩，可想而知规模宏大。西北的一大块都是山岳区，基本就是保持了自然山川的全貌，沿袭了皇家的园囿风格。东部是平原和湖泊。这里的人造重点是宫殿区，也只是最南部的一小块面积。然而就是这一小块在园林建筑中也是规模骇然。倾全国之力营造，可想而知其恢弘气势。

避暑山庄的设计，可以说包括了北方的广袤与南方的秀美，心中有天地，手中握乾坤。平原区展现了北方的广袤，湖泊区吸收了江南水乡的特点，虽然运用了抽象、隐喻等手法，但也代表着一代帝王的雄心。在平原区看到远处群山，与近处的水面相呼应，一派吐纳天地、奇山秀水的图景。在湖区中部，仿照杭州苏堤修建了芝径云堤连三岛，天然成趣的同时，延续了中国古代皇家园林一池三山的惯例。水面的规划，水面的大小、位置以及收放都要与远处的群山在一起进行设计，这样大手笔的设计在园林史上极为少见。

避暑山庄不仅格局大，而且设计细腻。我们都知道，江南私家园林是明清时期园林建设的最高成就，避暑山庄的设计和修建就吸收了江南园林的元素。山庄的建筑有镇江金山寺样式的“上帝阁”，有苏州“狮子林”一般模样的“文园狮子林”，有似于杭州西湖的苏堤，仿照白堤的“芝径云堤”，有“文津阁”，似宁波范氏的“天一阁”，“移天缩地在君怀”，如此种种为避暑山庄增添了神韵。

避暑山庄是古代造园艺术和建筑艺术的集大成者，代表了我国古代劳动人们的智慧和创造力，延续着中国古典园林“以人为之美入自然”的传统思想，创造性地运用各种素材和技法，“符合自然而又超越自然”，使自然与人造建筑巧妙结合。在建筑艺术上，撷取历代南北著名园林寺院的精髓，模仿中有创新，创新中有继承。

避暑山庄的南部即为宫殿区，占地约有 10.2 万平方米。正宫是主体，分“前朝”和“后寝”共 9 进院落。主殿即澹泊敬诚殿，历代清帝在宫殿区处理朝政、举行庆典和生活起居。整体建筑使用的都是珍贵的楠木，朴素淡雅，又不失庄严。正宫现在已经开放为博物馆，陈列有 2 万余件珍贵的清代宫廷文物。

丽正门共开有三张门，中门供帝王使用，前面有一对石狮子，大臣和王公进出只能走侧门，安放有下马石碑。从丽正门进入后首先看到的是皇帝住宿起居的地方，分有九进，格局与圆明园九州清晏类似，不过这里有幸得以保存。从木料上看，有很多构件在重修时被替换了，但基本上保持着那份古朴，没有过多现代元素的介入。

● 承德避暑山庄正门

整座行宫的屋顶都有黑瓦铺设。在内午门墙壁上嵌有乾隆帝的四首诗。宫殿东边有一座钟楼，正门左右有雄雌青铜狮子一对。康熙在门上写有匾额。行宫内建筑和北京的建筑有一些不同，比如左右有稍微高一点的亭子，看着像是侍卫的哨所。

进入大殿，看到左右各有一个展馆，东边的展馆展示的主题是避暑山庄的缘起，也就是说康熙帝召见蒙古王公的故事，一般每次聚会都要修建一座庙宇，或者以庙宇的落成为由，召蒙古王公来朝拜。最初八旗子弟在这里练兵习武、围猎，后来在乾隆帝的经营下，发展成一座大园林。附近的山里甚至还有老虎洞，乾隆帝曾在此地亲自用枪射杀过老虎。西边的展介绍了皇家外八庙。承德的大庙真心不少。澹泊敬诚殿，也就是山庄的正殿。匾额是康熙所写，也是康熙读书的地方。这里曾囤过大量书籍。乾隆曾在这里会晤班禅六世、土尔扈特部首领渥巴锡、英国使者马戈尔尼，有过很多重要的外事活动。悬挂在正殿之外还有乾隆的三块金匾，分别是乾隆六十一岁、七十一岁、八十一岁时所写。

● 澹泊敬诚殿皇帝御题诗文匾

澹泊敬诚殿是著名的楠木殿，但在康熙五十年初建时，是用松木建造的，在乾隆十九年改建时，才使用楠木。此殿规模宏大，气势雄伟，殿前有外、内午门，朝房、乐亭，后有四知书屋、寝宫等，尽显皇家威严。

楠木在我国古代一直被帝王所垂青，澹泊敬诚殿所采用的是金丝楠木，木质纹理犹如金丝，木色朴雅，木香清馨，又不招虫蛀，故此山庄的主殿用此木料修建。金丝楠多产于我国两广、贵州等地深山之中，那里人烟绝少、高峰险谷，对于楠木的采伐，民间有这样的说法："一木初卧，千夫难移。入山一千，出山五百。"在当时的劳动条件下，其难度可想而知，楠木开采出来，在南方由水路运输，北方因交通不便，需等到冬季，通过地面泼水结冰来进行运输，前后共三年时间才将楠木运送到避暑山庄进行修建。根据《内务府档案》记载的资料显示，为了修建这座大殿，花费了白银七万一千五百二十五两一钱七分，其中所花运费就高达一万三千两；累计用工十八万四千四百八十一人次，其中木匠、石匠、雕匠、砖瓦匠、壮夫、运夫等各类工匠，杂工近二十种之多，耗资之大、人力之多，尚属空前。

殿内的陈设与朴素淡雅的建筑格调相协调，大殿的正中设有紫檀凸雕纹宝座、紫檀足踏，宝座黄缎绣花座褥上放置着青玉如意，红漆雕痰盒；左右两侧设有雀翎鸾羽扇、紫檀香几、紫檀雕纹印匣、铜镀金镂空万字熏筒、角端和太平有象等。“角端”，是我国古代传说里的瑞兽，据说它可以日行千里，每当皇帝断事不公时，它便会发出吼叫，以此来告诫皇帝做事要刚正不阿。“象”则是大乘教派的代表，象身托宝瓶，宝瓶内插如意，取“天下太平，盛世景象，吉祥如意”之意。

紫檀镶黄杨木的地坪之上，宝座后靠，设有紫檀耕织图围屏，屏风高 3 米，宽约 4 米，分别由屏首、屏身、屏座组成，雕有夔龙纹饰。围屏共有五扇，屏心图案与通常见到的不同，既不是奇花异草，也非富贵吉祥等传统图案，而是男耕女织、从事生产劳动的场景。图案展现的情节前后呼应，前采用浮雕，后改用阴刻手法，将 163 位农夫的形色神情表现得淋漓尽致，将那种忙忙碌碌后丰收的喜悦表现得惟妙惟肖。在宫廷陈设中极少见到这样内容的围屏摆放在皇帝宝座之后，充分体现了一代帝王重农务本的思想。

● 承德避暑山庄匾额

● 承德避暑山庄楠木殿外景

殿堂两侧的紫檀云龙组合顶箱大立柜堪称中国家具之最，柜高 4.46 米，宽 2.63 米，厚 0.58 米，柜身雕有云龙图纹，背板上分别有乾隆皇帝御题春、夏、秋、冬，渔、樵、耕、读，龙、凤、麟、龟阴刻描金诗文十二首，字体圆润流畅，气宇不凡，可谓书法作品之佳作。通长的紫檀包厢案几上陈设着西洋镀金钟表、天球瓶、珐琅鼎等珍贵文物。

殿北山墙东西两侧的蓝色布帘下各有 16 个藏书格，这里曾藏有康熙时期编辑、雍正时期成书，集天文、历史、农业、医学于一书的巨著《钦定古今图书集成》576 套，10000 卷。整座大殿古朴典雅，又不失皇家尊荣。

殿堂正中悬挂着康熙帝亲笔题写的“澹泊敬诚”匾额，“澹泊”二字取自《易经 · 系词》，“不烦不扰，澹泊不失”，与静以修身，俭以养德同意。三国时期，诸葛亮也在《戒子书》中用“澹泊”之意表明自己的志趣，“非澹泊无以明志，非宁静无以致远”。康熙皇帝非常喜欢“澹泊”之意，将“澹泊敬诚”作为自己的座右铭。在避暑山庄的修建过程中，康熙皇帝也以“不彩不绘，茅茨不剪”作为指导思想，严于律己，精诚敬业，以保大清江山更为巩固。

上图为承德避暑山庄澹泊敬诚殿金丝楠立柱的细节，可以看到有大小不等的修补痕迹。这是由于早年间疏于管理，当地的百姓听说金丝楠木有驱虫、辟邪的作用，就从立柱之上取一块放在家中。久而久之，立柱上就出现了很多空洞，而后又专门采买金丝楠木进行了修补。

澹泊敬诚殿是正宫的核心建筑，无论是建筑格局，还是空间组合，它都是中心建筑，相当于北京的太和殿，是清代举行重大庆典、百官朝觐、接见少数民族首领的地方。乾隆曾在这里接见厄鲁特蒙古杜尔伯持台吉策凌、策凌乌巴什、策凌孟克。乾隆四十五年（1780 年）正值乾隆七十大寿，西藏政教首领六世班禅来到承德为乾隆祝寿。为此，乾隆皇帝在这里举行了隆重的庆典，并用藏语与班禅对话“长途跋涉，必感辛劳”，班禅答到“远叨圣恩，一路平安”其言语表达了乾隆帝对六世班禅的关心与厚爱，加强了清中央政府与地方的关系。另外清朝皇帝还在这里接见过各国使节，就在乾隆五十五年(1790 年)，乾隆五十八年(1793 年)而言，其中就有安南使团一百八十四人，南掌（老挝）使团十五人，朝鲜使团三十余人，缅甸使团三十二人，还有历史上英国第一个正式访华的马戈尔尼使团。

澹泊敬诚殿，作为避暑山庄的主殿，无论是从它的历史作用，还是在建筑风格方面都有着极其重要的价值。

● 承德避暑山庄澹泊敬诚殿

● 澹泊敬诚殿匾额

承德避暑山庄澹泊敬诚殿金丝楠天花板及金丝楠书架（覆盖蓝色绒布）。

● 承德避暑山庄澹泊敬诚殿门窗

九 探访金丝楠古迹之北京明十三陵长陵祾恩殿

明十三陵中规模最大的要数长陵。明朝灭亡后，陵园建筑仍进行过多次的修葺，现在除了左右廊庑、神厨、神库、宰牲亭、具服殿已经不存在之外，其他主体建筑均得以保留，特别是楠木结构的祾恩殿和祾恩门，是仅存的殿门建筑，规制恢弘，用料考究，堪称瑰宝。

明十三陵地处北京天寿山南麓，自永乐七年始，到明朝最后一位皇帝崇祯葬思陵，先后修有13座帝王陵墓、7座妃子墓、1座太监墓，埋葬有13位皇帝、23位皇后、2位太子、30余名妃嫔、1位太监，历经230多年，是目前埋葬皇帝最多、保存最完整的墓葬群，体系完整，具有很高的历史价值和文物价值。

长陵的平面布局前方后圆，坐北朝南，前后相连有三进院落，占地面积约12万平方米。走进陵门，东面有一座木构架碑亭，亭内石碑造型别致，碑首一条盘龙，龙头弹出碑外；碑趺是一只神兽，龙头龟体遍身鳞甲。过陵门往北走，就是祾恩门了。

走过祾恩门，正前方就是祾恩殿，气势恢弘，东西两侧各安放一座神帛炉。祾恩殿的建筑风格与故宫太和殿相同，梁、柱、檩等构件全部使用了整根金丝楠木，其中立柱胸径均达到1米以上，规格之大世间罕见。大殿正中端坐宝座之中的是明成祖朱棣，这尊铜像是他老年时的形容，神态肃穆。现在大殿墙边展出了部分定陵出土文物，有金器、银器、瓷器、玉器等。从祾

● 明十三陵长陵陵门

● 明十三陵长陵祾恩殿匾额

● 明十三陵长陵祾恩门匾额

● 明十三陵长陵祾恩殿内朱棣铜像

● 长陵祾恩殿

● 长陵明楼

恩殿后门出来，往北走就看到棂星门，然后是五供和明楼。明楼上悬挂着“长陵”匾额。十三陵中每个陵都分别设有砖石结构的明楼，至今保存完好，坚固耐用。明楼后面是宝城，地下玄宫埋葬有帝后，再之后就是天寿山。

长陵祾恩殿建于明宣德二年，仿照明代皇宫金銮殿的形制，占地面积达4400多平方米，由三层汉白玉石雕砌成高3余米的台基，环绕三层栏板，雕有荷叶净瓶纹饰，望柱上雕刻着云龙翔凤。台基前后设踏垛三道，古称“三出陛”，即古代宫殿前的石阶。中间御路石雕，下层是海水江崖，云腾浪涌，两匹海马跃出水面凌波奔驰，上面是两条龙在云海中上下翻腾，追逐火珠，呈现出一派波澜壮阔的宏伟景象。上得丹陛，前面是一块平坦的月台，衬得大殿更加雄伟。这种形式的殿顶叫“重檐庑殿式”，在古建中等级最高，比较少见。此殿脊距离台基地面大约有25米，殿顶覆盖着黄色琉璃瓦，阳光一照闪闪发光，更显得大殿金碧辉煌。红墙、黄瓦、彩绘额枋、斗拱、白石台基，远远望去，犹如神话中的仙境。

大殿面阔九间（约66.8米），进深五间（约29.3米），取意九五之尊。殿内总面积1956.44平方米，是我国罕见的大型殿宇之一。大殿构件全为楠木，不加修饰，当你步入大殿，首先映入眼帘的就是楠木巨柱，矗立在柱础石上用以支撑殿顶。最粗的立柱直径达1.17米，二人合抱不能交手。古代建筑有墙倒屋不塌的说法，就是指立柱对屋顶的支撑作用。在这里我们只能看到天花板下面的部分，而在天花板上面的柁、檩、方、椽等木构架则看不到。古色古香的本色楠木构架泛着几分神秘色彩，殿内装修虽不尚华丽，但是古雅大方。在木料中楠木木性最佳，非常贵重，高大通直没有斑节，花纹细腻，防腐蚀坚固耐用。用它建成的殿宇多不用涂漆，显得古色古香，目前我国保留最大、最完整的本色楠木殿极少，这是其中之一。

殿内楠木巨柱有60根，最大直径有1.17米，可推测未加工处理时原木有多么粗壮。“京师神木厂积大木”，在《春明梦馀录》中记述，“其中最巨者为樟扁头，围二丈，长卧四丈余，骑而过其下，高可隐身”。

祾恩殿内正中三间的井口天花与其余高度不同，可能和初始的使用方式有关，这里是佛龛等所摆放的地方，以示尊崇。在清中期修缮时，去除天花外内檐彩画，没有重做，由于大殿用料精良，虽内檐彩画已不复存在，但进入殿内反倒别有一种沧桑厚重感。装饰着一排排平身科镏金斗拱后尾，是殿内极引人注目的大木构件。在外檐斗拱的正心枋内侧，隐刻有驼峰托重拱形象，这大概是因为镏金斗拱内转部分无里拽拱和拽枋，正心枋内侧直接外露，需要装饰美观。太庙大殿内也采用了同样做法。大殿所有镏金斗拱后尾

● 明十三陵长陵祾恩殿内金丝楠立柱

● 明十三陵长陵祾恩殿内金丝楠立柱细节

● 明十三陵长陵祾恩殿内金丝楠檩

● 明十三陵长陵祾恩殿内金丝楠房梁

● 明十三陵长陵祾恩殿内金丝楠斗拱

● 明十三陵长陵祾恩殿内金丝楠斗拱细节

● 明十三陵长陵祾恩殿内金丝楠天花

● 明十三陵长陵祾恩殿内金丝楠天花细节

皆为落金做法，落于花台枋上，但是做法各有差别，正中三间前后檐镏金斗拱落于花台科，后尾雕三幅云。前后檐其余各间花台枋外侧近隐刻驼峰托重拱形象，与天花高度一样体现出正中三间地位的尊崇。而两山镏金斗拱后尾所落的花台枋外侧，则无任何隐刻。如此精良、粗硕的木料，如此规模的大型官式建筑，明代尚有太庙大殿等留存，至清代已无法营建。

永乐皇帝在即位之初，就积极准备把京师由南京迁往他的龙兴之地——北京，多次派人去采木。北京皇宫中的重要建筑都要选用楠木做梁。在陵墓的修建上更是以楠木为主。因为封建社会认为宫殿和陵寝建筑关系到江山稳固，所以用料之多、质量之好可谓无与伦比。

●祾恩殿内细节图

十 探访金丝楠古迹之杭州胡雪岩旧居

俗话说“为官须看曾国藩，为商要学胡雪岩”，胡雪岩被誉为商圣，而胡雪岩旧居是他在事业的颠峰时期为自己建造的住宅，整个建筑布局精巧，建筑材料可媲美皇宫，无材不珍，尤为珍贵的是其所用木材中竟有金丝楠木。在明清时期，金丝楠木已经是御用之材，为皇家所垄断，在私人府邸中得以使用，实属难得，可谓民间首例、商界典范，这勾起了笔者一探究竟的好奇心。

胡雪岩旧居选址杭州河坊街、大井巷历史文化保护区东部的元宝街，起建于清同治十一年，历时 3 年，占地面积 10.8 亩，建筑面积 5815 平方米，无论建筑本身，还是室内陈设，都用料上乘、工艺考究，兼具中国传统和西方建筑风格的私人宅第，不愧为清末巨商第一豪宅。

● 胡雪岩旧居门前留影

胡雪岩，名光庸，杭州人，祖籍是安徽绩溪。年轻时在杭州同泰钱庄当小伙计，后机缘巧合经浙江巡抚王有龄扶持，自己创办了阜康钱庄。因为协助左宗棠功劳显著，受到朝廷嘉奖，赐红顶戴，穿黄马褂，在紫禁城骑马，封布政使。在胡雪岩事业鼎盛时期，除了经营钱庄，他还兼营粮食、地产、典当、军火、生丝等业务，成为富甲一时的红顶商人，并创办了著名的胡庆余堂国药号。

在一百多年的历史长河中，经过了清末、民国、抗战等时期的战乱和破坏，所幸胡雪岩旧居四周的外围墙除元宝街和牛羊司巷东南角有所变动外，原有的墙体基本得以保存。门厅、轿厅、洗秋院、和乐堂、清雅堂、小厨房等建筑保存较完整，约占原有建筑的一半左右，但是，照厅和正厅相连的部分过廊、正厅、东西四面厅及后花园内的假山、东长廊均被拆除，融冬院、大厨房等遭到破坏，芝园的冷香院、水木湛华被拆除，假山也遭到了严重破坏，很多砖雕和堆塑或被破坏，或被涂上了水泥。

● 轿厅匾额“经商有道”

1999 年为了更好地保存文物建筑，恢复历史风貌，杭州市政府组织相关专业人员通过大量历史考证，全面修复了此旧居，极力还原了旧居历史风貌。

故居正门“深藏不露”，是普通的杭式石库门，并没有恢弘气势，有说宅门如此设计是因为胡雪岩从商讲究聚财，也有说他为人低调内敛，自知“深情不寿，强极则辱”的道理，而且如此开门也便于管理、安全。绕过门口的影壁，才会发现别有洞天。

● 轿厅

一进正门即轿厅，面阔五间，用柱 26 根，全部都是银杏木打造，特别是前檐 6 根是方形的，可见用料和设计的豪奢。

● 轿厅悬挂道光皇帝御笔金匾“勉善成荣”

抬头可以看到同治皇帝亲提的牌匾，上书“勉善成荣”，其中“善”字少两点，据说是同治皇帝特意如此书写，寓意善事是做不尽的，凡事也没有尽善尽美，勉励胡雪岩及后世多做善事，并以此为荣。

● 故居外部走廊

● 芝园

作为“中国第一豪宅”，居室与园林交融，布局紧凑，经有关部门鉴定所用的木料以红木为主，不仅有银杏木、酸枝木、紫檀木，还有楠木、南洋杉、中国榉木等，价值连城。

百狮楼，谐音“百事”，这里是胡雪岩议事、会客的地方，坐北朝南，一楼正中摆放着一张红木桌，直径有2米，是目前杭州现存的最大红木桌，二楼是胡母及正房太太的居所，栏杆上有一百只小狮子，全部是用紫檀木雕刻而成，眼睛镶嵌黄金，“百狮楼”得名于此。

在这座胡宅内还留存有很多的砖雕装饰，图中的这幅砖雕的图案是鸾凤和鸣，寓意夫妻和睦、富贵。砖雕所用的材料是经砖，这种砖只有当时苏州专贡皇室的作坊有产。做成经砖的成品本就少之又少，而这种镂空雕刻工艺在砖雕中更为难得。

● 百狮楼

● 百狮楼及室内陈设

● 砖雕鸾凤和鸣

宅内的隔扇正中嵌长方形蓝色玻璃，这是一种从法兰西进口的珐琅玻璃，在当时也是极为罕见的。而在胡宅之内还有一间载福堂，戏称“黄金屋”。这里的黄金并非指用黄金建造，而是因为载福堂的正厅及临屋墙面，甚至连楼梯、楼板都使用了金丝楠木。凡此种种的细节之处都可以看出胡雪岩的身份显赫，财倾半壁。

隔扇窗户

民间第一豪宅，胡雪岩旧居的金丝楠屋——载福堂

胡雪岩故居载福堂内慈禧太后赏赐的金丝楠木隔扇。

众所周知，金丝楠木历久弥新，依然焕发嵌金线的光泽，阳光照射下，烁烁可爱。在明清时期为皇家所垄断，那么，有御赐黄马褂的红顶商人胡雪岩为什么可以使用金丝楠木呢？一种说法是，当年慈禧太后为修建圆明园，曾向胡雪岩借款，为了标榜胡雪岩对朝廷有功，因此赏赐了金丝楠木，既显皇恩浩荡也抵销了欠款。而胡雪岩布衣发迹，并没有显赫的家世，这种赏赐对他而言是莫大的恩宠，是家族的荣耀，因此胡雪岩欣然接受，用于修建了载福堂。只可惜慈禧太后所赐的金丝楠木并不足以修建整个载福堂，因此屋外的柱廊、门板窗框等则采用的是水楠木。

胡雪岩故居载福堂外后修缮的隔扇，已经变为水楠。看似和金丝楠差不多，但离近一看，还是有很大区别，没有丝绢光泽。

俗话说“金屋藏娇”，在这里住着胡雪岩最宠爱的姨太太罗四夫人，而“四”并不是她在胡家太太中的排位，而是因为她在母家排行老四。据说这位姨太太非常精明能干，可以说是胡雪岩的贤内助，既管理家务也可以在生意上为胡雪岩出谋划策，深得宠信。更难能可贵的是她为人忠烈，在胡雪岩家道中落后，仍然陪他到终老。

芝园，民间流传一种说法，认为胡雪岩是为了纪念父亲胡芝田，所以才给此园取名芝园，是十分具有特色的园林景观。特别是假山，是目前我国最大的人工溶洞。芝园以山水景象为主题，怪石嶙峋，巧夺天工。明廊暗弄盘桓，迂回曲折，亭台楼阁错落，碑廊、石栏、小桥，清雅恬静。

荟锦堂——故居最高点，位于假山正中最高处，据记载，凭隔栏眺望，南可见钱塘江，北可望武林门，故又称“御风楼”。

延碧堂，又称“红木厅”，整个阁楼用鸡翅木打造，环境清雅，是胡雪岩非常喜欢的休闲之地，二楼设有他日常起居的房间。延碧堂的前方是一片空地，可设戏台，供游园娱乐之用。

● 芝园

延碧堂

荟锦堂

● 七巧桌

七巧桌是苏州地区的特色，由七张桌子组成，通常有两个大三角形、三个较小的三角形、一个小正方形以及一个菱形，可以组合成正方形、长方形、梯形等，供不同数人就坐时使用。

存世的七巧桌很少，在北京颐和园、苏州留园也各有一套。

胡雪岩故居作为晚晴时代江南第一豪宅，充分印证了红顶商人胡雪岩的财力和地位，整个建筑设计既具有传统文化的特色，也体现出了当时西方文化冲击的背景，是极为珍贵的文化遗产。但是经过我们对故居的走访发现，虽然整个建筑以木质结构为主，紫檀木、鸡翅木、花梨木、银杏木、南洋杉等，寸木寸金，但也只有载福堂使用了金丝楠木，而且是在当时清朝统治者恩允下使用的。

金丝楠木成材慢，加之明清统治者们偏爱这种木材，在宫殿建筑、日常陈设中大量使用，所以十分稀有难得，即使是红极一时的胡雪岩也只得到区区几根金丝楠木作为赏赐，他将此木用在了载福堂的屋内建筑，外部用水楠装点，金碧辉煌。由此可见这极少的金丝楠木虽不足以建造整间房屋，但对他的家族而言也是无上荣耀。

十一 探访金丝楠古迹之北海公园快雪堂

快雪堂，地处北海公园，在太液池的北岸，东临阐福寺。是乾隆皇帝钦命的一座皇家三进院落，前两个院落分别为澄观堂和浴兰轩，是明代建筑，第三进院落是乾隆皇帝特批增建的快雪堂。

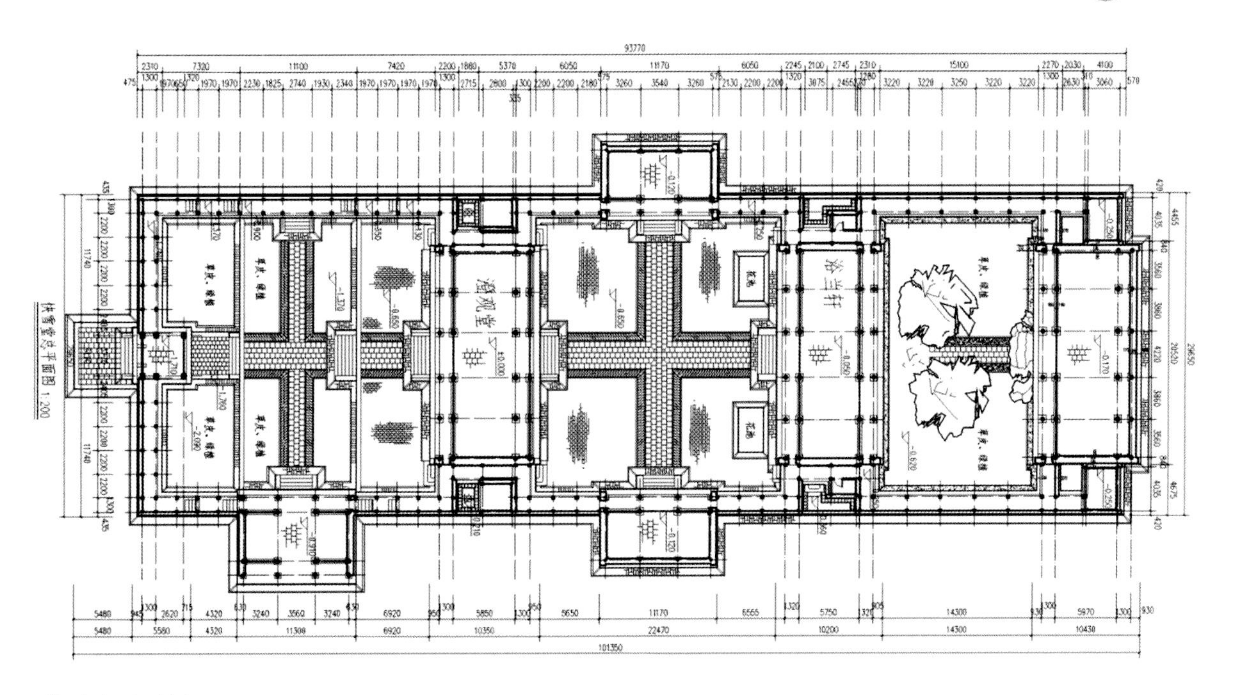

快雪堂平面图

September, 2013
UNESCO Asia-Pacific Award of Merit for Cultural Heritage Conservation
Enjoying Snow Yard
Beihai Park, Beijing City, The People's Republic of China
The Jury of UNESCO Asia-Pacific Awards for Cultural Heritage Conservation
快雪堂
2013年9月

● 快雪堂

第一进院落是澄观堂，下有乐意静观匾；第二进院落是浴兰轩，清朝时皇帝到阐福寺拈香祈福便在这里休息更衣。这两殿都不是金丝楠木殿，只有快雪堂是耗费金丝楠木所建，这是乾隆皇帝的恩典。

● 澄观堂

● 浴兰轩

乾隆非常喜爱园中的两块太湖石，亲笔题写了“云起”二字镌刻在石的南面中部，并特作了一首《云起峰歌》，在歌中他将此石比作翻腾涌起的浮云，故后人称之为云起之石。

两石之间是一条夹缝小路，走过去就是正殿“快雪堂”。

● 太湖石

快雪堂金丝楠大殿

据记载乾隆四十四年，浙赣总督向乾隆皇帝进献了书法名家王羲之的《快雪时晴帖》，乾隆皇帝十分喜欢，遂命人石刻保存并下旨用金丝楠木增建了书房，取名“快雪堂”，并命人在快雪堂周围的彩绘游廊中嵌壁，将名人书法墨迹石刻保存于其中，并为此亲笔题写了“快雪堂记”。

整个楠木殿在常年的风吹日晒下已经发黑，看不出原来的颜色，但是阳光照射下仍熠熠生辉。

整个快雪堂建筑面积并不大，难得的是其中 70% 构件都是珍贵的金丝楠原木，这既说明了乾隆帝对名人书法的热爱，更看得出金丝楠的弥足珍贵。

2014年，快雪堂再次修缮。这次大修最难就是楠木殿的修缮。楠木殿70%都是珍贵的无漆原木，修旧如旧才行。首先用蒸汽扫，相当于给木头洗桑拿，再用白蜡和黑蜡按比例调和刷匀，最后用喷灯烘烤，使蜡充分浸入木头。

整个大殿所用的都是没有经过刷漆处理的原木，肃穆典雅，保持着原木的本色。由于楠木生长缓慢，成材时间长，所以木质细密，不易被虫蚁蛀蚀，不怕风雨浸泡，整个快雪堂主殿历经风雨洗礼，沧桑变化，依然坚实不倒就是明证。

这些刻石长短、宽窄不一，还有三块是木版。乾隆特命内府善手重摹，换成石刻，并将原来的三块木版存放在快雪堂的西室。可惜光绪十四年（1888年）时这些木版遗失了，只有《快雪堂法书》刻石尚完好无缺地嵌在廊壁上。

沿着快雪堂四周的彩绘游廊，可以观赏嵌在东西两侧游廊嵌壁中的石刻，这里保存有晋代到元代20位书法家的80篇石刻墨迹，篇篇精彩，当然数王羲之的《快雪时晴帖》和乾隆皇帝的《快雪堂记》最为珍贵。

快雪堂被联合国教科文组织评为亚太地区文化遗产保护优秀奖。

清末时期，慈禧太后将“快雪堂”作为自己赏雪的去处，民国时这里被当时的大总统黎元洪批准为图书馆馆址，取名松坡图书馆，“松坡”是名将蔡锷将军的表字，蔡锷将军曾和梁启超一起反对袁世凯复辟帝制，后来蔡锷在日本病逝，梁启超深感悲痛，倡议成立此图书馆，并任第一任馆长，梁思成和林徽因这对佳偶也经常到图书馆来。图书馆的经营一直维持到了1939年，之后由于战乱等原因处于半停顿状态。1949年新中国成立，松坡图书馆被北京图书馆，也就是现在的国家图书馆接收。

坐在乾隆爷的书房里，看着宋徽宗的太湖石，闻着金丝楠的木香，静静地思考人生。静墨淑香，一如往常。万缘空处，不动真尊。

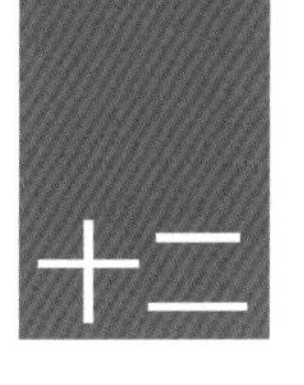

十二 探访金丝楠集散地四川雅安芦山县

乌木一条街，位于雅安市芦山县芦阳镇，这里既是乌木交易市场，又是根雕艺术一条街。现在这里聚集着两百多家企业和作坊，主要经营四川乌木原材料和根雕工艺品，形成了芦山县乌木根雕的产业链，不仅享誉四川省，就是在全国也很有名气，很多宾馆和酒店在这里采购根雕装饰品，生产的乌木根雕占到了全国的90%。

乌木一条街自发形成了乌木产业链，受到了当地政府的扶持，不断发展壮大，产生了具有影响力的产业集群效应，使得整个芦山县的根雕产业都初具规模。不管是出于经济原因，还是公益文化原因，又或者推动根雕艺术文化发展，总之这里乌木根雕企业、作坊集聚，商业活动繁忙。云贵、重庆等西南省市出土的乌木大都会聚集在这里，当地有很多政府或民间出资的根雕博物馆、艺术馆，如天功根石艺术馆，不仅有力地促进了乌木产业的可持续发展，还拉动了旅游经济。

四川雅安市芦山县根雕一条街牌楼

如今乌木一条街发展为全国乌木（阴沉木）交易第一大市场，也带动了根雕产业的发展，成为县支柱产业，芦山县也成为全国根雕第一大县。源远流长的乌木根雕技艺文化和丰富的自然遗产，尤其是乌木金丝楠木等珍贵乌木，使芦山县荣获“中国乌木根雕艺术之都”的殊荣。

乌木一条街的根雕作坊基本采用前店后厂的经营模式，店面整洁大方，但加工作坊较为简陋。由于根雕工艺品主要靠手工雕刻，生产加工的设备工具也是非常简单的，所以作坊内也没有太多的先进加工设备。

乌木原材料加工之前如同朽木，置于店面前，其貌不扬，不懂乌木的人根本就看不上这样的木头。但是一经作坊加工、雕刻之后，就变成了美轮美奂的工艺品，原材料与工艺品就形成了鲜明的对比！

● 四川雅安市芦山县芦山乌木艺术馆

● 四川雅安市芦山县巨型乌木

● 四川雅安市芦山县乌木根雕犀牛

● 四川雅安市芦山县乌木根雕荷花

● 四川雅安市芦山县乌木根雕幸福树

● 四川雅安市芦山县乌木家具

● 四川雅安市芦山县乌木摆件

这里可以说是金丝楠加工产业的原始加工地之一，像这样的原产地市场还有很多，这里只是代表地之一。收录在本书中的目的是让读者更加直观地看到半成品和成品市场的状况。这里有形形色色各种各样的金丝楠木制品，品种众多，但是题材大同小异，且普遍做工粗糙，缺乏创意。和很多低级别的原料加工批发市场一样，主要靠原材料自身的价值，再加工后的附加值很低，长此以往是无法真正稳定地持续发展。现在整个金丝楠木行业还是一盘散沙，处于低端的价格战时期，产品质量没有保障。这里产出的金丝楠木原料有些规格较大，但处理工艺粗糙，导致售出后出现很多的质量问题，不仅损失了大量的客户，也让整个行业失去信誉。所以整个行业可以说正从一个高峰进入一个低谷，不能说百废待兴，但也相差不多。

从另外一个角度来看危机也是机遇，金丝楠毕竟是稀缺的优质资源，在明代就已被消耗殆尽。如何合理地利用这些资源，设立行业标准，保证产品质量，在原材料的基础上提高附加值才是当下的重点。笔者相信在2014—2016年这几年大浪淘沙之后留下来的优质企业，在随后的市场机遇中一定会有所收获，也可以带领这个行业前进。而四川这些零售和批发市场门可罗雀的局面也将会改变，行业即将整合，能否发生蜕变，就看是否有极具影响力的优质企业来推动整个行业的发展了。

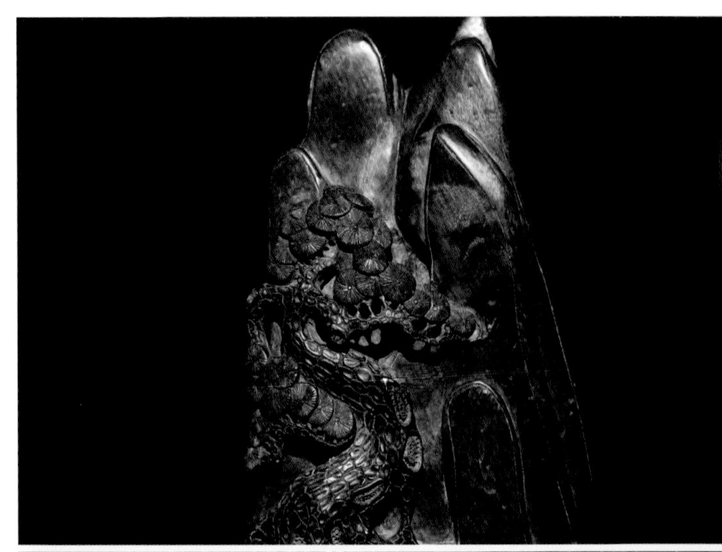

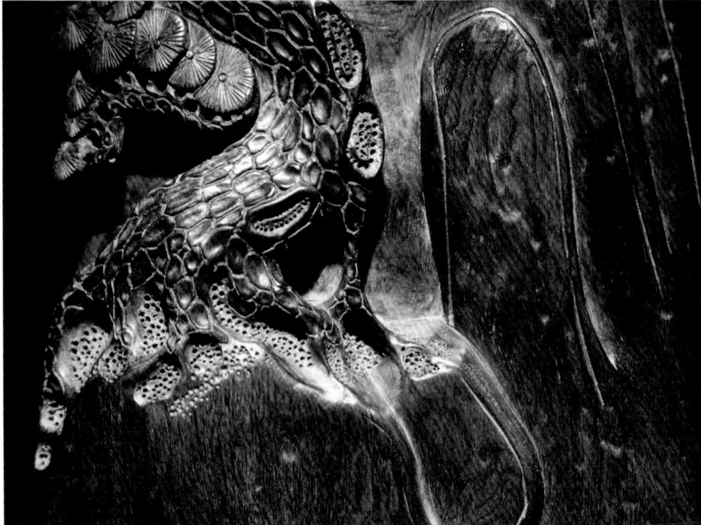

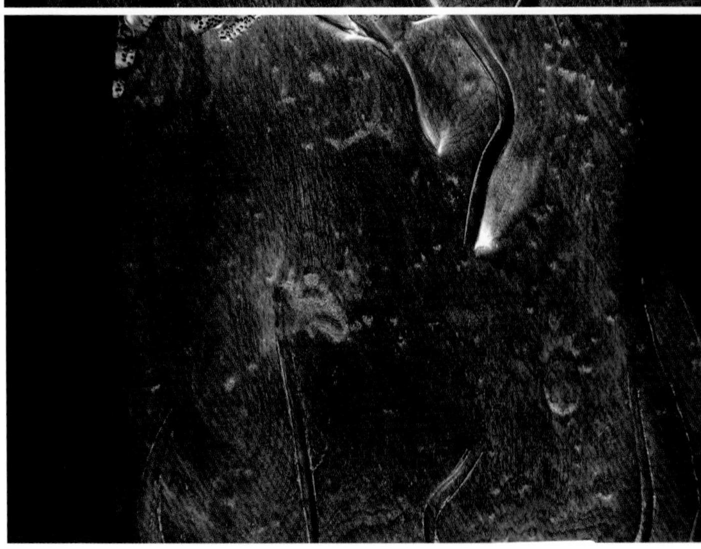

● 阴沉金丝楠松柏长青摆件

松柏寓意长青，挺拔。此摆件用陈化千年的金丝楠阴沉木所制，料型规矩，密布水波纹，好似树皮一般。峦回谷抱自重重，螺顶左邻据别峰。云栈屈盘历霄汉，花宫独涌现芙蓉。窗前东海初升日，阶下千年不老松。

三 图版篇

一 柜架类

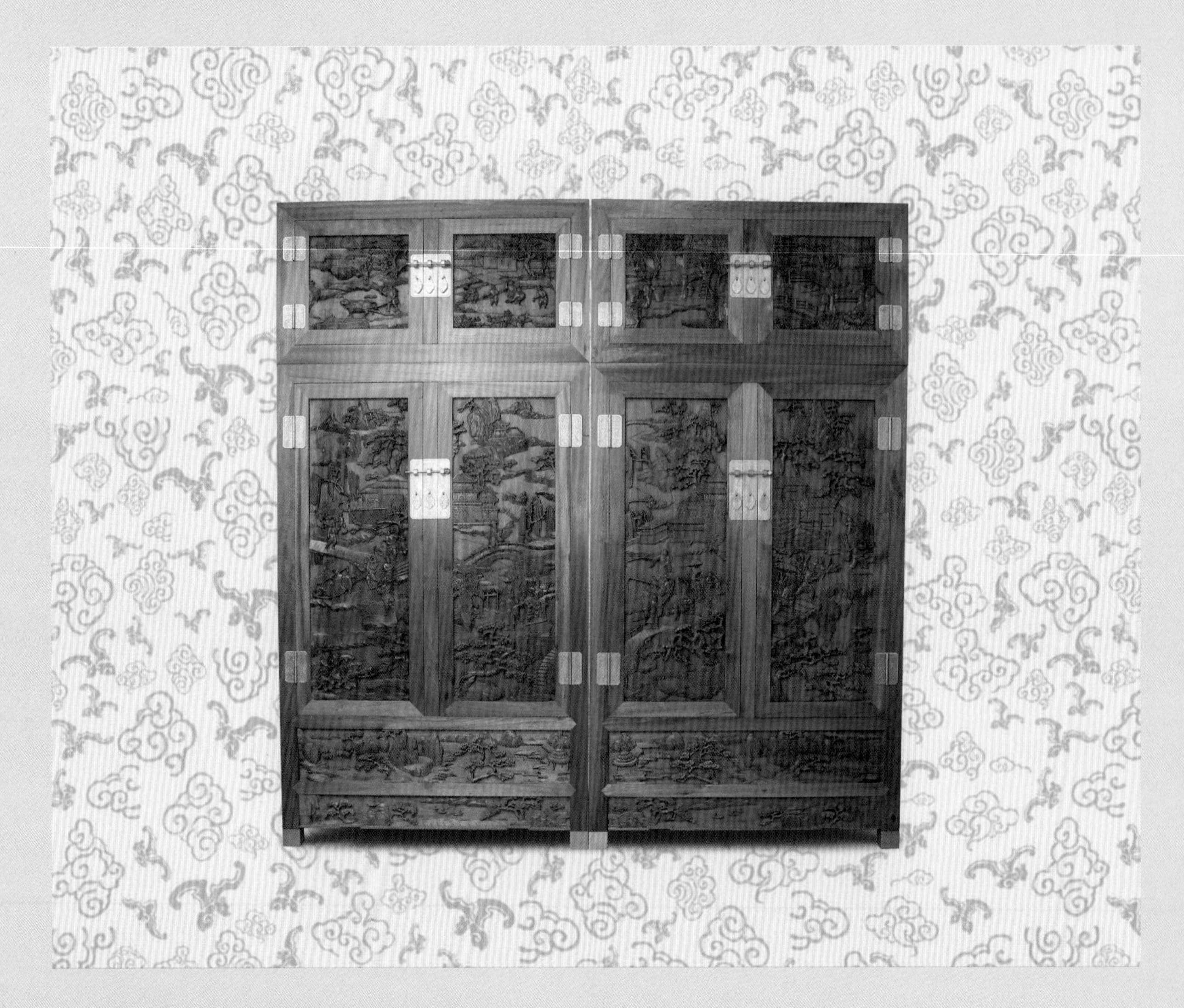

金丝楠独板卧游山水顶箱柜

规格：长240厘米×宽60厘米×高240厘米 / 对

本柜满彻金丝楠，选取百年以上的拆房老料，用料厚重，选材精良。柜门用独板大料深浮雕，大料一般都有一定比例的树节子和空洞，这种深浮雕的板材需要用的料也非常厚，所以取料非常之难。柜门正面打槽装板，落堂踩鼓，柜门心板雕刻乡间人物山水耕织图，所雕刻人物故事，千姿百态，风韵绰约。该柜做工细致，上下柜门各镶铜錾合页及面叶。打开下节柜门，内分两层，上部设抽屉两具，下部置一横板，底部设有暗仓。两腿间直牙板雕山水纹，足底加錾花铜套。其做工考究，刀工精湛，纹饰繁缛，品相尚好，实为难得，独具收藏及研究价值。

金丝楠独板凤尾纹面条柜

规格：长72厘米×宽40厘米×高180厘米/只

此柜通体为金丝楠材质，整料对开制作而成。亮点是在柜门面心的纹理非常像一对凤凰尾羽，正是书中提到的"凤尾纹"。面条柜上小下大，光素无饰，柜顶为盖帽式，柜门对开，中间一立柱，立闩与门皆安条形铜制面叶。面攒框镶独板，下装刀字牙条，侧脚显著条。下配座，设两屉二具，座下部有屉板，中部留有空间。柜下配以底座，底座镂空雕菱字格。此柜整体小巧玲珑，结构朴素大方，是一件不可多得的藏品。

金丝楠独板虎皮纹圆角柜

规格：长72厘米×宽40厘米×高180厘米／只

通体为金丝楠材质，内嵌独板虎皮纹面心板。上小下大，光素无饰。柜顶为盖帽式，柜门对开，中间一立柱，立闩与门皆安条形铜制面叶；面攒框镶独板，下装刀字牙条，侧脚显著条。下配座，设两屉二具，座下部有屉板，中部留有空间。铜饰件完好。此柜古色古香，纹路通畅。稳重美观，为典型的明式家具。

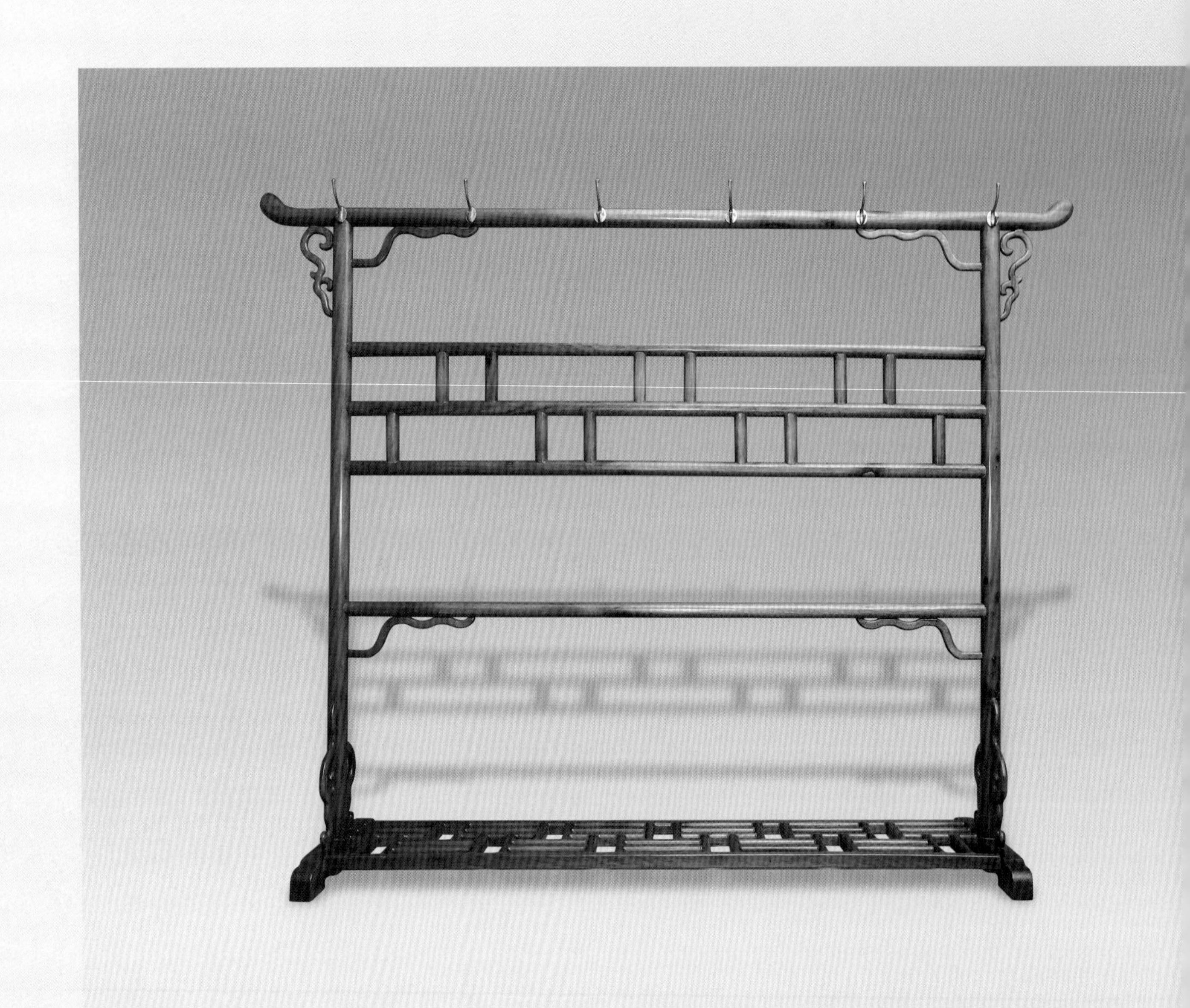

金丝楠明韵大衣架

规格：200厘米×53厘米×160厘米

整体为金丝楠木精心制作。用两块横木做墩子，上立直柱，柱子前后站牙抵夹，中有长方形如意云头券口牙板装饰。上有两横枨与棂格中牌子，图案简洁。下设腰枨。两个墩子之间再用横竖材构成棂格相连，可谓简约至极。站牙及倒挂花牙也十分疏朗。对于此衣架，匠师将常见的螭纹、龙纹图案简化到看不出具体形象，以线条来表达衣架体态的协调。

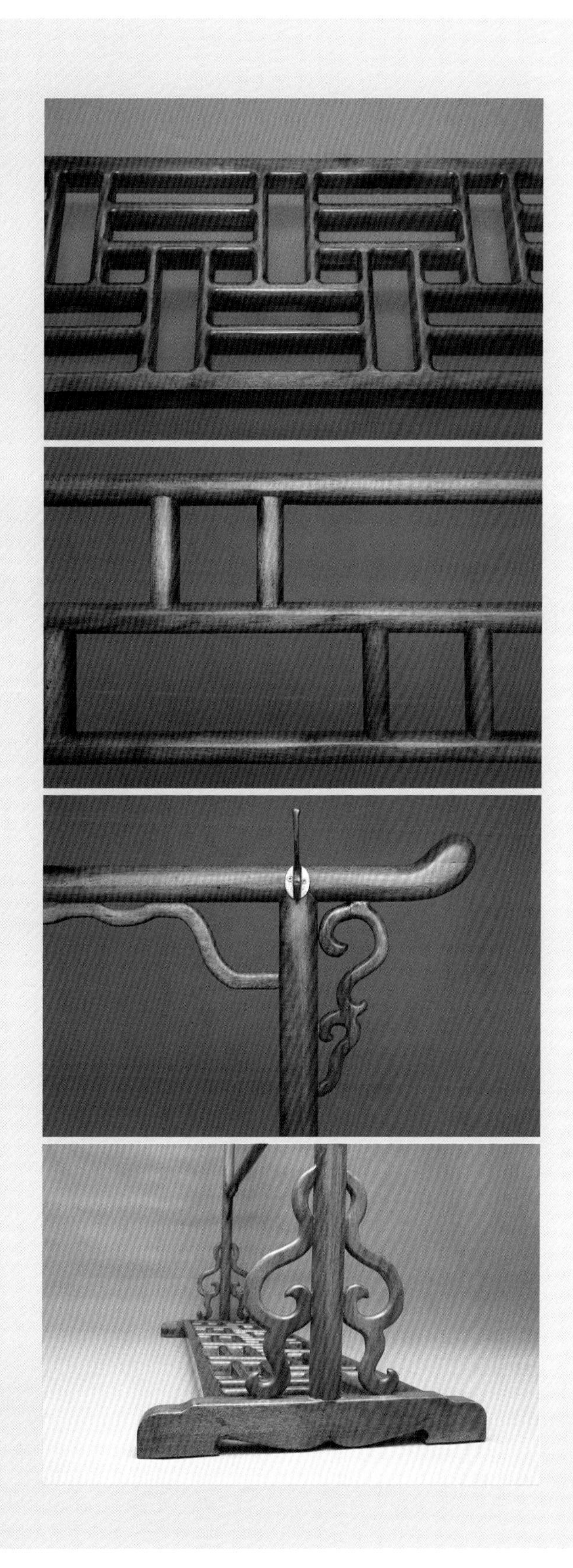

金丝楠龙鳞纹书柜

规格：长110厘米×宽55厘米×高186厘米 / 只

选材金丝楠木精制，包浆温润细致，木质纹理清晰。上部亮格三面敞开，牙边起阳线，边框均饰浮雕卷云螭龙纹。下部为对开柜门，柜面独板满龙鳞纹理，有铜合页、面条、锁鼻和吊牌，柜门面板及底端壶门牙板均以浮雕拐子纹装饰。造型端庄文雅，富丽大气。工艺精湛，浑然天成。具有较高的收藏价值。

金丝楠满雕云龙纹圆角柜

规格：长132厘米×宽62厘米×高230厘米／只

整器选料金丝楠木，柜体高大，选料用心。柜门、柜帮及背板皆为平镶面心板。柜顶以标准格角榫攒边框镶板心，上装二根出梢穿带。抹头可见明榫。四根方材立柱上以粽角榫与顶边框结合，出一透榫。上下两柜，为运输方便可拆分两柜，柜门间各有一活动式闩杆，门下有两条横枨作肩纳入立柱，其间镶一心板，形成柜膛。膛下横置抽屉三具。整器通身满雕云龙纹，体态神情刻画生动，姿态飞扬，似欲破门而出。此柜是笔者精心设计而成，原版是明万历年的一个老面条柜，满工雕龙，笔者在这个的基础上加了底座，因为顶箱加不了，如果不做分体就不方便入户，因为电梯和楼梯都有尺寸的限制。底座一加，气势立即凸显。还一个难点就是门框和门芯的雕刻纹饰在设计的过程中要能衔接得上，有点宫廷瓷器折枝画法的意思，就是杯子里画的花一直能够连到杯子的外壁上，这也是一个细节的设计吧。

金丝楠蝠纹书柜

规格：长200厘米×宽40厘米×高240厘米/对

此柜为平顶立方式，一层为书架，有背板，对开门上嵌玻璃，边饰蝙蝠纹。方材三层，两个侧面加壶门式券口，底层之下，足间饰牙条、牙头、后背装板。下设素面抽屉两具，不攒框，上嵌铜拉环。最底一层为平装柜门，用独板金丝楠木攒框镶心，虎皮纹理清晰可见，选料甚精，制作考究。其可贵在于造型简练而圆浑，彰显匠师的高超技艺。造型简单明了，寓意吉祥，很传统，中国味很足。

金丝楠镏金龙纹顶箱大柜

规格：长320厘米×宽65厘米×高280厘米 / 对

此对大柜选金丝楠木精工细作而成，造型四平八稳，比例匀称。其框架用格肩榫卯相接。柜门之间设闩杆。柜门及两帮，三面装板平镶，下设柜膛。满屏雕五爪真龙，龙纹高下萦绕，或昂首奋身穿云吐雾，或腾挪跳跃竞逐火焰宝珠，其体态神情刻画生动，姿态飞扬，似欲破门而出。足间装牙板，足端穿铜靴。铜质合页、面页及吊牌均镏金錾花，饰以云龙纹，富丽堂皇，颇为华贵，体量硕大，气势磅礴，观其侧，则觉自身渺小，镇宅辟邪，其实为自心居安，好的收藏品时刻都能给自己提供正能量，极具观赏与收藏价值。

金丝楠组合电视柜

规格：长230厘米×宽40厘米×高50厘米
分体设计，选料很精，是满彻金丝楠。外刚内柔的性格也融入里面，外面四棱见线，平平直直，里面的券口却很柔美。在家居生活中，经常会重新摆放家里家具的位置，像这样一组电视柜，三段式，就可以根据位置和居室的不同，随机应变，简单明朗，大气得体。

金丝楠虎皮纹五斗柜

规格：长90厘米×宽50厘米×高105厘米／只

满彻金丝楠，里外通体都是，包括抽屉、边角、穿代等。顶面、边框面板皆为虎皮纹，虎皮纹是金丝楠里数一数二的纹理，整体屉面为一块厚板左右对开，似清水点在平静的湖水之中，展开一波波的涟漪。纹理完全一致。用料厚实，整柜全榫卯结构，边角干净，四棱见线，线条处理得干净利索，追求卓越的工艺与成就。所有抽屉用材非常厚重，比一般的五斗柜用料大很多，能放置大量衣物。金丝楠独有的清香味道太迷人，清透静雅，衣物不被虫蛀。

金丝楠独板水波纹顶箱柜

规格：长280厘米×宽66厘米×高280厘米 / 对

一榫一卯的搭建，是极具中式韵味的家具。卯榫结构的家具是我国传统家具中的世界文化遗产，是上千年来装修工匠制造出来的奇迹。此件金丝楠独板水波纹顶箱柜，采用经典卯榫结构，顶箱、柜门、柜膛、牙板全部为一目连作的独板，内外皆为满水波纹纹理，定睛观赏，如春风吹拂着静谧的水面，层层涟漪，动静相宜，灵动自然，加之金光色泽，更加动人。顶箱柜两柜一组，采用经典造型，上下两层对开门，打开柜门，内部结构简洁实用，自带暗仓，储物方便实用，闻之更有幽幽的芳香扑鼻，让人倍感清新舒适。整套顶箱柜并无任何雕琢，取自然纹路作为装饰，色泽优美，线条干净利落、古朴大气，形制儒雅中正，于淳朴古茂中含空灵妍秀之气，堪称金丝楠家具之珍品。

金丝楠雕云龙纹顶箱柜

规格：长240厘米×宽60厘米×高240厘米/对

顶箱柜是中国明清家具中重要的储藏类组合式家具。由底柜和顶柜组成，是在一个两开门立柜的顶上再叠放一个两门顶柜，顶柜的制作工艺及风格与下面大柜一致,看上去宛如一体，不用时，可取下独立成件。顶柜长宽与下面立柜相同。顶柜与底柜之间有子口吻合，故称顶竖柜。因它由一大一小两节柜组合，故又俗称“两节柜”。因顶上的小柜形如箱，又有了“顶箱立柜”的名称。

这套金丝楠雕龙顶箱立柜由正宗四川小叶桢楠老料制作而成，满彻工艺，用料考究。整套顶竖柜由顶箱和立柜组成，硬挤门，柜有门闩，柜门均为攒边打槽装独板面心，落堂踩鼓。上下门心板对称高浮雕三层云龙纹，起地浮雕的刀工娴熟圆润，雕龙威武传神。柜体结构更为讲究，立柜柜门内侧装两根穿带，内中部设有两具抽屉，下方设闷仓，俗称“柜肚”。两边装铜制长方形合页与腿足连接，面叶上配开心双鱼拉手，柜内外所有金属合页、面叶和足套皆錾刻云龙纹，与门板装饰相辅相成。方材直腿，方足，腿足间装浮雕云龙纹牙板，沿边起阳线。此套顶箱立柜所用材质都是优选的上等金丝楠老料，内设的抽屉、屉板和内帐的选料也是一丝不苟，用料之讲究，制作工艺之精湛，是实用与艺术的完美典范，可做传世之珍藏。

金丝楠独板雨滴纹顶箱柜

此套雨滴纹顶箱柜为极经典的家具造型，体形硕大，格调简洁，气势威严，结构合理。此柜为金丝楠老料材质独板顶箱柜，用料严格讲究，做工精细，边角、铜活等细节处几乎无可挑剔，更难得的是，四块面板一木所开，纹理之美令人惊叹，成片的雨滴纹之间，金丝毕现，熠熠生辉，浑然天成，沉稳之中，不怒自威。顶箱和柜身的两组芯板各为一木而出，且都为独板，已是难得，虽然各面都是素活，但抢眼的木质纹理已足够展现深含其中的光芒。两柜一组，上下两层对开门，大小比例匀称，且门框加宽，牙板加厚，自带暗仓。攒框镶心板，下柜柜门闩杆可拆卸，方便储物进出。下部为柜膛。门扇与腿足、闩杆严丝合缝，曲尺牙板简洁精致，各部结构清晰流畅，干净利落，线条整洁如一，工艺极佳，实为上品。

金丝楠雕云龙纹顶箱柜

规格：长120厘米×宽60厘米×高240厘米/只

中国文化源远流长，作为中国古典文化精华的载体，金丝楠木占有极其重要的位置，与黄花梨、紫檀并列三大贡木，有着"白木之首""软木之王"等美称。金丝楠（桢楠）也是我国特有的名贵木材，属国家二级保护植物。楠木生长缓慢，大器晚成，生长旺盛的黄金阶段需要60到90年，成为栋梁之材更要上百年，珍贵程度可想而知。此金丝楠顶箱柜精雕云龙纹，用料考究，霸气十足，一套四只。其上雕刻有三层高浮雕云龙，所有金丝楠皆为满彻，里外前后都是同料制作，通透光素，干净利索，没有一点节子。景泰蓝铜活更是笔者亲自设计，掐丝珐琅缠枝莲纹，表面镀金，包脚掐宝相花，蓝色的珐琅在金色的衬托之下显得雍容华贵。金丝楠闪烁于阳光之下，金丝万丈，若临于漆黑之境，则黯然无光。此金丝楠雕云龙纹顶箱柜，谈龙，半掩于云者出风雨，半现于重者则威。光与暗俯然之上，则幻化成仙，跃然柜中，真可谓极致工艺。

居雅香楠

二 床榻类

金丝楠雕龙架子床

规格：长224厘米×宽190厘米×高255厘米

此床为带门围子架子床，因有立柱六根，故又名“六柱床”。通体金丝楠木为材，轩敞霸气。下承鼓腿彭牙腿，以深浮雕手法刻云龙纹。雕工精细。铺面四角设立柱，上有顶架，正面巧设精雕蟠龙门柱，由门围子与角柱连接，床架立柱、横枨、十字连方透棂床围内外两面满雕云龙纹。床面素面独板，面下高束腰，以圆雕手法饰云纹。束腰下装直边牙板，浮雕双龙戏珠纹，与腿足内角交圈。整器外观甚为整饬，雕饰考究，格调高雅，保存完好，且用料奢侈，沉稳又不失精细。各部以榫卯接合，拆分灵活，传承至今，榫卯依然结合牢固，实为难得。

金丝楠雕狮子床

规格：长220厘米×宽160厘米×高110厘米

通体金丝楠木制成，体形硕大。主题纹饰为狮子滚绣球，是中国传统家具上常用图案，狮子是一种猛兽，造型蓬头大耳，巨目环睛，娇憨可爱，逗人喜欢，其作为守护装饰和辟邪之用，也是权势的象征。床面攒框镶独板，后三片围子，各浮雕狮子滚绣球，煞是生动，围板上镶双面圆雕花板，花板由整料透雕而成，中间一只大彩球，八只狮子图案。左右两侧围板双面圆雕双狮戏球，狮嘴衔彩练，一张一合。高束腰，腰内打洼；弯腿浮雕狮面纹，大狮爪腿。彰显雄浑霸气。此床用料厚重，刀工浑厚圆润，雕饰繁缛华丽，典雅气派。百狮又有百事如意之意，一张整料镂空圆雕狮子塌，极富有想象力，具有极高的观赏及收藏价值。

金丝楠独板罗汉床

规格：长220厘米×宽112厘米×高77厘米

整体以金丝楠木制作，三围屏式，围板光素简雅，不雕不斫，纯以天然优美的纹理示人。正背围板略高于两侧围板，两侧围板以独木所制。围板均方直规整，只在转角处倒圆角，以走马销相互衔接落于床面边抹之上。床面镶嵌独板，用料巨硕。边抹宽厚异常，以确保足够的抗弯强度。束腰与牙板一木连作，牙板取料厚重，以承载床面的压力，与宽厚的边抹一起承重，致使历经数百年的重压之下，大边依然平直。四足上端开出榫头，直抵床面边抹下方的榫眼。腿足壮硕魁伟，呈力举千斤之势直落地面，采用三段式带托泥结构，可以均摊受力，因整体床跨度太大，达到2.6米，故采用了此结构，此规制取自宋画，气势不凡，刚劲有力。尽显简约凝重、雄浑健硕之美。

金丝楠荷花榻

规格：长205厘米×宽108厘米×高98厘米

此榻通体以金丝楠木制成，床面攒框镶板，木质细腻而舒展。采用围屏式结构，围屏镂雕荷花纹饰。高束腰。牙板镂雕有荷叶、荷花等纹饰。直腿，内翻马蹄足饰荷花纹。此榻富丽而不失威严，雕工精湛，色泽古雅，用料讲究，造型及雕工都体现了清代的“工艺之美”，具有收藏与审美价值。

金丝楠莲花罗汉床

规格：长220厘米×宽180厘米×高110厘米

此床身通体以金丝楠木制成，体形硕大。采用七围屏式结构，围屏浮雕莲花纹饰；高束腰，腰内打洼。弯腿浮雕莲花纹，内翻马蹄足。配有炕桌、脚踏。该床运用多种雕刻手法，整体采用浮雕与镂雕工艺相结合的技法，饰荷叶、荷花纹，荷叶迎风摇曳，荷花错落其间，纹饰精美，寓意清正廉洁。工艺精湛细腻，雕饰富丽，稳重大气，是罗汉床中的精品。

金丝楠月洞门架子床

规格：长247.5厘米×宽187.5厘米×高227厘米

此架子床设置有床屉、床围、床顶、倒挂牙子、立柱等构件，并设计有月洞门，整张架子床都采用榫卯结构连接，容易分解，方便安装。月洞门罩，在民间也叫月亮门，整体由三扇组合，上部横扇及左右侧竖扇，与后围子、侧围子和挂檐相连接，床体上部的装饰均采用攒斗技法，呈数百余四簇云纹，相互之间以十字纹相连，纵横交错，缤纷络绎，工笔重彩，令人神迷。素面床面未做其他修饰，金丝闪烁，四面牙板与腿足图案相契合，成壶门形。浮雕有各种花鸟蔬果图案，无一相同，精工细作。龙凤呈祥、鸳鸯莲叶、鸾凤呈祥等图案寓意夫妇和睦，子母螭龙（苍龙教子）、榴开百子寄托望子成才的美好愿望，喜鹊登枝表达喜庆吉祥，这种款式属明式家具晚期的变化式，图图有心，处处存意，其观念寓意强烈，浮雕技艺奇绝，让人叹为观止。

金丝楠满工雕龙罗汉床

规格：225厘米×180厘米×110厘米

床榻类的家具是居室必不可少组成部分，其与人们的日常生活息息相关，而金丝楠作为经典的材质有着悠久的使用历史，经久不衰。这件罗汉床为满彻金丝楠制作而成，选料考究，精工细作，实用的同时，更显雍容贵气。整体用材扎实、厚重，尽显大气之感。除床面之外，全部手工雕刻，左右对称浮雕正面龙、腾龙、麒麟等祥瑞造型，线条挺拔、硬朗，地子平整，打磨光滑，干净利落，造型生动传神、呼之欲出。罗汉床整体充满了灵动的张力，气韵生动，采用满彻工艺与榫卯结构，运用高浮雕、圆雕等多种工艺手法，无须过多的华丽词藻来修饰，是一件真正意义上凝结了文化、工艺、材质多面合一的实用艺术佳品。

金丝楠鸳鸯双人床带双床头柜

规格：280厘米×213厘米×110厘米

这件金丝楠鸳鸯双人床，采用榫卯工艺，满彻制作而成，整体用料非常扎实，细节考究，雕工精美。床头靠背略带弧度设计，躺靠舒适，正面为鸳鸯戏水图，更辅以多种传统纹饰和图案作为装饰，华丽复古，气韵十足；床体大量采用珍贵的虎皮纹面板，侧面床箱体各有双抽屉，设计精巧大方，实用性强；床尾设计简洁明快，雕刻花鸟纹饰，整件双人床细节处理完美，各个角度都渗透着浓浓的复古气息。床头两侧配双抽屉床头柜，便于家居杂物的收纳与规整，带来整洁大方的居室空间。

香雅居

楠

三 桌案类

明代金丝楠独板双牙板券口八仙桌

规格：长88厘米×宽94厘米×高84厘米

以金丝楠木制，色泽沉稳，包浆淳厚。系明代晚期所制，一切部件，皆为原装古制。难得之处，为所选桌面并非打槽装心，而是"一块玉"整料没有大边，下穿双带支撑。而且通体一木一器，面板、桌腿、牙板所有原料皆为一根大料所制，所有料都带水波纹，绸缎般的丝绒质感。边抹冰盘沿上部平直，上舒下敛内缩至底起窄平线。束腰与牙板以抱肩榫与腿足及桌面结合。牙子以下安枨，与圆腿足相接。牙板浮雕卷叶纹，姿态飘逸，中间放置分心花，使得重心重回中分点。四腿修长，侧脚收分非常明显，克服近大远小的视觉误差。方桌妍秀清雅，轻盈稳固，比例匀称至臻完美。是优秀的金丝楠材质与精研做工的完美结合，堪称明式方桌典范。其款式在所有书籍中未曾相见，双牙板一木挖制，此物为笔者2006年在友人处一见钟情，高价购得。金丝楠素胎家具在明代非常罕见，因为其材规制极高，百姓禁用，如此料极大，又有很强的文人气息的藏品实在是少之又少。

民国时期金丝楠独板写字台

规格：长123厘米×宽63厘米×高84厘米

写字台是现代的名称，传统的称谓叫作褡裢式书桌。褡裢是昔日我国民间长期使用的一种布口袋，通常用很结实的家机布制成，长方形，中间开口。里面放着纸、笔、墨盒、信封信笺、印章印泥、地契文书、证件账簿……都是处理文牍的用具。过去的商人或账房先生外出时，总是将它搭在肩上，空出两手行动方便。就是挎包的意思。但褡裢式书桌还是书桌，有四个腿，分布在四个角上，而写字台是用两个柜体替代了腿足，结构上略有区别。

此写字台由带抽屉的桌面和两个独立柜体构成，整体可拆分为三块，故又称三拿式书桌，是由明式抽屉桌和架几案衍变发展而来。此写字台通体金丝楠木制作，上面搭平直的屉箱做桌面。桌面攒框镶独板，满雨滴纹，与架墩两面对开，通体素面。桌面箱体上下由榫结合，正面设抽屉三具，中间一具稍大，两侧略小，对称和谐。屉面设有铜质拉环，左右两侧屉下各安有小柜。柜内设抽屉一具，屉面设有铜质扣手。写字台门板背面贴有一张名签，作为重要的年代凭证，整体造型稳重大方，做工考究脱俗，具有很高的艺术价值和收藏价值。

老金丝楠圆对桌角桌

规格：直径120厘米×高86厘米

由两个半圆桌构成，通体金丝楠木制。桌面不攒框一块玉独板面心，一木对开，纹理完全一致，满山水纹，有束腰，牙条呈弧形外撇，浮雕竹节纹，边起阳线，与腿部阳线交圈。腿牙采用插肩榫结构相连，腿中部雕如意云纹，卷叶式足，下踩托泥。此桌古雅朴实，工艺精湛。放置客厅一角，使整个房间显得典雅尊贵，别具一格，实为家具精品。

满彻瘿木独板画桌

规格：长150厘米×宽75厘米×高80厘米

此画桌呈长方形，明式家具中的抱肩榫结构。最大特点就是满彻瘿木，大边，面心，腿子，牙板全部都用瘿木制成。这种规格的树瘤可真是非常难得，而且能够凑够一套的料，确实够费心血的。桌面攒边打槽装独板瘿木，面沿上舒下敛压边线，高束腰，直牙条起阳线延伸至腿足。四方直腿内侧用霸王枨与桌面相连，内翻马蹄足遒劲有力。整器线条硬朗，光素不加修饰，制作考究，格调高雅，稳重不失俊秀，华美不失质朴，韵味纯真古朴。

金丝楠嵌瘿木百灵台

规格：1.67米×1.67米×0.87米

桌面分上下两部分构成，上部可旋转，攒框嵌圆形独板金丝楠木装板心，下部外围攒框嵌十二块扇形独板瘿木包边。面下置挂牙，边抹混面线角，牙条雕花草纹。桌底以一整料竖枨与腿部绦环板相交，横枨六面按透雕螭龙纹站牙。桌配金丝楠官帽椅九把，此金丝楠大圆餐桌套件整体雕刻纹饰，内容丰富，刻画细致入微，布局清晰得当，其圆润、流畅的线条，既富丽华贵又具浓厚的生活气息，体现了中国传统文化之美。此桌由笔者亲自设计，根据乾隆《是一是二图》中的葵角圆桌改造而成。此形制为百灵台，上下都可旋转，可放置一个金丝楠转盘，一是便于拆卸，二是可供转桌娱乐，需要固定时卡住即可。

金丝楠带暗锁梳妆台

规格：长150厘米×宽70厘米×高192厘米

金丝楠木制，线条温婉。此物有笔者精心设计的三个暗抽屉，在正面是打不开的，有几个木质的机关，才能打开中间所藏的暗抽屉。整体可分为上下层，上置镜，可拆卸，镜面顶部浮雕花卉纹饰并突出于柜面，沿下攒灯草线框并浮雕花卉。镜屏呈歇山顶式，中嵌玻璃镜，周边雕镂花卉纹饰。镜下凸出台面，配有抽屉左右各一，可放置胭脂水粉等物件。台下有三层抽屉两列，中间做凹三层抽屉一列，底座收成壶门式，雕镂花卉纹饰。下承八条内弯狮爪足，造型稳重。此梳妆台整体做工考究，细致美观，繁华中不失自然。

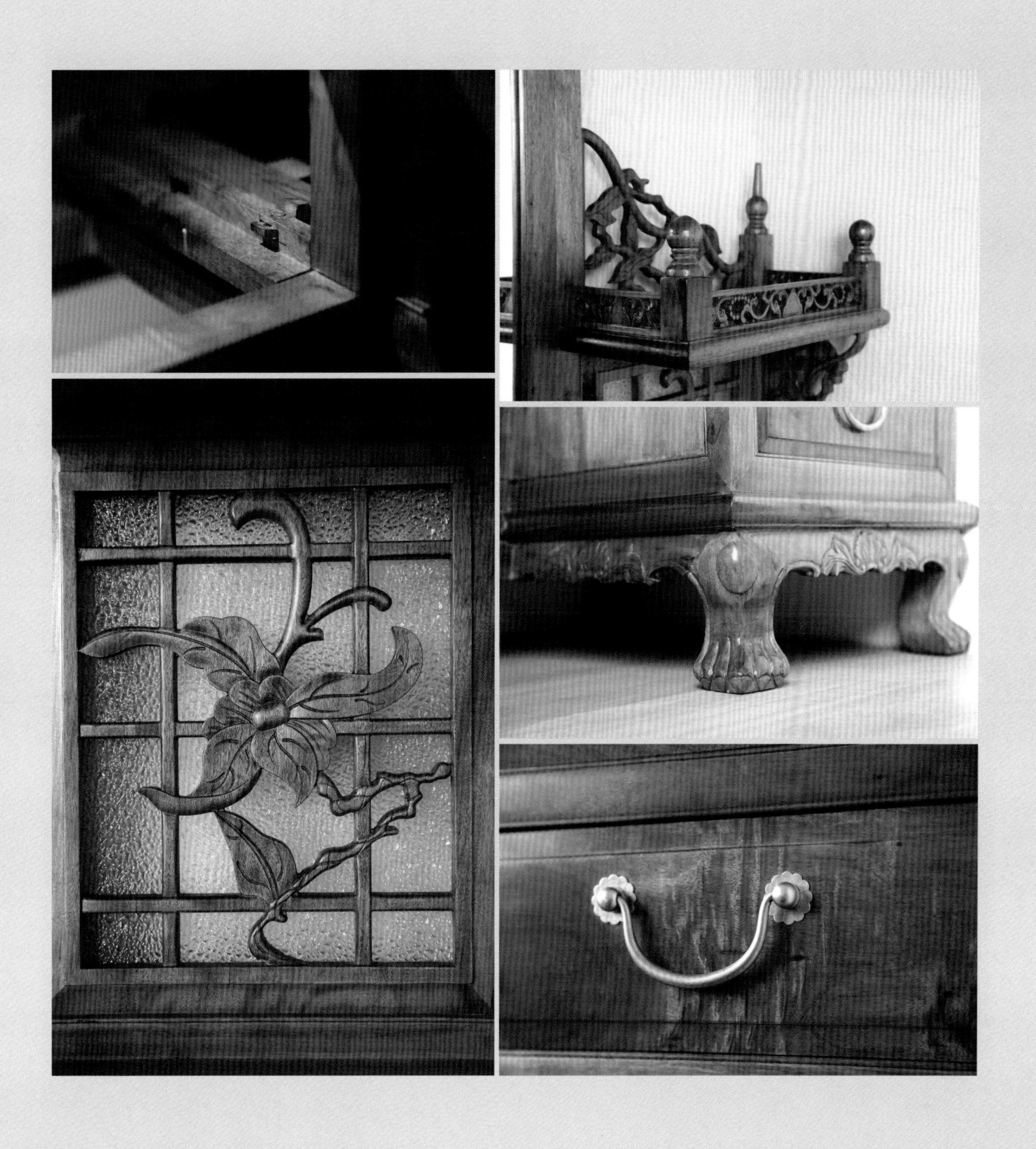

金丝楠雕荷花画案

规格：长220厘米×宽105厘米×高86厘米

此画案通体选优质金丝楠木为材，案面攒框镶板，板材宽大，边抹圆润。案腿壮硕，外翻马蹄。整体结构精巧，用料极其讲究。面下高束腰，四边围板浮雕荷花，牙板与腿内侧起阳线，外翻马蹄，由一木制成。雕刻工艺精细，线条挺拔、硬朗，地子平整，打磨光滑，干净利落。是明清宫廷典型的木器制作风格，为宫廷用器，极具收藏价值。

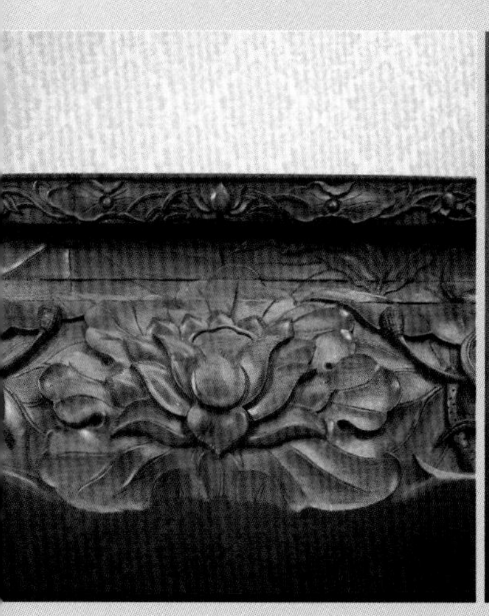

知行合一
四序佈祥光百花呈異彩
一堂占瑞氣五桂放奇香

金丝楠雕灵芝中堂四件套

规格：长69厘米×宽50厘米×高112厘米（太师椅）

中堂家具为历来大家之厅堂上必备的最重要家具，无论王公贵族还是文人雅士，厅堂是待客重地，一家之门面。此组中堂由条案、八仙桌、太师椅组合而成，材质均为金丝楠木。按传统定式手工打造，以灵芝为主题，象征如意绵绵。灵芝雕刻栩栩如生，整体案面均为独板金丝楠，条案上翘，用料讲究，做工精细，给人以古朴宁静之感，极为可贵。

金丝楠雕龙炕桌

规格：长80厘米×宽36厘米×高16厘米

此炕桌通体取材金丝楠木制，桌面格角榫攒边平镶三板为面心，边沿洼面起阳线，用束腰浮雕云纹，牙板四面雕双龙戏珠纹，云龙纹修饰牙角。纹饰雕工复杂且精细，榫卯构造匀称严谨。足部翻卷如意云龙纹，选料考究，繁简相宜，古朴典雅，浑然天成，具有极高的艺术性。

金丝楠独板大茶几

规格：长160厘米×宽85厘米×高67厘米
此茶几呈案形结体，几面四角攒边框，内沿裁口，镶独板面心，不仅独板大，而且纹理突出，布满雨滴纹和龙胆纹。编织细密，制作规整。腿与几面沿齐平，为四面平式。牙板呈素面圆弧形，腿足与四边牙条平齐。整体造型简洁大气，端庄素雅，比例得当，工艺精湛细致。此几造型虽简，却颇具余韵，古朴有度，自然浑厚。

金丝楠独板水波纹连三橱

规格：长195厘米×宽48厘米×高95厘米

案面攒框嵌装独板，案形上翘头，对称浮雕卷草纹极其圆熟。两扇对开水波纹柜门，各镶铜錾花镀金合页及面叶，制作亦是颇为精致。三个相连的抽屉，屉面起阳线围合倭角矩形开光，亦呈现水波纹理，并安置铜质拉手。四腿直下，足间饰牙条装板。整器可谓精工而趣味淳朴。此件连三橱即可做佛堂供案，又可摆放书籍物品，大气而又实用。

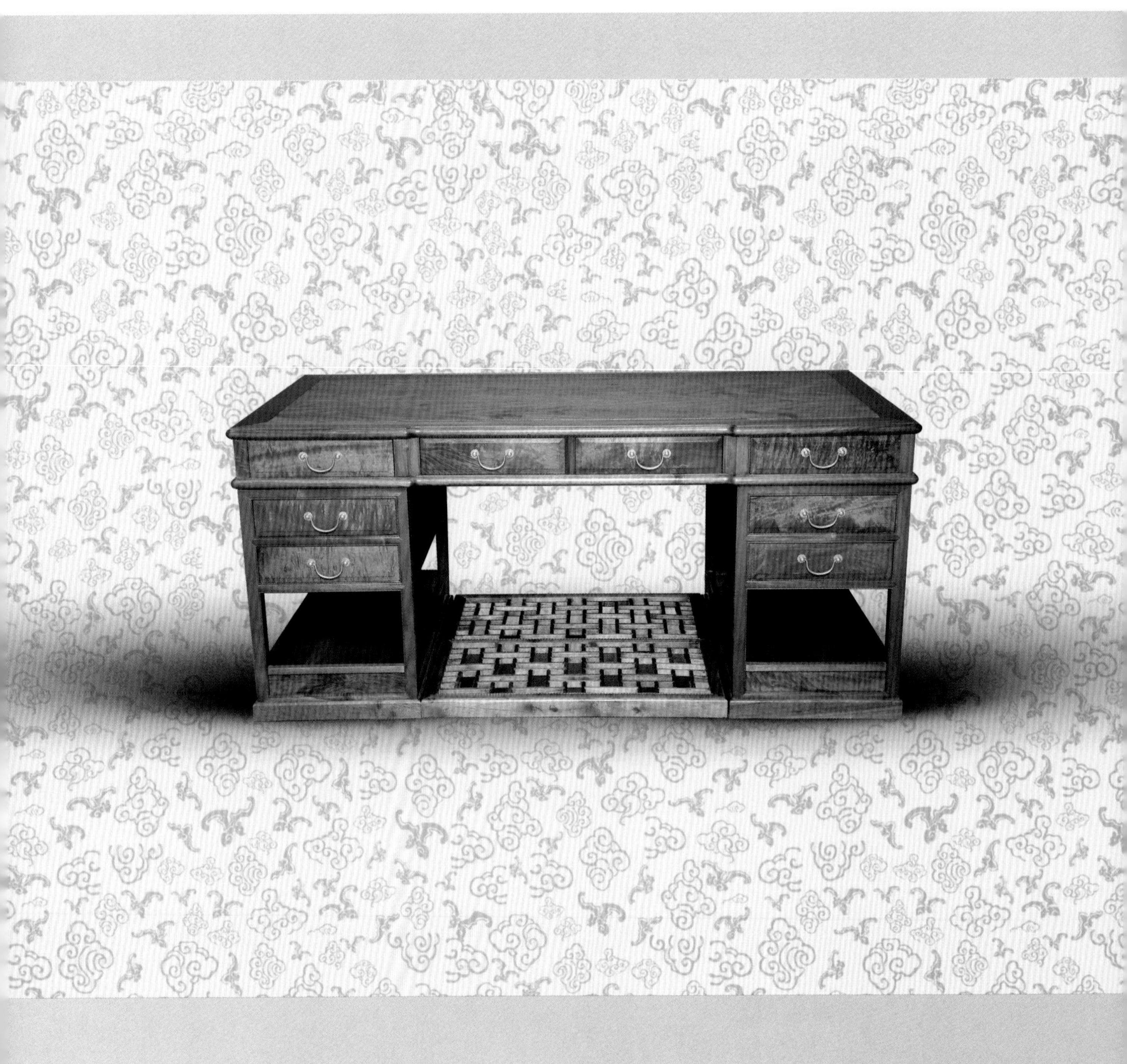

金丝楠虎皮纹写字台

规格：长142厘米×宽72厘米×高82.5厘米

金丝楠木为材，结构巧妙、复杂，为左右插榫组合式。分为连屉台面、左右边箱、独立脚踏四部分。台面以暗榫攒三连框，嵌独板。虎皮纹理清晰，与边框质感迥异。台面边沿打棱斜收，打洼内敛。台面下设四屉，可自由抽拉。两侧台架上各设两屉，屉面起阳线围合倭角矩形开光，呈现水波纹理，并安置铜质拉手。方才直腿，推荐设横枨，其内以短材拼接相连，加以固定。下设有踏脚为矩格纹，此桌造型以架几案为原型设计，色泽幽宁沉稳，形体方正，颇为庄重大气，气势恢宏。

明代金丝楠云头翘头案

规格：长175厘米×宽50厘米×高92.5厘米

明代金丝楠云头翘头案，此翘头案为金丝楠独板案面，两端装小翘头，轻盈上扬，腿与案面为夹头榫相接。平整光洁，纹理优美，虽历经四五百年，仍然金丝闪烁。起冰盘沿线脚，洼面云头夹榫牙板，外撇扁方直腿，足承横跗，腿足间以挡板替枨，镂空夔凤图案。整体造型及纹饰古朴大气，打洼起线作工精细，双腿侧脚收分明显，为典型的明代苏作仿古案式标准器型。

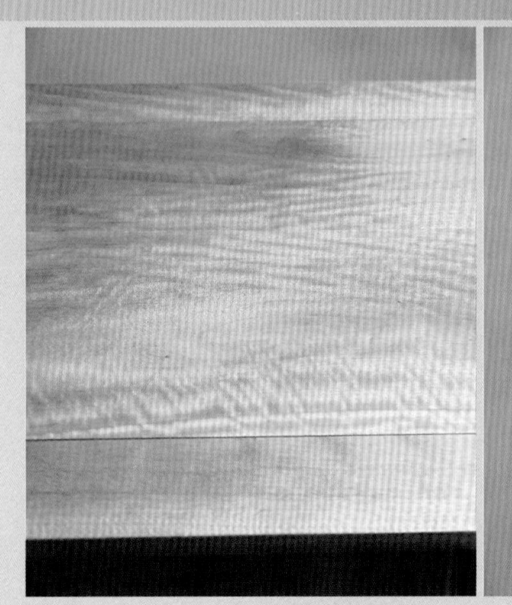

金丝楠连二橱

规格：长120厘米×宽50厘米×高90厘米

橱面攒框镶板，三条带以透榫贯穿前后大边，承托板心。台面两端平装翘头向外翻卷，冰盘边沿，无束腰，腿柱直抵橱面，直方腿倒角，坚固实用。两侧各置一抽屉，壶门光素，贴雕花券口，装铜制素面拍子、插销、吊牌。饰光素牙子。此联二橱，形体别致，端正朴实，浑润柔和，为典型明式风格。且通体为金丝楠木精作而成，前装心板和案面都为金线纹的金丝楠更为珍贵。

金丝楠满水波纹小平头

规格：长90厘米×宽45厘米×高82厘米

此平头案通体以金丝楠木为材料。桌面攒框镶独板满水波纹，冰盘沿上舒下敛至压边线，无束腰，四腿之间镶有直牙条，牙头镂雕卷式纹。侧面两腿间有两根直枨连接。方腿直足。平头案并无任何雕琢，取自然纹路作为装饰，色泽优美，造型古朴大气，比较罕见。

金丝楠嵌珐琅平头案

规格：长96厘米×宽40厘米×高78厘米

面心平镶整块掐丝珐琅，线条均匀密实而有条不紊，观之赏心悦目。底部加穿带，下加浮雕卷草纹挂沿，纹样连续有韵律感，构思巧妙；束腰浮雕卷草纹，枝叶舒展，花姿婀娜，玲珑剔透。四直腿间置壶门型牙板，牙板满饰卷草纹。腿足间起阳线，底承内翻回纹足。此案金丝楠满彻，器型线条俊朗，形制简约，纹饰精美，构图细腻，雕工犀利，打磨圆润，是艺术与工艺的完美结合，值得收藏与品鉴。

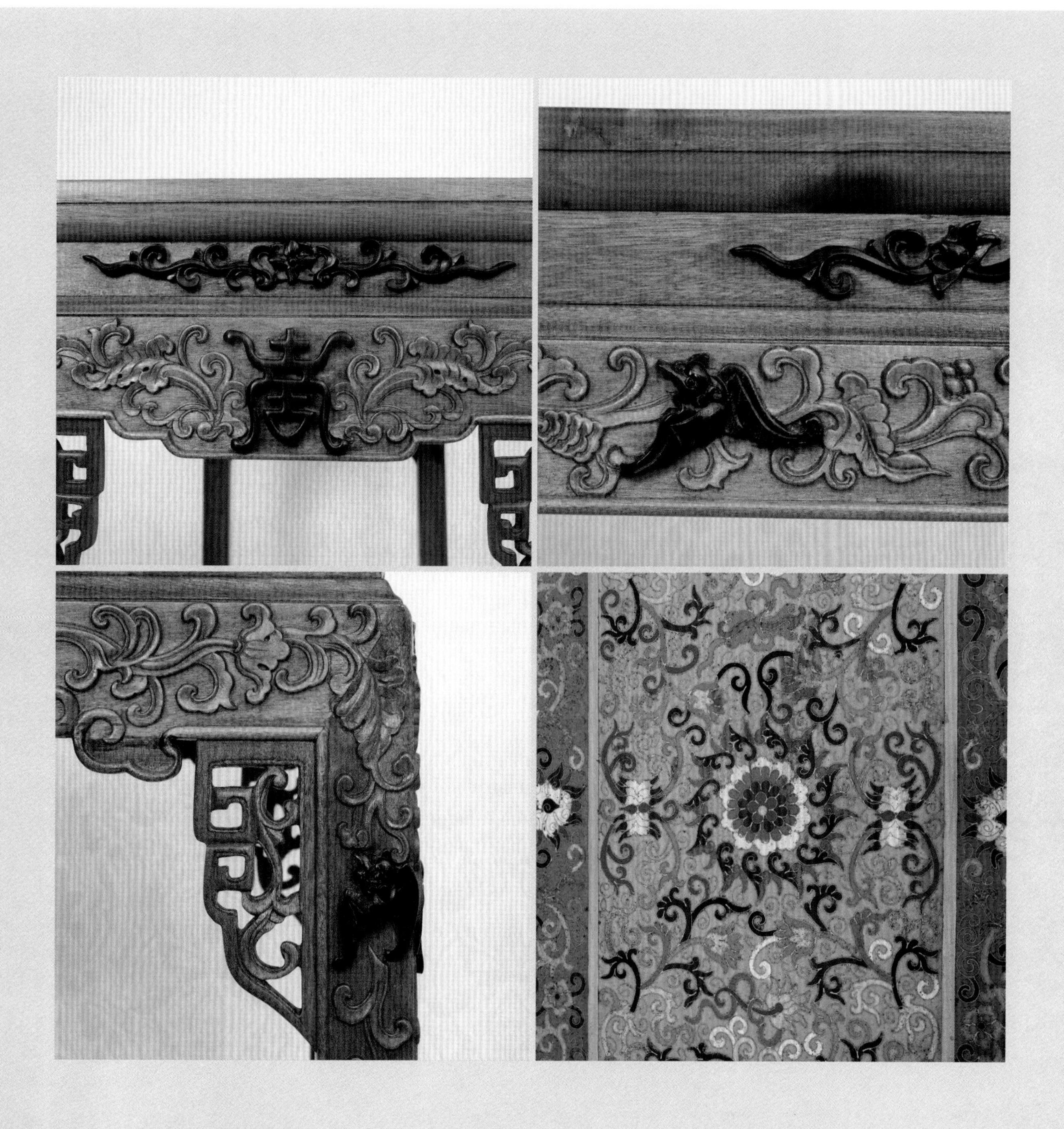

金丝楠嵌乌木雕龙画案

规格：长220厘米×宽105厘米×高86厘米

案面攒框镶板，面板满布极具韵律感的金丝纹理。除案面外通体以云纹为地，在云纹之上嵌乌木满雕蟠龙图案。案腿壮硕，方腿直足，其上亦制作龙纹装饰。四边围板浮雕云龙纹，雕刻工艺精细，线条挺拔、硬朗，地子平整，打磨光滑，干净利落。整件作品充满了灵动的张力，雕工精致，气韵生动，采用高浮雕、圆雕等多种工艺手法。用材厚重，工艺精湛，显得雄伟凝重，同时也更显雍容大气。是一件凝结了文化、工艺、材质多面合一的艺术珍品，凝聚了工匠和设计师的心血，极具收藏价值。

金丝楠嵌阴沉木对桌

规格：直径90厘米×高80厘米

此对桌金丝楠木制，由两个对桌构成，呈六边形。桌面攒框嵌独板阴沉木装板心，水波纹从不同角度欣赏，抑或呈现出不同的图案。面下置挂牙，边抹混面线角，牙条雕高古青铜纹饰。腿下踩六边形托泥。整器虽素雅但方直有度，圆润相间，极尽简练、传神，小巧不失稳重，成对出现，可谓佳器。

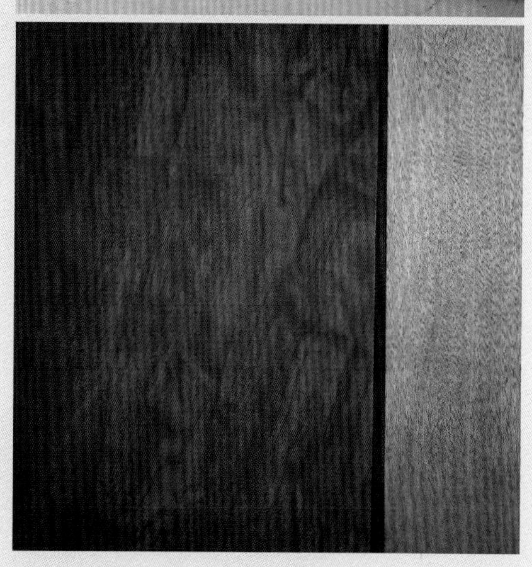

金丝楠狮子滚绣球圆桌带鼓凳

规格：直径95厘米×高82厘米

桌分上下两部分构成，桌上部可旋转。桌面攒框嵌独板瘿木装板心，置挂牙，边抹混面线角，牙角透雕花草纹。下部底盘饰六等分扇面形透雕绦环板，底盘中心置立柱，绕立柱匀置三块圆雕狮头。底盘带束腰，下置云芝纹足。桌配鼓形五凳，凳面攒框镶独板瘿木心，牙板浅浮雕狮子滚绣球纹，面下收大圆边，打洼起阳线收束腰，鼓腿彭牙，以插肩隼连结牙条和凳腿，以方材做五腿，腿两边沿贯连至牙条起阳线，最下端向内钩起连结托泥。此套金丝楠桌凳做工精细，造型古朴稳重，线条流畅优美。实属不可多得的佳作，具有极高的审美收藏价值。

瘿木独板架几案

规格：长202厘米×宽43厘米×高90厘米

通体瘿木制成。用料非常夸张，如此大的瘿木举世罕见，要知道瘿木是瘤子切割而成，直径近两米的大树才会有如此大的独板规格。通体一木连做。案面置于几上，宽度与几相同。案面用独板瘿木整板，瘿木花纹密若繁星，就像是一架架丰收的葡萄，选料甚精，制作考究。作“四面平”式样，几子中部设抽屉一具，饰以圆形铜质面叶及铜拉环。直腿落于带龟脚之托泥上。几腿、几面、枨子里侧边缘沿边起线装饰。线条棱角，爽利明快，是一件工料精良而又较罕见的明式家具。

瘿木方桌五件套

规格：长95厘米×宽95厘米×高83厘米（桌子），长48厘米×宽48厘米×高50厘米（椅子）

餐桌五件套，皆为满彻瘿木，全部独板。所有构建全部为瘿木所制，这非常罕见。瘿木在选料上难度太大，大瘿子难免避不开一些包在花纹中的夹皮。所以能有品相完美，花纹瑰丽的家具套装更为难得。桌面以格角榫攒边平镶面心，冰盘沿缓缓下敛，壶门式牙条，边起灯草线与腿足相交，层次分明，于腿足上端斜向安装牙头，支撑边抹格角相交之处。四腿间装霸王枨，起加固作用。方腿直足，内翻马蹄，装饰素雅，充分体现了明式家具含蓄内敛的风格。整器简洁不施赘饰，结构坚固，纹理之美体现得淋漓尽致。

花梨框嵌金丝楠独板琴桌

规格：155厘米×60厘米（面心板）；155.5厘米×58厘米×77.5厘米（琴桌）；42厘米×32厘米×46厘米（琴凳）

琴桌以缅甸花梨为框，中间镶嵌金丝楠独板面心，花梨木沉稳的色泽与金丝楠面心的熠熠生辉形成鲜明对比，给人更舒服的视觉效果。线条简洁明晰，自然、纯粹，内秉古代贵族精神，无矫揉造作，古朴、大气。满面水波纹，如同春风吹拂着静谧的水面所泛起的层层涟漪，动静相宜。水波颤动，灵动自然，抚琴之上，妙音共鸣，清亮绵远。

专用琴桌，设计尺寸严谨，琴桌与琴凳保持合适的高度差，以两膝能自然弯曲于桌面下为宜，便于演奏技巧的发挥，且以小臂平行于琴面的上方为宜，手臂挥动自如。

金丝楠海水龙纹画案

规格：长196厘米×宽98厘米×高85厘米

这件画案采用高浮雕雕刻水龙纹，金丝楠材质满彻满工，用料极为扎实厚重。画案整体风格稳重大气，体积庞大，画案案面攒格，四框攒边并嵌入面心，整体质感金丝闪耀、流光溢彩，并伴有水波纹、虎皮纹纹理。此案有束腰，因此采用抱肩榫结构，这种结构斜肩交合并非板面，而是面下的牙板，以辅助腿足支撑案面。其腿足向外弯后又向内兜转，与鼓腿彭牙式相仿，两侧足下与托泥相连，托泥中部向上翻出海水江崖纹云头。此画案除桌面外，通体雕刻水龙纹，高浮雕的工艺凸显立体质感，水龙好似翻腾而出、踏浪而至，线条硬朗、挺括，地子打磨到位，平整光滑，利落大方，可见匠人的刀法精湛，功力深厚。此画案整体硕大，用材奢华，纹饰繁复，工艺超群，显示出稳重、大气、雄浑的气势，造型上吸收了带卷书的几形结构，在画案中较为罕见，具有典型的清代家具特征，堪称上乘精品，自留珍赏。

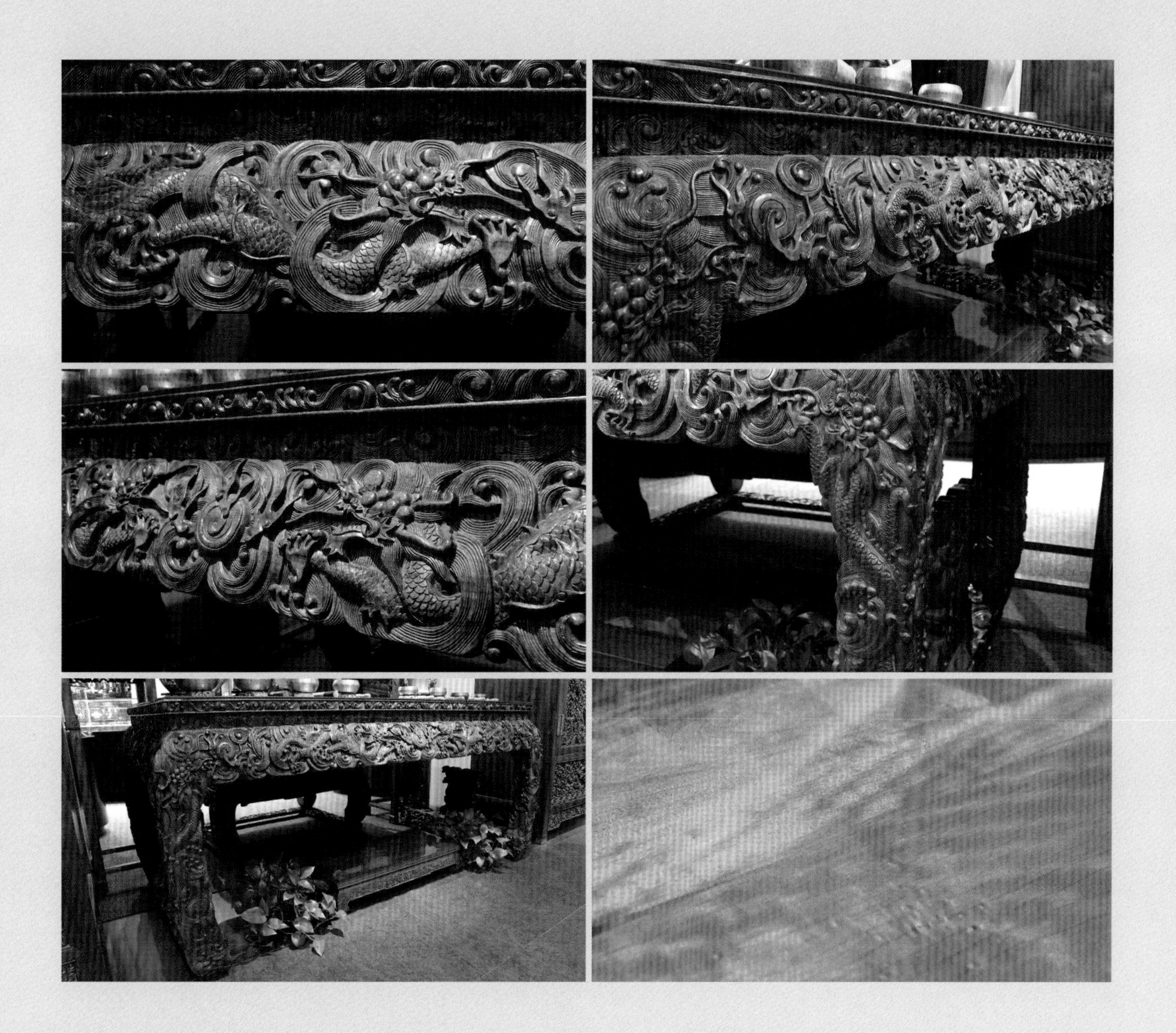

金丝楠成对水波纹半月桌

规格：长80厘米×宽40厘米×高80厘米

半月桌，古称“半圆桌”，其灵活、秀气，不仅合并起来和圆桌有一样的用途和效果，还以它独特的结构达到便于拆分的特点，使得在空间上得以合理利用。半月桌平时可分开对称摆放，多在寝室和较小的场合使用，可靠墙或临窗，上置花瓶、古董等陈设品，别有一番风味。此件半月桌可拆分为圆桌或半桌，面板采用满水波纹金丝楠制作而成，腿足不直接接地，底部为托泥承接，托泥之下还有小足，以增加拆分之后的稳重之感。半月桌虽然是在圆桌的基础上衍生的家具，但是它和圆桌相比，更加美观、实用。其独特形制，如半空的月亮，代表着祥和、宁静，优美的造型又从视觉上带给人全新的享受。在古代，半圆合成的圆桌，有阖家欢乐、夫妻团聚之意，如果家中的男人外出后，妻就将桌子分成两半，表明男主人不在家，不宜接待外人，因此半月桌也承载着坚守、忠贞等美好品质，素有“花好月圆桌”的美称。

清代·金丝楠喜事盈门架几案

规格：长232.5厘米×宽69厘米×高80.5厘米

架几案是案的一种，是一种狭长的家具，架几案名称中的“架几”二字，可谓十分形象。架几案是几与案的组合体，“架”是指两几共架一块案板，其特点是两头几子与案面不是一体，而是分体的家具。架几案既不用夹头榫也不用插肩榫，可随意拆卸，装配灵活、搬运方便。这对架几案案面长度达到2.3米，两端由两只几架起案面，造型硬朗，气势宏大，整器光素无纹饰，彰显金丝楠的醇厚质地。两个几子上方各有两具抽屉，不仅实用，也起到稳定牢固的作用，而且在视觉上增加稳重之感。几子下方加枨子四根，加槽装板心，形成的面格可用于置物。

整套架几案最大的特点莫过于案面由清代遗存的金丝楠门板制作而成，两扇门板是笔者于2019年8月在四川考察期间寻得，为清代遗存至今。图中可以看出案面完全保留了门板原始的架构，四边攒框嵌入面芯板，结构清晰完整。整扇门板做工考究，用料扎实，金丝楠色泽古朴凝重，金丝清晰可见，纹理行云流水，用料之精，保存之完整，实属难得。这套架几案有着浓重的历史印记，通过再设计和加工，让旧物焕发新姿，不仅是物质的传承、时间的磨砺，更是一种对传统信念的坚守和执着。

清代·金丝楠虎皮纹圆包圆架几案

规格：220厘米×100厘米×81.5厘米

架几案是清代常见的家具品种，一般体形较大，其上可摆放大件陈设品，殿宇中和宅第中厅堂常摆设这种家具。它的形制与其他家具不同，由两个特制大方几和一个长大的案面组成，使用时将两个方几按一定距离放好，将案面平放在方几上，“架几案”由此得名。架几案主板较厚，是为了适应承重的需要，其开始盛行是在入清以后，现存明代历史资料未见架几案的形象，因此架几案应是入清后才出现的新品类。

这款金丝楠虎皮纹架几案，以架几案为原型设计制作，采用圆包圆形制。圆包圆家具，是仿效竹家具的制造工艺逐渐形成的一种造型样式，要用“裹腿枨”。在圆腿家具上，枨子将朝外的棱角倒去，做成混面（圆弧面），两根枨子在转角处相交，四面交圈，枨子表面高出腿足。这件架几案以金丝楠木为材，结构巧妙、复杂，为左右插榫组合式。台面以暗榫攒四连框，嵌虎皮纹面板，四拼板，虎皮纹理宽大、清晰，且为同料所制。边框同为虎皮纹质感，错落有致，令人赏心悦目。台面边沿打棱斜收，打洼内敛，台面下设四面格，可作置物之用。圆形的腿足被圆混面的裹腿枨、垛边所包裹，边抹倒棱做成混面。从侧面看，圆形的腿足被圆弧形外轮廓的边抹、垛边、裹腿枨一层层包裹，榫卯结构精巧、严谨，令人赞叹。此架几案造型古朴而不失新颖，金丝楠木用料考究，天然的色泽幽宁沉稳，虎皮纹纹理秀美多变，整体风格庄重大气，气势恢宏，尽取古义，表里如一。

金丝楠水波纹圆桌配凳

规格：直径90厘米 × 高82厘米

圆桌是厅堂中常用的家具，通常一张圆桌和五至六个圆凳或坐墩组成一套。圆桌一般属于活动性家具，常用以待客或宴饮。圆桌在明式家具中并不多见，如今所能见到的多为清代制品。明清圆桌常常由两张半圆桌拼成，也有整面的折叠圆桌和独腿圆桌，半桌的造型灵活实用，优美的造型又从视觉上带给人全新的享受。

图中展示了一套金丝楠水波纹圆桌六件套，这套圆桌是厅堂中常用的家具，一张圆桌和五个圆凳组成一套，陈设在厅堂正中，颇显雅观。其面板为满水波纹双拼而成，纹理大气磅礴，金光熠熠，灿然生辉。桌面边沿为冰盘沿，面下有束腰，牙板之上的弧面浮雕卷草纹，腿足为插肩榫，三弯腿外翻马蹄，足部为卷草纹。圆桌配以五件圆凳，凳面均为满水波纹纹理，与圆桌风格协调统一。整套桌凳用料考究，金丝璀璨夺目，水波纹波光粼粼，造型繁简相宜，远观其风格别致，大方得体，近看纹饰统一，细节考究，实用玩赏两相宜，是不可多得的佳品。

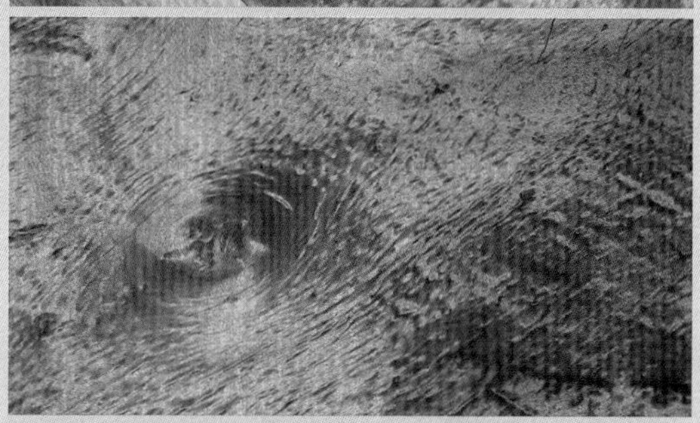

金丝楠嵌瘿木独板茶桌

规格：长120厘米×宽60厘米×高79厘米

这款金丝楠茶桌，择良木而作，满彻工艺，案面四边攒边嵌独板瘿木，用料体量极大。无束腰，圆柱形腿足与面板相连，以罗锅枨固定四腿和支撑桌面。所谓罗锅枨，即横枨的中间部位比两边略高，呈拱形，或曰“桥梁形”。罗锅枨与桌面直接连接，中间无矮柱，也俗称矮老。罗锅枨的造型，在结构力学上的意义并不大，之所以这样做，目的是加大枨下空间。这件茶桌更无矮老结构，因此枨下空间进一步加大，增加实用功能的同时，茶桌整体更显紧凑干练，同时又打破那种平直呆板的格式，使家具增添艺术上的活力。

瘿木广泛应用在中国传统古典家具中，但因为木料非常稀有，所以常用作镶心板。这款茶桌就使用独板瘿木作为心板，更采用古典家具中攒框装心的制作手法，利用榫卯技艺将木材组合成边框结构，然后在边框中间镶嵌瘿木板，增加观赏性之余，更把天然之美发挥到极致。整块镶心瘿木板花纹密布，纹理行云流水如花团锦簇，又好似一潭碧水涟漪无尽，具有很高的观赏价值。整件茶桌选料甚精，制作考究，整器线条硬朗，光素不加修饰，格调高雅，稳重不失俊秀，华美不失质朴，韵味纯真。极致大料，又大又完美无瑕，是为不二珍品。

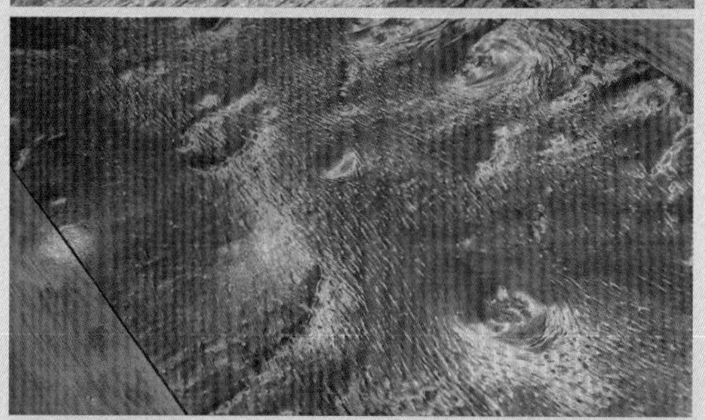

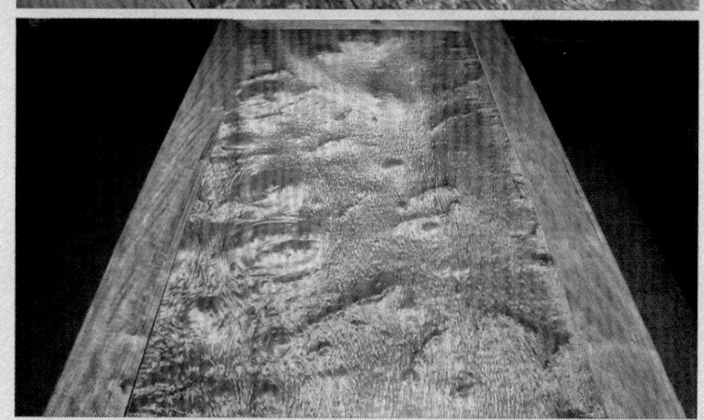

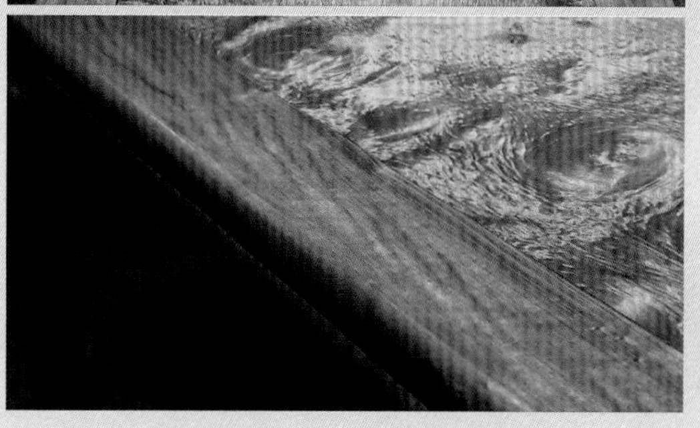

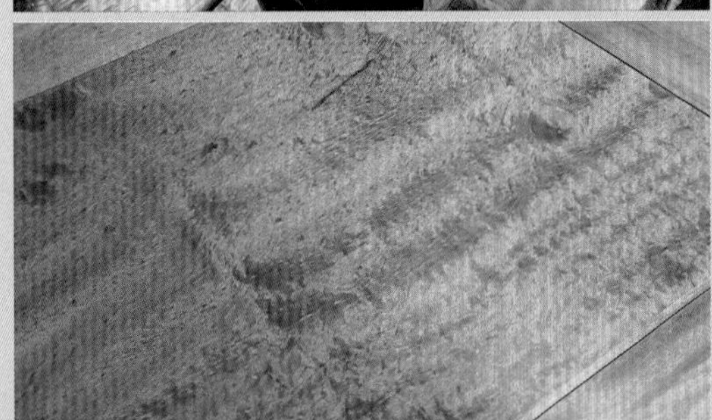

金丝楠宋式茶桌配梳背椅

规格：长162厘米×宽67厘米×高87厘米（茶桌）

这套金丝楠水波纹茶桌配一桌六椅，七件成套，制作工艺精良，全部以静谧巧妙的榫卯结合部件，整体为全素面做工，无任何雕饰，着重体现金丝楠本身的纹理和色泽，有着宋式家具的典型风格特点。

茶桌整体造型稳重、大方，比例尺寸合度，轮廓简练舒展，案面四边攒边嵌满水波纹独板，边框四棱见线，独板尺幅巨大，选料极为讲究，光线之下，波光嶙峋，金光毕现。茶桌牙板呈半圆型，高度控制合理，与桌面和腿足契合严丝合缝，并留有合理空间。方腿足不直接落地，下设托泥，结构稳固，尽显沉稳之气。此件茶桌风格简练优美、功能合理，以线和面的完美结合将形制和功能诠释得淋漓尽致。

六把扶手椅全部由金丝楠水波纹材质制作而成，形制为梳背椅。靠背像梳子一样的造型，方正笔直，简约干练，与桌案风格统一。椅背与人的脊背高度相符，后期会搭配靠包，提高舒适性。攒格椅盘，四框攒边并嵌入面心，面心为独板，圆腿足为一木做成，椅面下方设有罗锅枨，中间有矮柱连接，起到稳固支撑的作用，腿间管脚枨为步步高升枨。六把扶手椅虽然造型相同，但水波纹极富变化，椅面更是给人以流动之感，好像静谧的湖面，又好似翻腾的海浪，令人目不暇接。

整套水波纹茶桌设计语言简约、实用，以简单的线条和组合造型，给人以静而美、简而稳、疏朗而空灵的艺术效果。并且在保证功能性的同时，将材质的天然之美展现得淋漓尽致，素雅端庄的造型配合金丝楠天然的色泽和纹理，朴素而不简陋，精美而不繁缛，全无矫揉造作之弊，体现出了雅的品性和境界。

楠香雅居

四 椅凳类

金丝楠荷花宝座

规格：长115厘米×宽115厘米×高95厘米

以故宫藏紫檀荷花宝座为原型。以荷花为题材，采用了圆雕和深浅浮雕等手法制成，再现明清木雕工艺之华丽奢繁。座面攒框镶独板，脚踏面浅雕荷花造型，全身布满用荷花、荷叶、枝梗及蒲草构成的图案。雕工精到，刀意圆浑。于整体不失灵动，而细微处更见巧思。翻卷荷叶下透出只只莲蓬，茎秆处细刺纤毫毕现，能传明清家具之神韵。

金丝楠灵芝纹鹿角宝座

规格：110厘米×98厘米×135厘米

宝座全身满饰灵芝纹，沿着牙腿起灯草线，拖泥饰灵芝纹。用材重硕，尺寸宽大。靠背板以卷草纹做底，其上浮雕灵芝图案。配长方脚踏，须弥座式，踏面光素，侧面束腰雕双龙戏珠纹，与宝座珠联璧合。宝座扶手用一对儿天然鹿角巧妙嵌入固定，鹿角的曲线和椅腿膨出的部分相互呼应，对保证支架结构的稳定起了很大的作用。它不仅是一种装饰，而且有承荷重量和加强联结的功能。此宝座整体感觉雄伟巍峨，金丝楠木的皇家气质迎面而来。

瘿木三拼圈椅一对带几

规格：长180厘米×宽55厘米×高98厘米

满彻瘿木制作，以楔钉榫接，两端出头，外拐成圆形手执。背板三弯，撑于椅圈与座盘间，上端两侧带起线弧形窄牙角，后腿圆材，上截出榫纳入圈形弯弧扶手，一般扶手都为五拼，此椅为三拼，用料巨大。下截穿椅盘成腿足，一木连做。鹅脖与前腿间装上细下大的曲形镰刀把。扶手与鹅脖间打槽嵌小角牙。攒格椅盘，四框攒边嵌入独板面心。冰盘沿上舒下敛，至底压窄平线。座面下正面壶门式牙板沿边起线，上齐头碰椅盘下方，两侧嵌入腿足。左右两侧安券口牙子。后方则为短素牙条。前腿间下施一踏脚枨，左右两边及后方安方材混面步步高赶枨，自前向后逐渐升高，寓意步步高升。脚踏及左右两面管脚枨下各安一素牙条。此圈椅外圆内方，造型舒展，线条柔婉，取材精良，靠坐舒适，是明式坐具中最具人性化的设计之一。

金丝楠嵌乌木雕龙屏风宝座

规格：长125厘米×宽95厘米×高110厘米

从亲自设计图纸，筹备木料，到进行手工雕刻，层层打磨，烫蜡抛光，历时千余日，可谓呕心沥血。金丝楠嵌乌木雕龙屏风宝座，雕刻七龙足以，九只满数荧天，念吾年轻，不能自满。屏风雕刻水龙，四层镶嵌，需要错开位置开榫，难极困顿，最终仍然努力解决了这个问题。宝座雕刻云龙，龙体魄雄健，水流通四海。龙翔于彩云之上，人活于尘嚣之中，财隐于流水之下，水接万物，空色大千。

金丝楠沙发十件套

此沙发面板用料硕大，达到204厘米长，稀有珍贵不言而喻。后靠背采用一块整木制作而成，雕刻传统二龙戏珠纹饰，纯手工打造，图案阳起，工艺精湛，十分考究。茶几底足采用的是龟足的做法。直腿内起阳线，向内兜转拐子，下乘龟足，寿龟虽缓却稳如泰山。十件套组成一个整体，华美而不失韵律，正所谓密而不乱。

金丝楠沙发十四件套

每个家庭的客厅都需要精心的布置，作为居室中最重要的场所，一定要有安坐的地方，而沙发则是客厅必备的家具之一。此套图组所展示的为经典金丝楠沙发十四件套。金丝楠包含香气，纹理直而结构细密，不易变形和开裂，为建筑、高级家具的优良木材，历代名家对其木性都极为推崇。与西式的家具不同，金丝楠木的这套沙发套组以传统工艺制作，卯榫结构匠心打造，古韵盎然。以金丝楠长桌为中心，对称摆放了直腿卷书款式的沙发、椅子和茶几，沙发正前方配以金丝楠电视柜，再搭配两个小方凳，整体具备很高的实用和观赏价值。此套金丝楠沙发套组大量采用稀有的虎皮纹面板，辅以传统纹饰和图案作为装饰，金丝灿然，气韵十足。整体裸露在外的楠木框架，强调冬暖夏凉，四季皆宜，而金丝楠的颜色相比红木也更具活力，非常适合我国南北温差较大的国情，深受人们的喜爱。

金丝楠花鸟纹沙发套装

中国家具艺术历史悠久，自从家具诞生以来，它就和人们朝夕相处，在日常生活中起着不可或缺的作用，并成为社会物质文化升华的一部分。随着人们起居形式的变化和历代匠师们对其进行逐步改进，家具已发展为高度科学性、艺术性及实用性的优秀生活用具，不但为国人所珍视，在世界家具体系中也独树一帜，享有盛名，被誉为东方艺术的一颗明珠。家具折射了一个国家和民族经济、文化的发展，并在一定程度上反映着一个国家和民族的历史特点及文化传统。

这套金丝楠沙发为十二件组合而成，分别为三人座一件、单人座四件、大茶几一件、小茶几四件，及方凳两件。形制规整，风格统一，用料扎实，满彻工艺结合全榫卯结构为家具之骨，牢固结实，持久耐用，整套之仪态，有四方八稳之境界。全套沙发设计给人以恢弘气势，雕饰奢华端庄，线条风逸流畅。茶几与座椅的面板均为四框攒边并嵌入面心，面心带有经典虎皮纹路，如影随形，美不胜收，为沙发的庄重沉稳带来一份清逸之姿。靠背板采用花鸟图案并在家具周身配以国风祥纹点缀，包括有回纹、祥云纹、卷草纹、蝠纹、麒麟纹等，样式繁多，美轮美奂。整套家具均为高束腰，下部前后腿为鼓腿彭牙，足部为卷草足，细致考究，技艺超群。金丝楠木性稳定、温和，不翘不裂，冬暖夏凉，香气清新宜人，这套沙发组合以金丝楠为材，将天成之纹与天工之作合而为一，兼具实用性与艺术性，彰显中式家具深厚的文化底蕴。

金丝楠嵌乌木鹿角宝座

此件藏品为元懋翔的精品代表之一，是笔者在20岁的时候亲自设计，这种鹿角椅的制式，一模一样的从未出现过。当时一共做了三把，这是其中一把。金丝楠鹿角宝座，是采用鹿角、金丝楠、乌木精心制作而成的特殊宝座。金丝楠镶嵌乌木，黑色和金黄色相互呼应，形成了鲜明的对比，宝座整体雕刻云纹，乌木黑金闪耀，金丝楠灿然生辉。其两侧扶手系用一只鹿的两支角做成，椅圈的角从搭脑处延伸向两侧，又向前顺势而下，构成扶手，取自然之形态恰到好处。不是每一对鹿角都可以制成鹿角椅，必须弧度和向下倾斜角度一致，而且还要完美对称，方可加工。

宝

五 其他类

金丝楠嵌瘿木画箱

规格：长110厘米×宽40厘米×高38厘米
内外均以金丝楠为材，长方体，箱盖嵌瘿木独板面心。全身光素。正面为如意云圆形锁片，拍子云头形，两侧面安提环。材美工良，整体简洁平整。画箱整体造型文雅，突出一个稳字，深具文人情趣，包浆沉厚，木纹舒展，置之书房，主要用于书画卷轴的存放，极为难得。

老金丝楠佛龛

此佛龛呈四平式，形制规整方正，中部开光，内壁掏空，可用于供奉佛像，此类制式较为独特。龛五面独板，用料很大，对于置放神灵造像，制作者定不惜工本，用最好的原材料制作。整器造型古朴，秀美沉静，品相一流，延用了明式家具造型简约的制作特点。每面皆光素简雅，佛龛的造型，与建筑相似，可谓小物大作，显得格外精巧，稳固又美观。

阴沉龙胆纹雕龙茶海

规格：长194厘米×宽70厘米×高75厘米

茶海形体硕大而以整块金丝楠阴沉木雕琢而成，颇为难得。木质坚实厚重，包浆古朴自然，色泽浓腻，似脂膏可触。台面呈不规则形龙胆纹理，面上浮雕云龙，高低不平，顿增古郁朴拙之气、厚重沧桑之貌。茶海底部镂空雕琢，呈回旋勾连之环状，如古树虬枝，缠绕纠结，饱满有力，似乎可承雨露而发新枝。整体形态高瘦，以镂空技法雕琢，给人些许不羁虚空之感，似欲脱俗尘世凌空而去；然底座外撇，又平添稳重踏实，二者相辅相成，中正平和，正合茶道。木材表面的腐朽风化的外皮被巧妙地制作成火球，颇具烧灼感，霸气外露。云纹配合龙戏珠题材，再配合龙胆纹的纹理，相得益彰。

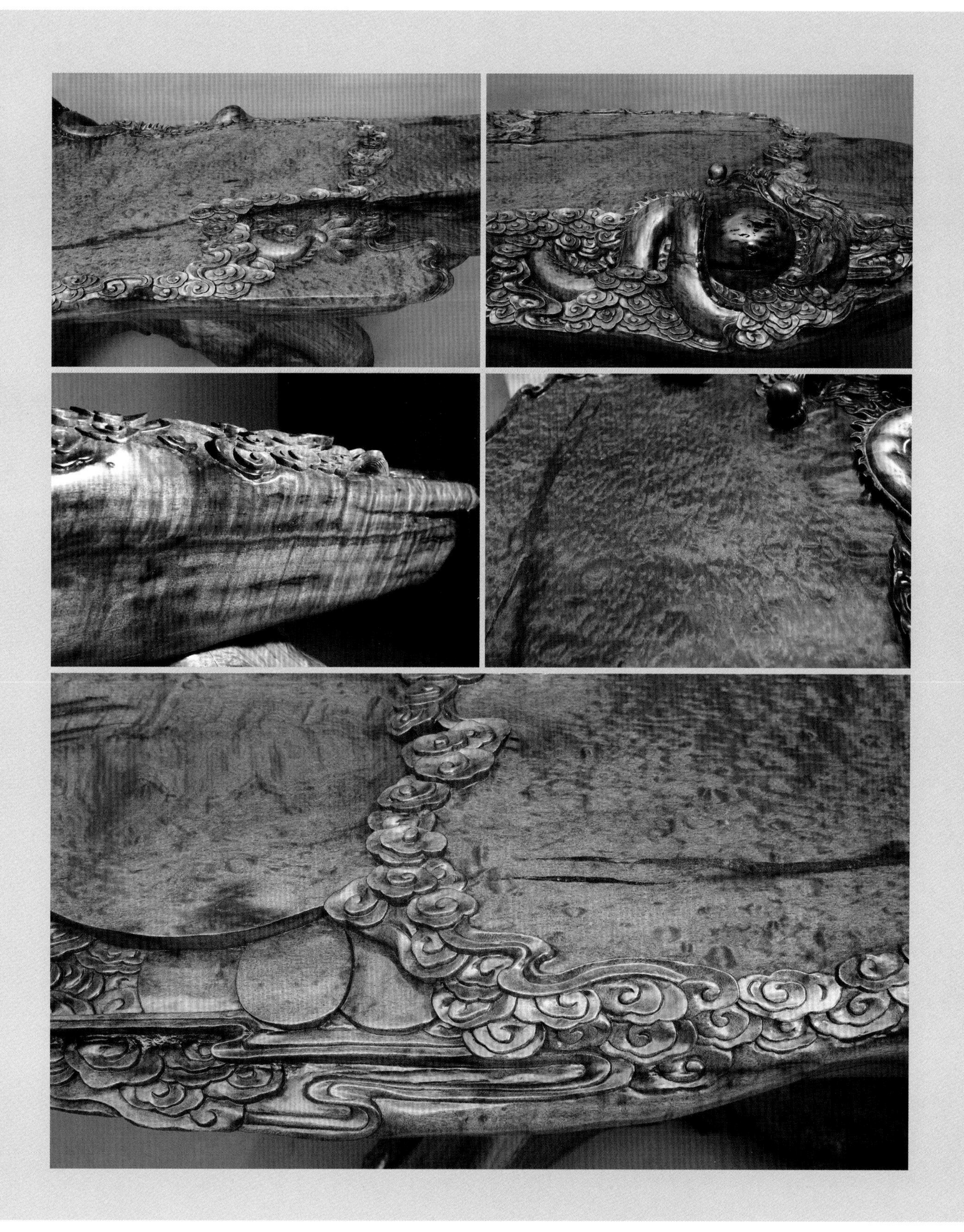

防火卷帘
FIRE SHUTTER

金丝楠蚕丝纹风水柱

中国历朝历代都将金丝楠木视为一种高级建筑材料，专门用在皇家宫殿、少数寺庙的建造和家具制作中。金丝楠木温润如玉，色彩璀璨如金，摄人心魄，具有极高的审美价值和艺术震撼力，“今内宫及殿宇多选楠材坚大者为柱梁，亦可制各种器具，质理细腻可爱，为群木之长”。由于金丝楠木资源本就稀缺，加之需求量大，所以金丝楠在明末时期已砍伐殆尽。历史动荡变迁，大多数金丝楠木家具及工艺品都已经消失在历史的尘烟中，有幸留存至今的古代金丝楠木家具及工艺品绝对是寥若晨星，更显得弥足珍贵。

笔者经营的老品牌元懋翔店内就有多件金丝楠蚕丝纹风水立柱，每一根都保留原材，未做任何加工，只在表面上漆做保护性处理。这些金丝楠立柱都是顶级藏品，灯光之下，根根金丝毕现，瘿子花纹绚丽多姿，水波纹更是如梦似幻，还有一些好似一个个蚕包，又如云朵一般，在曹老师的著作《品真：三大贡木》一书中把这种纹理命名为“蚕丝纹”。从风水的角度来讲，立柱摆件摆在家中有镇宅、辟邪的说法。当下，野生金丝楠为保护物种，老料资源也将消失殆尽，这些原木立柱均为多年的收藏积累，是一份热爱，更是一份情怀，天然之材，大美共赏。

致　谢

本书中绝大多数配图均来自老字号元懋翔的藏品，外出考察的部分也是我带着元懋翔的摄影团队前去摄制的，前后投入了近5年时间，过十万张照片的筛选，上万公里的奔波，大量的人力、财力、精力不计成本地投入，终成此书，弥补了行业内几十年的空白。

对金丝楠的研究和知识的积累都不是金钱和精力能够衡量的，这是一种严谨求学的态度，更是一种传承中华经典的信念。在此，我对于元懋翔的支持和努力表示衷心的感谢。

此书的意义非常重大，此前，金丝楠的概念模糊，市场价格混乱，各行各业众说纷纭，褒贬不一。金丝楠面临巨大的危机，不仅是商业价值起伏不定，而且就连无可争议的历史价值也被一些“专家”否掉，让人非常痛心。

广大藏友对金丝楠的疏于了解，主要原因也许就是行业内没有一本立得住的专著，去剖析、说明、论证一些学术问题，也没有掰开了、揉碎了去解释一些看不懂的专业论文。说白了，就是缺一本接地气又靠得住的金丝楠方面的书。业内需要一本书去系统地研究一些专业话题。此前一些读物和书籍，对于外行看看热闹还行，对于内行来看，或多或少不够深入，缺乏史学论据的支撑，而且缺乏跨行业的相互分析和关联，如林业学、木材学、植物学、文博学、市场价值学、史学，等等。博物馆的专家可能不会研究金丝楠这种木材的特性，林科院的专家可能不会去探讨古建的历史意义，民间市场的文玩专家可能更不会去研究中国境内那些古迹内历史遗存的金丝楠，诸如此类的问题有很多。那么我就来当这个串联的人物吧，本来就年轻，低得下头，谦虚学习，广纳良言。

我在撰写此书的时候也遇到了很多的困难，也对业内很多前辈的帮助和指导表示衷心的感谢。很多历史没有得到大家的关注，毕竟金丝楠是非常非常小众的，自古也是中华民族文化的瑰宝，我希望用我的微薄之力，宣传金丝楠，让更多人了解它、爱它、呵护它。

元懋翔简介

元懋翔始于乾隆二十三年即1758年。元懋翔建于清宫内务府造办处中的木作，乾隆皇帝取“翰飞立天，懋翔远志”之义，特赐该木作“元懋翔”。其专制御用家具和文玩赏赐之物。因其受到过乾隆皇帝的嘉奖而名噪一时。最早记载于《清内务府造办处各作木作活计档》和《钦定总管内务府现行则例造办处卷》。“元知店阁，纵懋典伟业，常念初起；万仞立鸾，既翀翔敛翼，亦怀归心。”

元懋翔现已发展成北京最具影响力的文玩珠宝品牌之一，具有目前最大的一家单店实体，面积超千余平方米，藏品数量上万件，品类齐全，明码标价，具有一定的影响力。元懋翔拥有自己的研究机构和实验室，具备一流的专业水准，做到100%保真。著名木器杂项珠宝玉石鉴定专家、学者曹荻明老师作为掌门人，在老字号的专业性上保驾护航，并且树立了一套属于自己的商业标准。并拥有元懋翔自己的鉴定证书、防伪认证系统。

元懋翔因我而知名，我因家传和父辈的培养而成才，让乾隆年间的字号再次出现于大家眼前。元懋翔以金丝楠为自豪，其金匾仿制故宫博物院宁寿宫乐寿堂《太和充满》匾而制，我更亲自设计了金丝楠嵌乌木水龙座屏，其上有水龙七条，高于五而小于九，谦卑而不自满。座屏背景是一幅唐代古画，黑白对比之下内涵丰富，意蕴颇深。

元懋翔沉香千手观音落成时曹荻明与父母曹家祥、陆孝瑛合影

元懋翔拥有直营工厂四家（念珠、古典家具、和田玉、蜜蜡），尽量做到自产自销，具备自主加工及设计能力，并拥有大量富有经验的优秀技师。他们延续了老字号包括木雕、玉雕、绳结、榫卯、镶嵌等多项传统技艺的传承。从矿区、产区直采琥珀蜜蜡、和田玉、金丝楠等不可再生的名贵稀有资源，且有一定的原料储备。具有强劲的企业实力，能够保持产品的稳定性、系列性和高质量。元懋翔将始终以诚信经营的理念而砥砺前行，以合十如一的团结而努力奋斗，以宽厚真诚的态度而待己待人。文化鸿儒，信立百年。

● 元懋翔店内陈设和世界上最大的沉香观音，高2.8米

● 元懋翔店内金丝楠茶室

● 老字号元懋翔北京丰科万达旗舰店开业庆典

老字号元懋翔实景，中式宫廷古典和当代包豪斯的完美结合。